工业互联网技术专业“岗课赛证”融通系列教材

工业互联网安全

纪兆华　孙楚原　主编

中国教育出版传媒集团
高等教育出版社·北京

内容简介

本书为工业互联网技术专业“岗课赛证”融通系列教材之一。

本书采用“项目导向、任务驱动”的模式编写，全面地介绍了工业互联网安全的相关知识，涵盖工业设备、网络、控制系统、数据、应用等领域，特别强调工业、互联与安全的融合。全书共7个项目，包括工业互联网设备安全配置、工业互联网网络安全配置、工业互联网控制系统安全配置、工业互联网数据安全配置、工业互联网应用安全配置、工业互联网安全风险评估、工业互联网安全应急处置。

本书注重理论与实践的融会贯通，将知识和技能融入实际工作任务，体现综合应用能力的培养；强调知识的系统性，采用项目学习思维导图、项目评价等方式将知识技能点串联起来，内容丰富、直观易学；将工业互联网安全的最新发展趋势、相关技能大赛及1+X证书的内容融入教材，通过一体化设计方式体现岗位、课程、大赛和证书的融通，满足高素质技术技能人才的培养要求。

本书配有微课视频、教学设计、授课用PPT、拓展阅读、习题答案等数字化学习资源。与本书配套的数字课程“工业互联网安全”在“智慧职教”平台（www. icve. com. cn）上线，学习者可登录平台进行在线学习，授课教师可调用本课程构建符合自身教学特色的SPOC课程，详见“智慧职教”服务指南。授课教师也可登录“高等教育出版社产品信息检索系统”（xuanshu. hep. com. cn）搜索并下载本书配套教学资源，首次使用本系统的用户，请先进行注册并完成教师资格认证。

本书可作为高等职业教育工业互联网技术等相关专业的教学用书，也可作为有意向从事工业互联网安全测评或相关工作人员的自学参考书。

图书在版编目（CIP）数据

工业互联网安全 / 纪兆华，孙楚原主编. -- 北京 : 高等教育出版社，2024.5

ISBN 978-7-04-060394-1

Ⅰ. ①工… Ⅱ. ①纪… ②孙… Ⅲ. ①互联网络-应用-工业发展-网络安全-教材 Ⅳ. ①F403-39 ②TP393.08

中国国家版本馆CIP数据核字(2023)第064631号

Gongye Hulianwang Anquan

策划编辑 刘子峰　　责任编辑 刘子峰 白 颢　　封面设计 张 志　　版式设计 于 婕
责任绘图 李沛蓉　　责任校对 刁丽丽　　责任印制 刘思涵

出版发行 高等教育出版社
社　　址 北京市西城区德外大街4号
邮政编码 100120
印　　刷 武汉市新华印刷有限责任公司
开　　本 787 mm×1092 mm 1/16
印　　张 17.25
字　　数 420千字
购书热线 010-58581118
咨询电话 400-810-0598
网　　址 http://www.hep.edu.cn
　　　　 http://www.hep.com.cn
网上订购 http://www.hepmall.com.cn
　　　　 http://www.hepmall.com
　　　　 http://www.hepmall.cn
版　　次 2024年5月第1版
印　　次 2024年5月第1次印刷
定　　价 49.50元

本书如有缺页、倒页、脱页等质量问题，请到所购图书销售部门联系调换

物 料 号 60394-00

“智慧职教”服务指南

“智慧职教”（www. icve. com. cn）是由高等教育出版社建设和运营的职业教育数字教学资源共建共享平台和在线课程教学服务平台，与教材配套课程相关的部分包括资源库平台、职教云平台和App等。用户通过平台注册，登录即可使用该平台。

• 资源库平台：为学习者提供本教材配套课程及资源的浏览服务。

登录“智慧职教”平台，在首页搜索框中搜索“工业互联网安全”，找到对应作者主持的课程，加入课程参加学习，即可浏览课程资源。

• 职教云平台：帮助任课教师对本教材配套课程进行引用、修改，再发布为个性化课程（SPOC）。

1. 登录职教云平台，在首页单击“新增课程”按钮，根据提示设置要构建的个性化课程的基本信息。

2. 进入课程编辑页面设置教学班级后，在“教学管理”的“教学设计”中“导入”教材配套课程，可根据教学需要进行修改，再发布为个性化课程。

• App：帮助任课教师和学生基于新构建的个性化课程开展线上线下混合式、智能化教与学。

1. 在应用市场搜索“智慧职教 icve” App，下载安装。

2. 登录App，任课教师指导学生加入个性化课程，并利用App提供的各类功能，开展课前、课中、课后的教学互动，构建智慧课堂。

“智慧职教”使用帮助及常见问题解答请访问 help. icve. com. cn。

编写说明

教材是学校教育教学活动的核心载体，承担着立德树人、启智增慧的重要使命。历史兴衰、春秋家国浓缩于教材，民族精神、文化根脉熔铸于教材，价值选择、理念坚守传递于教材。教材建设是国家事权，国家教材委员会印发《全国大中小学教材建设规划（2019—2022年）》，教育部印发《中小学教材管理办法》《职业院校教材管理办法》《普通高等学校教材管理办法》《学校选用境外教材管理办法》，系统描绘了大中小学教材建设蓝图，奠定了教材管理的“四梁八柱”。党的二十大首次明确提出“深化教育领域综合改革，加强教材建设和管理”，对新时代教材建设提出了新的更高要求，昭示我们要着力提升教材建设的科学化、规范化水平，全面提高教材质量，切实发挥教材的育人功能。

职业教育教材既是学校教材的重要组成部分，又具有鲜明的类型教育特色，量大面广种类多。目前，400多家出版社正式出版的教材有74 000余种，基本满足19个专业大类、97个专业类、1 349个专业教学的需要，涌现出一批优秀教材，但也存在特色不鲜明、适应性不强、产品趋同、良莠不齐、“多而少优”等问题。

全国职业教育大会提出要一体化设计中职、高职、本科职业教育培养体系，深化“三教”改革，“岗课赛证”综合育人，提升教育质量。2021年，中共中央办公厅、国务院办公厅印发的《关于推动现代职业教育高质量发展的意见》明确提出了“完善‘岗课赛证’综合育人机制，按照生产实际和岗位需求设计开发课程，开发模块化、系统化的实训课程体系，提升学生实践能力”的任务。2022年，中共中央办公厅、国务院办公厅印发的《关于深化现代职业教育体系建设改革的意见》把打造一批优质教材作为提升职业学校关键办学能力的一项重点工作。2021年，教育部办公厅印发的《“十四五”职业教育规划教材建设实施方案》提出要分批建设1万种左右职业教育国家规划教材，指导建设一大批省级规划教材，高起点、高标准建设中国特色高质量职业教育教材体系。

设计“岗课赛证”融通教材具有多重意义：一是着重体现优化类型教育特色，着力克服教材学科化、培训化倾向；二是体现适应性要求，关键是体现“新”“实”，反映新知识、新技术、新工艺、新方法，提升服务国家产业发展能力，破解教材陈旧问题；三是体现育人要求，体现德技并重，德行天下，技耀中华，摒弃教材“重教轻育”顽症；

四是体现“三教”改革精神，以教材为基准规范教师教学行为，提高教学质量；五是体现统筹职业教育、高等教育、继续教育协同创新精神，吸引优秀人才编写教材，推动高水平大学学者与高端职业院校名师合作编写教材；六是体现推进职普融通、产教融合、科教融汇要求，集聚头部企业技能大师、顶尖科研机构专家、一流出版社编辑参与教材研制；七是体现产业、行业、职业、专业、课程、教材的关联性，吃透行情、业情、学情、教情，汇聚优质职业教育资源进教材，立足全局看职教教材，跳出职教看职教教材，面向未来看职教教材，认清教材的意义、价值；八是体现中国特色，反映中国产业发展实际和民族优秀传统文化，开拓国际视野，积极借鉴人类优秀文明成果，吸纳国际先进水平，倡导互学互鉴，增进自信自强。

“岗课赛证”融通教材设计尝试以促进学生的全面发展为魂：以岗位为技能学习的方向（30%），以岗定课；以课程为技能学习的基础（40%）；以竞赛为技能学习的高点（10%），以赛促课；以证书为行业检验技能学习成果的门槛（20%），以证验课。教材鲜明的特点是：岗位描述—典型任务—能力类型—能力等级—学习情境—知识基础—赛课融通—书证融通—职业素养。教材编写体例的要点是：概述（产业—行业—职业—专业—课程—教材）—岗位群—典型任务—能力结构—学习情境—教学目标—教学内容—教学方法—案例分析—仿真训练—情境实训—综合实践—成果评价—教学资源—拓展学习。“岗课赛证”融通教材有助于促进学用一致、知行合一，增强适应性，提高育人育才质量。

“岗课赛证”融通教材以科研为引领，以课题为载体，具有以下特色。一是坚持方向，贯通主线，把牢政治方向，把习近平新时代中国特色社会主义思想，特别是关于教材建设的重要论述贯穿始终，把立德树人要求体现在教材编写的各个环节。二是整体设计，突出重点，服务中、高、本职业教育体系，着力专业课、实训课教材建设。三是强强结合、优势互补，通过统筹高端职业院校、高水平大学、顶尖科研机构、头部企业、一流出版社的协同创新，聚天下英才，汇优质资源，推进产教融合、职普融通、科教融汇，做出适应技能教育需要的品牌教材。四是守正创新，汲取历史经验教训，站在巨人的肩膀上，勇于开拓，善于创造，懂得变通，不断推陈出新。五是立足当下，着眼长远，努力把高质量教育要求体现在教材编写的匠心中，体现在用心打造培根铸魂、启智增慧、适应时代发展的精品教材中，体现在类型教育特色鲜明、适应性强的品牌教材中，体现在对教育产品的严格把关中，体现在对祖国未来、国家发展的高度负责中，为高质量职业教育体系建设培养技能复合型人才提供适合而优质的教材。

职业教育“岗课赛证”融通教材研编委员会

2023 年 3 月

前　言

一、教材编写背景

工业互联网是数字浪潮下，工业体系和互联网体系深度融合的产物，是新一轮工业革命的关键支撑。当前，工业互联网的发展正处在创新活跃期、战略窗口期和关键发展期。工业互联网在基础设施建设、融合应用发展、创新能力提升和产业生态培育等方面正持续深化，促进了生产效率和服务水平的提高，但另一方面也使原本封闭的系统变得越来越开放，致使系统安全风险和入侵威胁不断增大，网络安全问题日益突出。

随着越来越多的工业控制系统与互联网连接，相对封闭的传统的工业生产环境被打破，勒索病毒等威胁从网络端渗透蔓延至内网系统，存在内网大范围感染恶意软件、高危木马等潜在安全隐患，黑客可从网络端攻击工业控制系统，甚至通过攻击外网服务器和办公网实施数据窃取。如何建立工业互联网安全保障体系，是工业互联网健康发展不可回避的问题。

二、教材编写特色与创新

为贯彻落实全国职业教育大会精神和中共中央办公厅、国务院办公厅《关于推动现代职业教育高质量发展的意见》提出的“完善‘岗课赛证’综合育人机制”精神，促进产业需求与专业设置、岗位标准与课程内容、生产过程与教学课程的精准对接，落实职业教育教学改革要求，形成岗位能力、项目课程、竞赛交流、证书检验“四位一体”的技能人才培养模式，增强职业教育适应性，大幅提升学生实践能力，在广泛调研工业互联网行业企业专家、职教专家的基础上，北京信息职业技术学院联合中国工业互联网研究院、浪潮云洲工业互联网有限公司、三六零数字安全科技集团有限公司、北京新大陆时代科技有限公司、常州工程职业技术学院、上海明材数字科技有限公司等组成校企“双元”合作开发团队，共同编写了本书。

本书紧扣岗位技能标准设置教学内容及实践环节，采用“项目导向、任务驱动”的模式编写，内容全面、深入浅出、便于理解，实操性强。全书共设定7个项目、22个任务，每个项目设计有项目情境、学习目标（包括知识目标、技能目标和素质目标）、学习导图、项目总结以及项目评价5个模块，每个任务都有任务描述、知识导入、任务实施、任务评价和任务测验等环节。项目任务内容来源于企业真实案例，并将相关职业技能等级证书和技能大赛成果转化融入教材中。

本书探索深化高素质技术技能人才培养模式改革，并贯彻落实党的二十大精神进教材、进课堂、进头脑要求。在教学层面突出“岗课赛证融通”一体化设计，课程内容瞄准岗位需求，对接职业技能等级标准和工作过程，同时广泛吸收工业互联网技术专业的相关赛项成果，并注重吸收工业互联网安全领域发展的新知识、新技术、新工艺、新方法；课堂教学体现教学改革及专业建设成果，健全课程教学标准，并完善以学习者为中心的教学评价，将职业活动和个人职业生涯发展所需综合能力融入教材，拓展学生就业创业本领；内容设计突出立德树人根本任务，各项目的“素养目标”强调信息安全意识、自主学习能力、团队协作精神、创新发展思维等职业素质，贯彻工业互联网创新融合型高素质技术技能人才培养要求；实践操作采用国产工业互联网平台，在树立科技兴国、自主可控发展理念的同时，强调在建设现代化产业体系的过程中，推动我国制造业高端化、智能化发展的重要意义；在呈现形式上，通过基于工业互联网安全生产岗位的真实工作流程突出探究式、沉浸式学习体验，并配套了丰富的教学资源及数字课程，体现现代信息技术与教育教学的深度融合，进一步推动教育数字化发展。通过本书的学习，读者可以掌握应对、解决各种工业互联网安全问题的基本理论、方法、技术等，获得系统、科学地分析问题和解决问题的锻炼，提高运用理论知识解决实际问题的能力，为今后走向工作岗位进行工业互联通网安全测评、技术研究，解决与预防工业互联网安全问题打下坚实的基础。

三、教材编写主要内容

本书通过7个项目，全面介绍了工业互联网安全的相关知识，涵盖工业设备、网络、控制系统、数据、应用等领域，特别强调工业、互联与安全的融合。各项目内容具体如下：

项目1：工业互联网设备安全配置，主要介绍工业互联网设备安全的相关知识，帮助读者对工业互联网设备安全有系统的了解和认识。并通过工业互联网基础信息收集、了解工业互联网安全内涵、工业设备基础安全分析与配置和工业设备的发现与定位4个任务的实施，读者可以掌握工业互联网设备安全的测试与配置方法。

项目2：工业互联网网络安全配置，主要介绍工业互联网网络安全配置的相关知识，帮助读者对工业互联网网络安全有系统的了解和认识。并通过网络安全的构建、网络安全边界的划分、网络安全防护措施3个任务的实施，读者可以掌握工业互联网网络安全的注意事项与配置方法。

项目3：工业互联网控制系统安全配置，主要介绍工业互联网控制系统安全的相关知识，帮助读者对工业互联网控制系统安全有系统的了解和认识。并通过Windows系统安全加固、Linux系统安全加固和Wireshark工控协议安全解析3个任务的实施，读者可以掌握工业互联网控制系统安全的配置方法。

项目4：工业互联网数据安全配置，主要介绍工业互联网数据安全的相关知识，帮助读者对工业互联网数据安全有系统的了解和认识。并通过工业互联网设备数据采集、工业互联网数据采集安全与监测、工业互联网数据识别处理和工业互联网数据安全配置4个任务的实施，读者可以掌握工业互联网数据安全的配置方法。

项目5：工业互联网应用安全配置，主要介绍工业互联网应用安全的相关知识，帮助读者对工业互联网应用安全有系统的了解和认识。并通过工业互联网应用固件程序测试、工业互联网应用漏洞利用和工业互联网应用组态编程3个任务的实施，读者可以掌握工业互联网应用安全的测试与安全分析方法。

项目6：工业互联网安全风险评估，主要介绍工业互联网安全风险评估的相关标准、方法、流程以及处置策略，为执行风险评估提供翔实的指导。并通过工业互联网安全风险测试报告的编写和工业互联网安全风险评估报告的编写2个任务的实施，读者可以掌握安全测试报告和风险评估报告的编写内容和编写方法。

项目7：工业互联网安全应急处置，主要介绍工业互联网安全应急处置的相关知识，帮助读者对工业互联网安全工作建立系统的认识。并通过工业互联网FTP暴力破解的应急响应、工业互联网信息篡改的应急响应和工业互联网安全应急响应预案的编写3个任务的实施，读者可以掌握工业互联网安全应急处置的相关内容和方法。

四、教材编写分工及致谢

本书由北京信息职业技术学院纪兆华教授和中国工业互联网研究院培训中心负责人孙楚原担任主编，三六零数字安全科技集团有限公司教育行业总经理李强、浪潮云洲工业互联网有限公司王培卜工程师、北京新大陆时代科技有限公司黄敏恒工程师、北京信息职业技术学院黄杰教授、常州工程职业技术学院蔡浩副教授担任副主编，参与编写的还有上海明材数字科技有限公司副总裁孔令帅、三六零数字安全科技集团有限公司技术李曜显工程师、中国工业互联网研究院张丽萍工程师以及北京信息职业技术学院贾春霞副教授、徐小惠老师和宋丽老师。

在本书编写过程中，得到中国工业互联网研究院、浪潮云洲工业互联网有限公司、三六零数字安全科技集团有限公司、北京新大陆时代科技有限公司、常州工程职业技术学院、上海明材数字科技有限公司等公司的大力支持，从工业互联网安全、控制系统安全、数据安全、应用安全等方面补充了大量的资料和相关案例，为教材的编写提供了非常宝贵的参考意见，完善、充实了教材的内容。在此，向所有支持本书编写的单位及个人表示诚挚的谢意。

工业互联网安全技术发展迅速，相关内容也不断更新。限于编者水平，书中错误及疏漏之处在所难免，恳请广大专家、读者批评指正。

编　者

2024 年 3 月

目 录

项目 1　工业互联网设备安全配置

【项目情境】

在工业互联网中，设备会直接影响数据从产生、传输、存储到计算的每个环节，其重要性不言而喻。设备的安全性会直接影响工业互联网中的数据安全、物理安全甚至人身安全。在工业互联网广泛连通的场景下，任何节点上缺乏安全措施的设备都可能受到攻击，进而引起连锁反应。为解决工业互联网中的设备安全问题，进行合理的设备安全配置不可或缺。

PPT：项目 1 导读

笔 记

本项目将介绍工业互联网设备安全的相关知识，帮助同学们对工业互联网设备安全系统有一个初步的了解和认识。通过工业互联网基础信息收集、了解工业互联网安全内涵、工业设备基础安全分析与配置和工业设备的发现与定位 4 个任务的实施，同学们可以掌握工业互联网设备安全的测试与配置方法。

【学习目标】

1. 知识目标

- 了解什么是工业互联网安全。
- 了解工业互联网安全的特征。
- 了解工业互联网安全体系框架。
- 了解工业互联网安全体系组成。
- 了解工业设备安全影响因素有哪些以及产生的影响。
- 理解工业设备物理安全、功能安全和信息安全分析的原理。
- 理解路由器设备的测评指标。

➢ 了解在线和离线设备安全。
➢ 了解工业互联网设备的发现方法和常用工具。
➢ 了解工业互联网设备的定位。

2. 技能目标

➢ 具备 Windows 系统信息收集的能力。
➢ 具备 Linux 系统信息收集的能力。
➢ 具备路由器设备安全加固的能力。
➢ 掌握潮汐搜索引擎的使用方法。

3. 素养目标

➢ 分析工业互联网设备安全配置过程中的各种安全因素，提升安全生产意识。
➢ 通过互联网查找工业互联网安全相关资料，提升文献查阅和自主学习能力。

【学习导图】

本项目将聚焦工业互联网设备安全配置的职业能力学习，主要包括工业互联网基础信息收集、了解工业互联网安全内涵、工业设备基础安全分析与配置、工业设备的发现与定位 4 个学习任务，共 11 个知识点。图 1-1 所示为项目 1 学习思维导图。

笔记

本项目学习内容与“工业互联网安全测评与应急”职业技能等级标准内容的对应关系如表 1-1 所示。

表 1-1 本项目与职业技能等级标准内容对应关系

“工业互联网安全测评与应急”职业技能等级标准			工业互联网设备安全配置	
工作任务	职业技能要求	等级	知识点	技能点
理解并掌握工业互联网设备安全配置	① 能够识别工业互联网平台组成 ② 能够识别工业互联网设备 ③ 能够实现 Windows 和 Linux 系统信息的收集 ④ 能够对工业互联网设备进行安全加固 ⑤ 能够发现工业互联网设备 ⑥ 具备良好的沟通表达及团队合作能力	初级 中级	① 了解什么是工业互联网安全 ② 了解工业互联网安全的特征 ③ 了解工业互联网安全体系框架 ④ 了解工业互联网安全体系组成 ⑤ 了解工业设备安全影响因素有哪些以及产生的影响 ⑥ 理解工业设备物理安全、功能安全和信息安全分析的原理 ⑦ 理解路由器设备的测评指标 ⑧ 了解在线和离线设备安全的知识 ⑨ 了解工业互联网设备的发现方法和常用工具 ⑩ 了解工业互联网设备的定位	① 具备 Windows 系统信息收集的能力 ② 具备 Linux 系统信息收集的能力 ③ 具备路由器设备安全加固的能力 ④ 掌握潮汐搜索引擎的使用方法

笔 记

图 1-1　项目 1 学习思维导图

PPT：任务 1.1 工业互联网基础信息收集

任务 1.1　工业互联网基础信息收集

1.1.1　任务描述

工业互联网打破了过去人机物之间、工厂与工厂之间、企业上下游之间彼此相对独立、纯物理隔离状态，构建起开放而全球化的工业网络。互联网为工业带来便利之时，也带来了严峻风险问题。尤其是网络安全和工业自动化控制系统信息安全问题引发的事故案例正快速增加。传统的工业安全保障措施已经不能适应网络融合趋势下的风险控制要求，转型升级需求迫切。

进入内网之后，是一种由点到线再到面的测试，先弄清楚当前机器的情况，例如在工业互联网域中的角色，提供的服务等信息，再以此为跳板收集其他机器的信息。收集的信息足够多，才能更好地实现工业互联网的安全保障。通过本任务，将学习常用 Windows 系统信息收集的方法。

笔记

1.1.2 知识导入

1. 工业互联网安全概述

安全体系作为工业互联网三大体系之一，是工业互联网的重要保障。工业互联网安全可以从工业和互联网两个视角分析，从工业视角看，安全和重点是保护智能化生产的连续性、可靠性，关注智能装备、工业控制设备及系统的安全；从互联网视角看，安全主要保障个性化定制、网络化协同及服务化延伸等，以提供持续的服务能力，防止重要数据泄露。

因此，从构建工业互联网安全保障体系考虑，工业互联网安全应包括五大重点，即设备安全、网络安全、控制安全、应用安全和数据安全。

2. 工业互联网安全特征

（1）防护对象扩大，安全场景更丰富

传统互联网安全更多关注网络设施、信息系统软硬件及应用数据安全，工业互联网安全扩展延伸至企业内部，包含设备安全（工业智能装备及产品）、控制安全（数据采集与监视控制系统、分布式控制系统等）、网络安全（企业内、外网络）、应用安全（平台应用、软件及工业 App 等）及数据安全（工业生产、平台承载业务及用户个人信息等数据）。

（2）连接范围更广，威胁延伸至物理世界

在传统互联网安全中，攻击对象为用户终端、信息服务系统、网站等。工业互联网连通了工业现场与互联网，使网络攻击可直达生产一线。

（3）网络安全和生产安全交织，安全事件危害更严重

传统互联网安全事件大多表现为利用病毒、木马、拒绝服务等攻击手段造成信息泄露或篡改、服务中断等，影响工作生活和社会活动。而工业互联网一旦遭受攻击，不仅影响工业生产运行，甚至会引发安全生产事故，给人民生命财产造成严重损失，若攻击发生在能源、航空航天等重要领域，还将危害国家安全。

2019 年 7 月，十部门联合印发《加强工业互联网安全工作的指导意见》，从以下 7 个方面部署了工业互联网安全的主要任务。

① 推动工业互联网安全责任落实。

② 构建工业互联网安全管理体系。

③ 提升企业工业互联网安全防护水平。

④ 强化工业互联网数据安全保护能力。

⑤ 建设国家工业互联网安全技术手段。

⑥ 加强工业互联网安全公共服务能力。

⑦ 推动工业互联网安全科技创新与产业发展。

同时还明确提出，到 2020 年年底，初步建立工业互联网安全保障体系。

拓展阅读 1-1 工业互联网安全的重要性

1.1.3　任务实施——Windows 系统信息收集

【任务目的】

➢ 掌握 Windows 系统信息收集方法。

【使用工具】

➢ 安全教育云平台。

【实施步骤】

微课 1-1 查看 Windows 基础信息

步骤 1：Windows 基础信息收集。

① 在 Windows 操作系统左下角右击，在弹出菜单中执行“命令提示符（管理员）”命令，如图 1-2 所示，以管理员身份运行 CMD。

② 弹出“命令提示符”对话框，输入命令 systeminfo，查看操作系统版本、架构、补丁情况，如图 1-3 所示。

笔 记

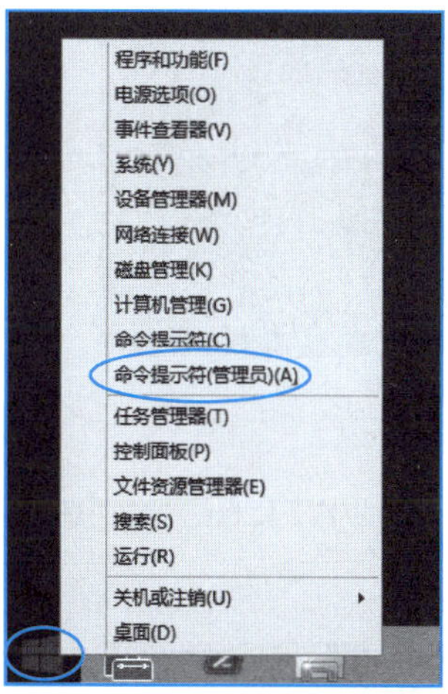

右击

图 1-2　执行相应的命令

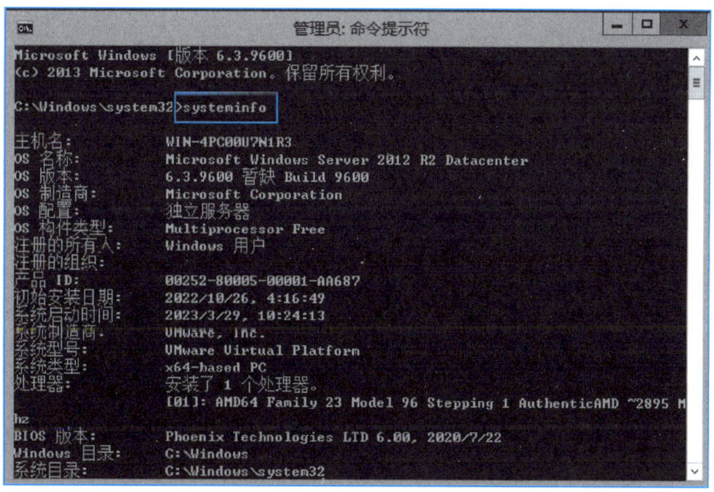

图 1-3　查看操作系统版本、架构、补丁情况

步骤 2：使用 Windows-Exploit-Suggester-master 工具。

① 进入 Windows-Exploit-Suggester-master 工具对应的路径，如图 1-4 所示。

② 使用-u 参数升级并将数据库下载至本地（注意新生成的文件“2023-03-29-mssb.xls”），如图 1-5 所示。

笔 记

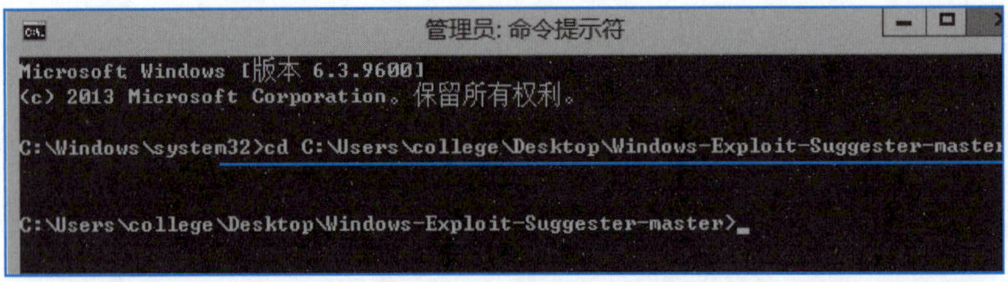

图 1-4 进入工具对应的路径

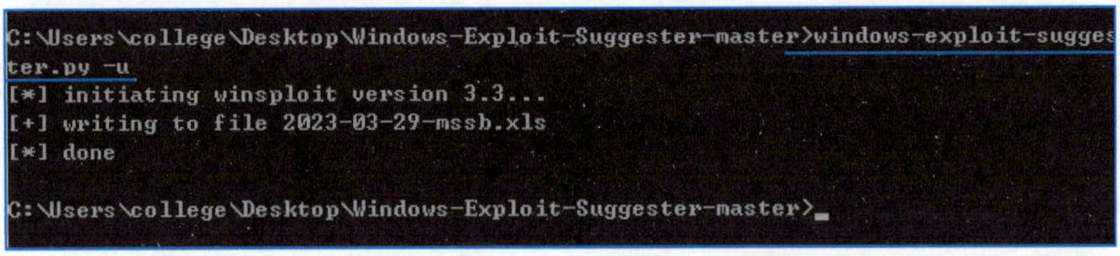

图 1-5 使用-u 参数升级并将数据库下载至本地

③ 输入命令 pip install xlrd，安装 Excel 处理模块，如图 1-6 所示。

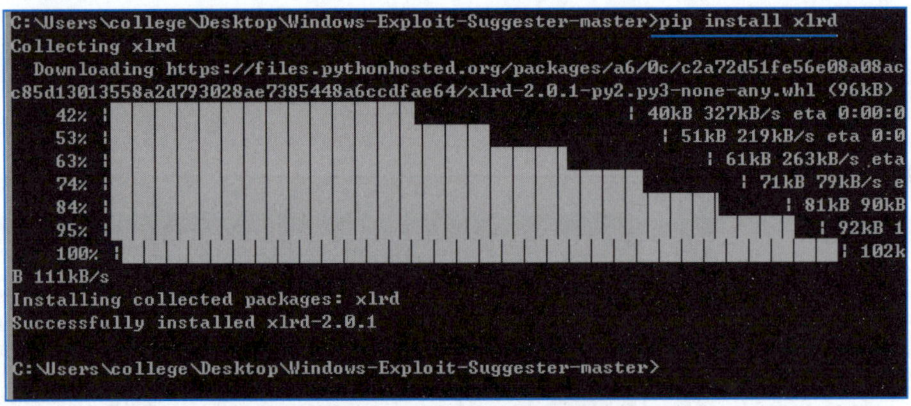

图 1-6 安装 Excel 处理模块

④ 输入命令 systeminfo > 1. txt，使用 systeminfo 命令将信息保存为“1. txt”，如图 1-7 所示。

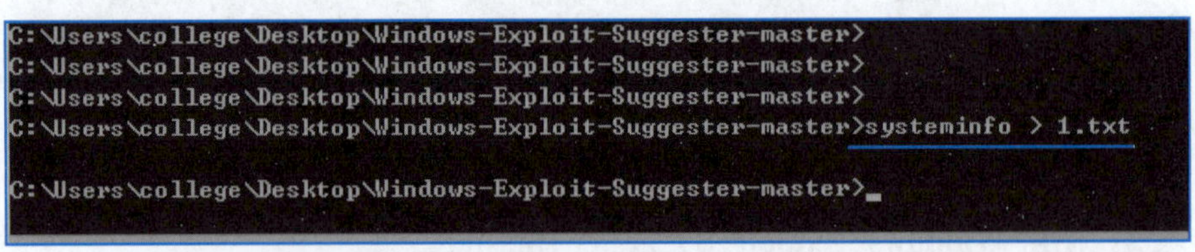

图 1-7 使用 systeminfo 命令将信息保存为“1. txt”

⑤ 使用 Windows-Exploit-Suggester-master 工具加载数据库，读取系统信息并进行分析，如图 1-8 所示。-i 参数指定系统信息文件，-d 参数指定本地数据库文件。

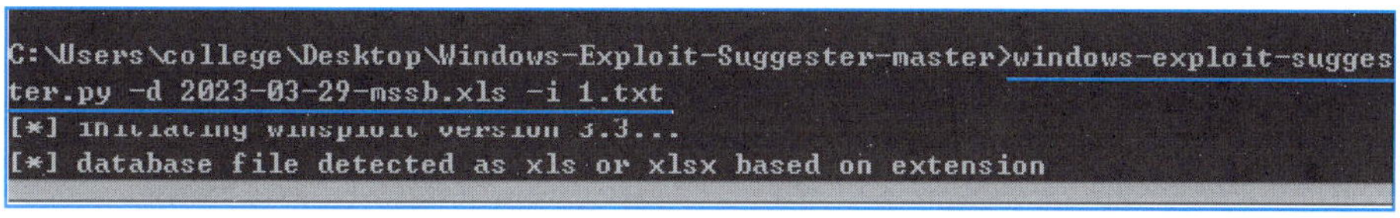

图 1-8　加载数据库读取系统信息

⑥ 查看输出的信息。

步骤 3：使用 Windows 命令收集相关信息。

微课 1-2 使用 Windows 命令收集相关信息

① 输入命令 whoami 查看用户信息，如图 1-9 所示。

图 1-9　查看用户信息

② 输入命令 net user，查看指定用户信息，如图 1-10 所示。

③ 输入命令 net localgroup，查看本地组，如图 1-11 所示。

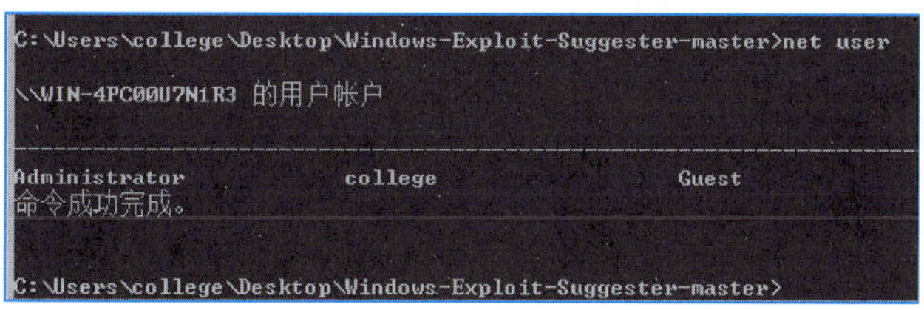

笔 记

笔 记

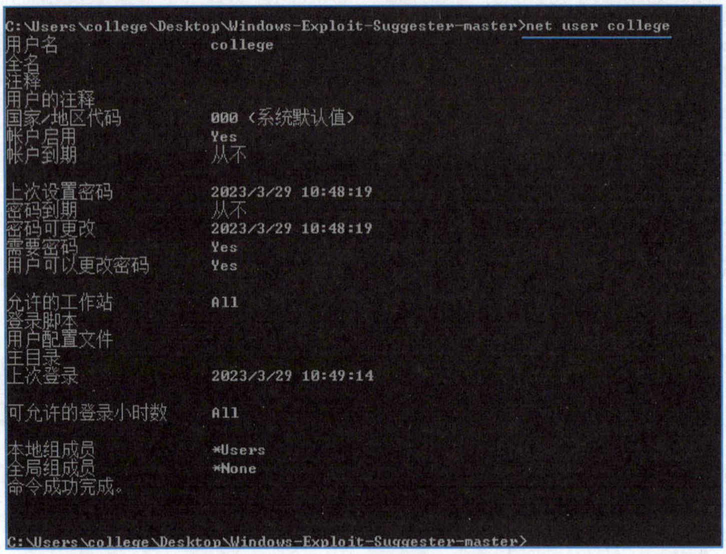

图 1-10　查看指定用户信息

④ 输入命令 “net localgroup 组名”，查看用户组信息，如图 1-12 所示。

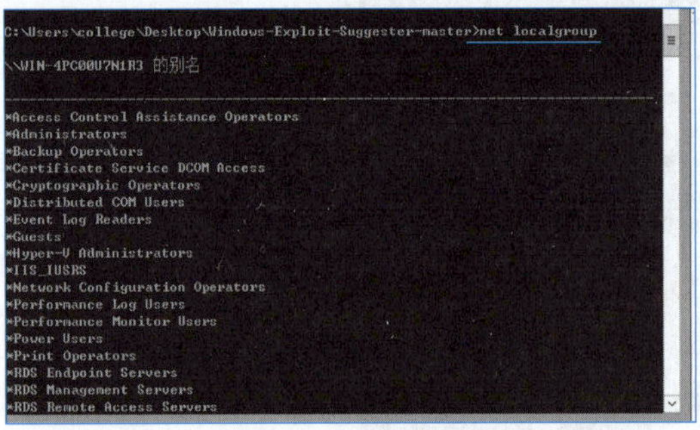

图 1-11　查看本地组

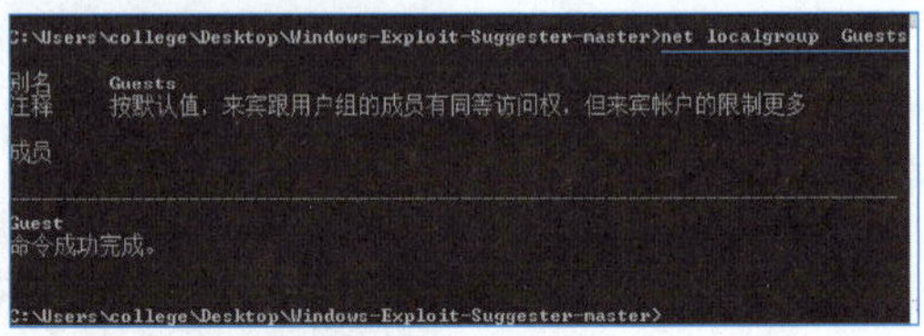

图 1-12　查看用户组信息

⑤ 输入命令 net accounts，查看密码策略，如图 1-13 所示。

⑥ 输入命令 query user，查看最近登录信息，如图 1-14 所示。

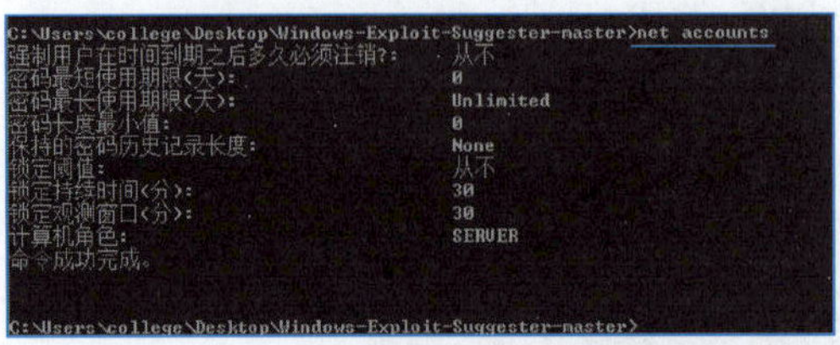

图 1-13　查看密码策略

图 1-14　查看最近登录信息

⑦ 输入命令 ipconfig /all，查看所有适配器，如图 1-15 所示。

笔记

⑧ 输入命令 ipconfig /displaydns，查看 dns 缓存，如图 1-16 所示。

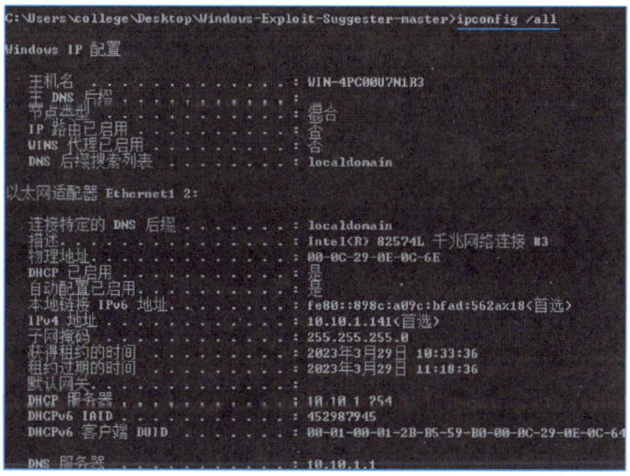

图 1-15　查看所有适配器

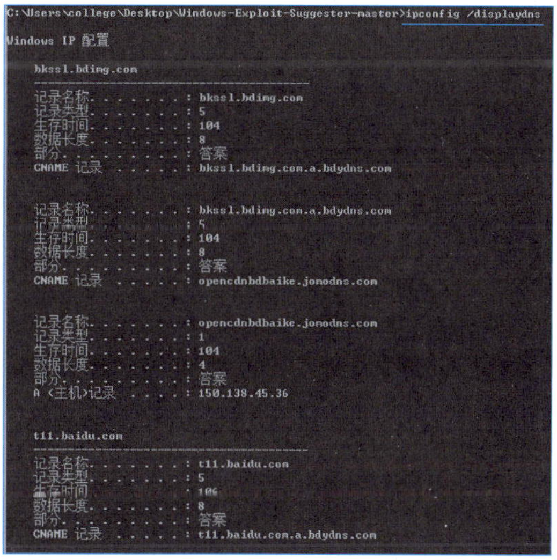

图 1-16　查看 dns 缓存

⑨ 输入命令 net use，查看网络连接，如图 1-17 所示。

⑩ 输入命令 netstat -ano，查看网络服务，如图 1-18 所示。

图 1-17　查看网络连接

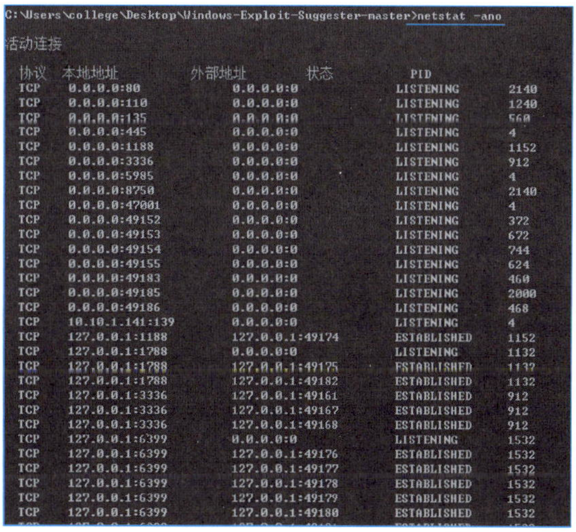

图 1-18　查看网络服务

⑪ 输入命令 route print，查看路由信息，如图 1-19 所示。

⑫ 输入命令 arp -a，查看 arp 缓存，如图 1-20 所示。

步骤 4：Windows 系统凭证收集。

① 导出 sam 数据库中的密码。

微课 1-3
对 Windows 凭证进行收集

笔 记

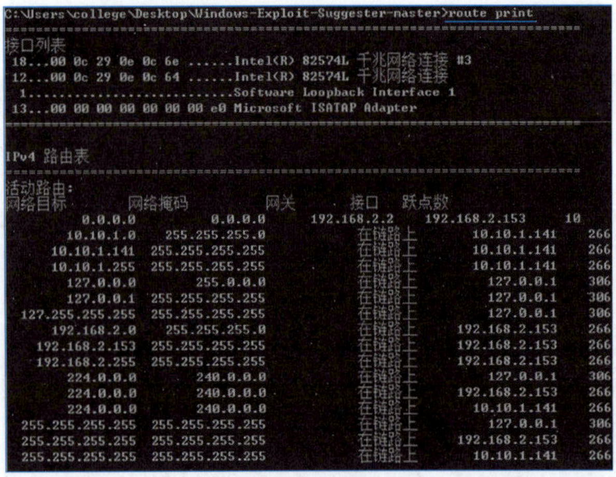

图 1-19 查看路由信息

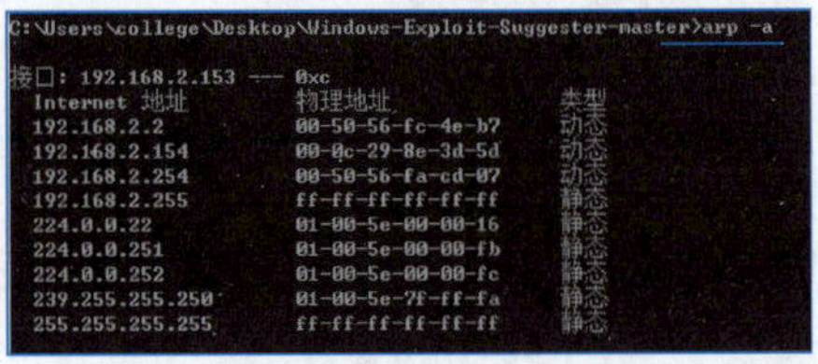

图 1-20 查看 arp 缓存

方法 1。以管理员权限运行“命令提示符（管理员）”命令，在弹出的“命令提示符”对话框中输入以下代码：

```
reg save hklm\sam c:\sam. hive
reg save hklm\system c:\system. hive
```

即可导出 sam 数据库中的密码，如图 1-21 所示。

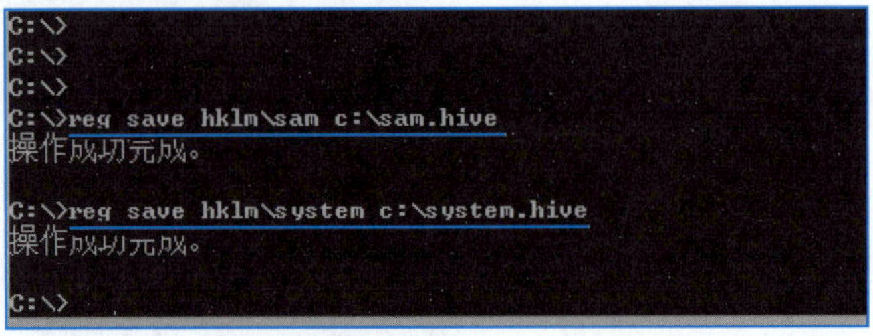

图 1-21 导出 sam 数据库中的密码

方法 2（与方法 1 只需要选择其中一种）。使用 powershell，输入如下命令：

```
powershell -exec bypass Import-Module C:\User\College\Desktop\invoke-ninjacopy. ps1
Invoke-NinjaCopy -Path C:\Windows\System32\config\SAM -LocalDestination . \sam. hive
Invoke-NinjaCopy -Path C:\Windows\System32\config\SYSTEM -LocalDestination . \system. hive
```

② 将生成的 sam. hive 与 system. hive 下载到计算机，使用 SAMInside 或 Cain 导入，即可查看用户信息。使用 SAMInside 导入生成的文件如图 1-22 所示，结果如图 1-23 所示。

使用 Cain 导入生成的文件，结果如图 1-24 所示。

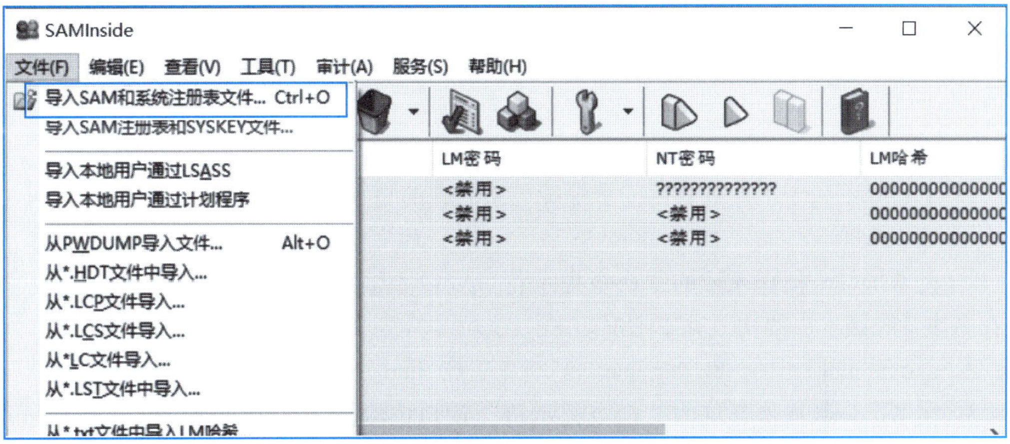

图 1-22　使用 SAMInside 导入生成的文件

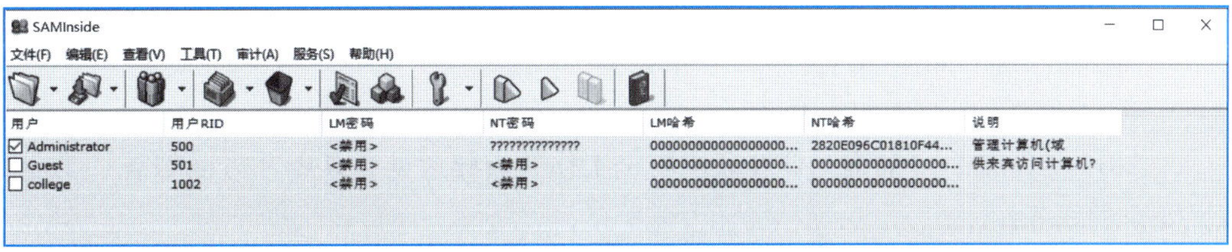

图 1-23　导入生成文件的结果

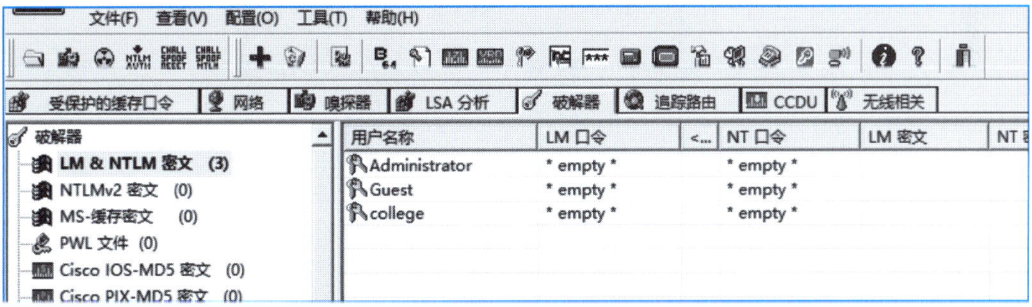

图 1-24　使用 Cain 导入生成的文件

笔 记

1.1.4　任务评价

本任务主要介绍了工业互联网基础信息收集的相关知识，评价标准如下：

① 了解什么是工业互联网安全。

② 了解工业互联网安全的特征。

③ 掌握 Windows 系统信息收集的方法。

文本：参考答案

1.1.5 任务测验

一、选择题

1. 下列中不属于工业互联网安全保障体系内容的是（　　）。

A. 设备安全　　B. 控制安全　　C. 环境安全　　D. 数据安全

2. 在 Windows 操作系统的“命令提示符”窗口中输入下列中的命令（　　），可以查看操作系统版本、架构、补丁情况。

A. systeminfo　　B. stystem　　C. info　　D. sys

3. 在 Windows 操作系统的“命令提示符”窗口中输入下列中的命令（　　），可以查看最近登录信息。

A. net user　　B. net accounts　　C. query user　　D. user

二、简答题

1. 什么是工业互联网安全?

2. 简单描述工业互联网安全特征。

3. 2019 年发布的《加强工业互联网安全工作的指导意见》从哪几方面部署了工业互联网安全的任务?

任务 1.2 了解工业互联网安全内涵

PPT：任务 1.2 了解工业互联网安全内涵

1.2.1 任务描述

工业互联网安全体系的作用是避免网络设施和系统软件受到内部和外部攻击，降低企业数据被未经授权访问的风险，确保数据传输与存储的安全性，实现对工业生产系统和商业系统的全方位保护。

拿到一台 Linux 主机普通权限之后，如何获取更高的 root 权限?因为提升权限之后能看到主机上的所有信息，包括主机管理的账号密码哈希，可以离线破解管理员密码，也许存在通用密码的习惯。通过本任务，将学习 Linux 常用信息收集的方法。

1.2.2 知识导入

1. 工业互联网安全体系框架

工业领域的安全一般分为 3 类：信息安全、功能安全和物理安全。传统工业控制系统安全主要关注功能安全与物理安全，即防止工业安全相关系统或设备的功能失效，当失效或故障发生时，保证工业设备或系统仍能保持安全条件或进入安全状态。与传统的工业系统安全和互联网安全相比，工业互联网安全的范围、复杂度要大得多，也就是说，工业互联网的安全挑战更为艰巨。因此，工业互联网安全框架需要统筹考虑信息安全、功能安全与物理安全，聚焦信息安全，主要解决工业互联网面临的网络攻击等新型风险。

工业互联网安全框架从防护对象、防护措施及防护管理 3 个视角构建。针对不同的防护对象部署相应的安全防护措施，根据实时监测结果发现网络中存在的或即将发生的安全问题并及时做出响应。同时加强防护管理，明确基于安全目标的可持续改进的管理方针，从而保障工业互联网的安全。图 1-25 所示为工业互联网安全框架。

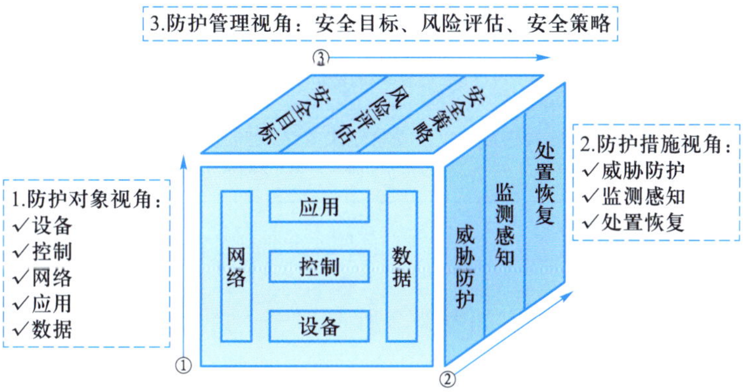

图 1-25 工业互联网安全框架

笔 记

工业互联网安全框架的 3 个防护视角之间相对独立，但彼此之间又相互关联。

从防护对象视角来看，安全框架中的每个防护对象都需要采用一系列合理的防护措施，并依据完备的防护管理流程对其进行安全防护。

从防护措施视角来看，每一类防护措施都有其适用的防护对象，并在具体防护管理流程指导下发挥作用。

从防护管理视角来看，防护管理流程的实现离不开对防护对象的界定，并需要各类防护措施的有机结合使其能够顺利运转。

工业互联网安全框架的 3 个防护视角相辅相成、互为补充，形成一个完整、动态、持续的防护体系。

2. 安全体系组成

(1) 防护对象

工业互联网安全框架的防护对象主要包括设备安全、控制安全、网络安全、应用安全、数据安全五大防护对象，如图 1-26 所示。

笔 记

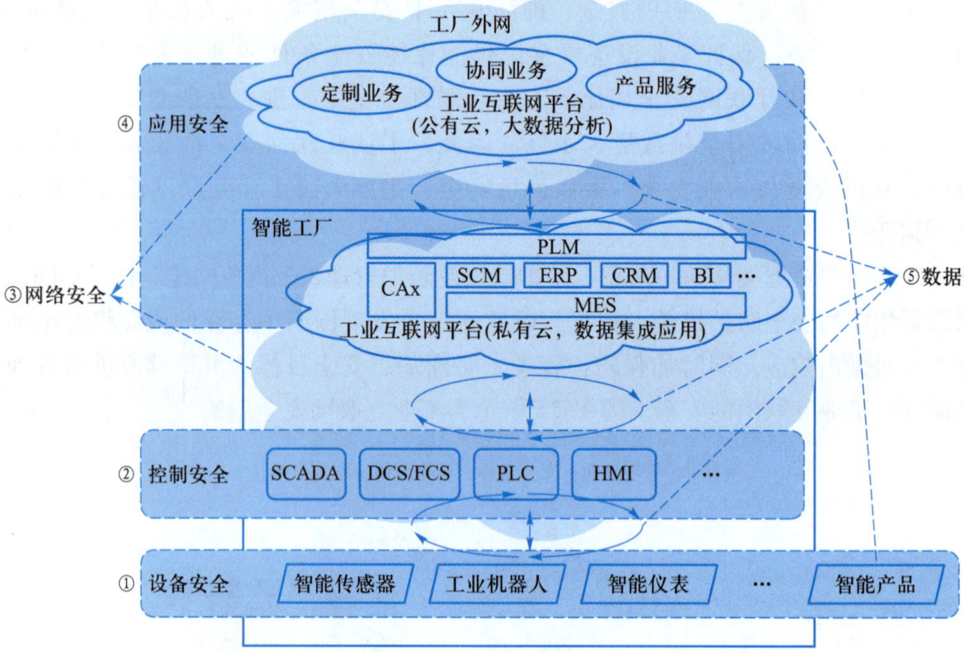

图 1-26 工业互联网安全防护对象

工业互联网安全防护对象内容如表 1-2 所示。

表 1-2 工业互联网安全防护对象

防护对象	内 容
设备安全	包括工厂内单点智能器件、成套智能终端等智能设备的安全，以及智能产品的安全，具体涉及软件安全与硬件安全两方面
控制安全	包括控制协议安全、控制软件安全以及控制功能安全
网络安全	包括承载工业智能生产和应用的工厂内部网络、外部网络及标识解析系统等安全
应用安全	包括工业互联网平台安全与工业应用程序安全
数据安全	包括采集、传输、存储、处理等环节的数据以及用户信息的安全

（2）防护措施

为帮助相关企业应对工业互联网所面临的各种挑战，防护措施视角从生命周期、防御递进角度明确安全措施，实现动态、高效的防御和响应。工业互联网安全防护措施主要包括威胁防护、监测感知和处置恢复三大环节，如图 1-27 所示。

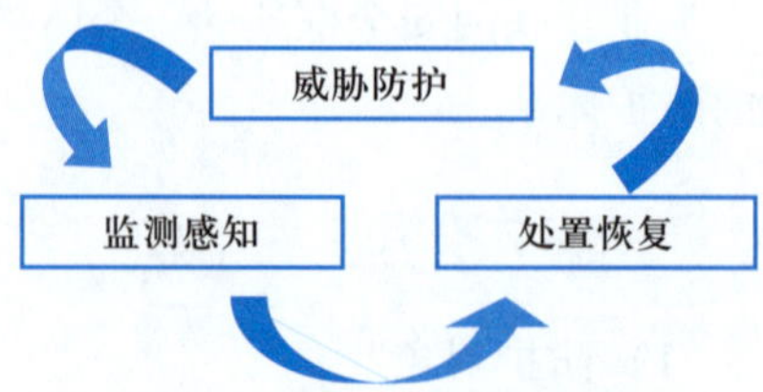

图 1-27 工业互联网安全防护措施

工业互联网安全防护措施内容如表 1-3 所示。

表 1-3　工业互联网安全防护措施

防护措施	内　容
威胁防护	针对五大防护对象，部署主被动防护措施，阻止外部入侵，构建安全运行环境，消减潜在安全风险
监测感知	部署相应的监测措施，实时感知内部、外部的安全风险
处置恢复	建立响应恢复机制，及时应对安全威胁，并及时优化防护措施，形成闭环防御

（3）防护管理

防护管理根据工业互联网安全目标对面临的安全风险进行安全评估，并选择适当的安全策略作为指导，实现防护措施的有效部署。防护管理在明确防护对象及其所需要达到的安全目标后，对于其可能面临的安全风险进行评估，找出当前与安全目标之间存在的差距，制订相应的安全策略，提升安全防护能力，并在此过程中不断对管理流程进行改进。图 1-28 所示为防护管理的内涵。

图 1-28　工业互联网防护管理内涵

工业互联网安全防护管理内容如表 1-4 所示。

表 1-4　工业互联网安全防护管理

防护管理	内　容
安全目标	为确保工业互联网的正常运转和安全可信，应对工业互联网设定合理的安全目标，并根据相应的安全目标进行风险评估和安全策略的选择实施。工业互联网安全目标并非是单一的，需要结合工业互联网不同的安全需求进行明确。工业互联网安全包括保密性、完整性、可用性、可靠性、弹性和隐私安全六大目标，这些目标相互补充，共同构成了保障工业互联网安全的关键特性。 ① 保密性：确保信息在存储、使用、传输过程中不会泄露给非授权用户或实体 ② 完整性：确保信息在存储、使用、传输过程中不会被非授权用户篡改，同时还要防止授权用户对系统及信息进行不恰当的篡改 ③ 可用性：确保授权用户或实体对信息及资源的正常使用不会被异常拒绝，允许其可靠而及时地访问信息及资源 ④ 可靠性：确保工业互联网系统在正常运行条件下能够正确执行指定功能 ⑤ 弹性：确保工业互联网系统在受到攻击或破坏后及时恢复正常功能 ⑥ 隐私安全：确保工业互联网系统内用户的隐私安全
风险评估	为管控风险，必须定期对工业互联网系统的各安全要素进行风险评估。对应工业互联网整体安全目标，分析整个工业互联网系统的资产、脆弱性和威胁，评估安全隐患导致安全事件的可能性及影响，结合资产价值，明确风险的处置措施，包括预防、转移、接受、补偿、分散等，确保在工业互联网数据私密性、数据传输安全性、设备接入安全性、平台访问控制安全性、平台攻击防范安全性等方面提供可信服务，并最终形成风险评估报告
安全策略	工业互联网安全防护的总体策略，是要构建一个能覆盖安全业务全生命周期的，以安全事件为核心，实现对安全事件的预警、检测、响应的动态防御体系。该动态防御体系能够在攻击发生前进行有效的预警和防护，在被攻击时进行有效的攻击检测，在攻击后能快速定位故障，进行有效响应，避免实质损失的产生

笔记

1.2.3 任务实施——Linux 系统信息收集

【任务目的】

➢ 掌握 Linux 系统信息收集的方法。

【使用工具】

➢ 安全教育云平台。

【实施步骤】

微课 1-4 收集 Linux 系统基础信息

步骤 1：Linux 系统类型信息收集。

① 输入命令 cat /etc/issue，查看系统名称，如图 1-29 所示。

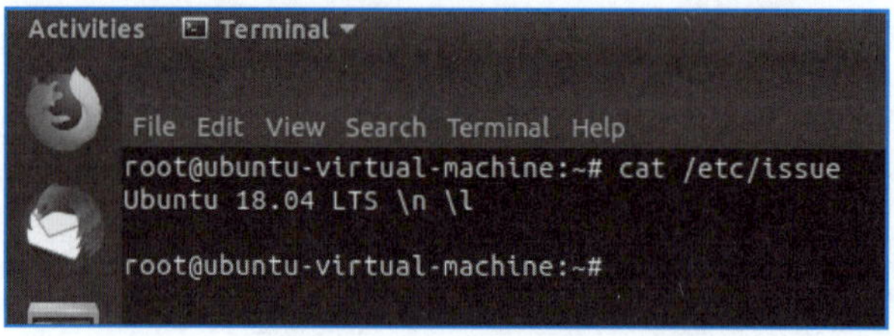

图 1-29 查看系统名称

笔 记

② 输入命令 lsb_release，查看系统名称、版本号，如图 1-30 所示。

图 1-30 查看系统名称、版本号

步骤 2：查看 Linux 系统内核版本。

① 输入命令 uname -a，查看所有信息，如图 1-31 所示。

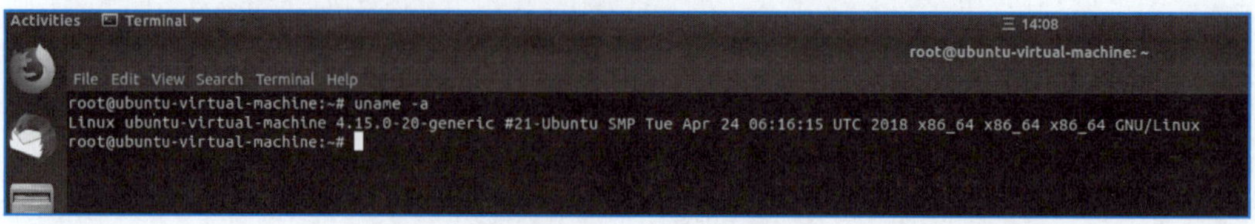

图 1-31 查看所有信息

② 输入命令 uname -mrs，查看内核版本及架构，如图 1-32 所示。

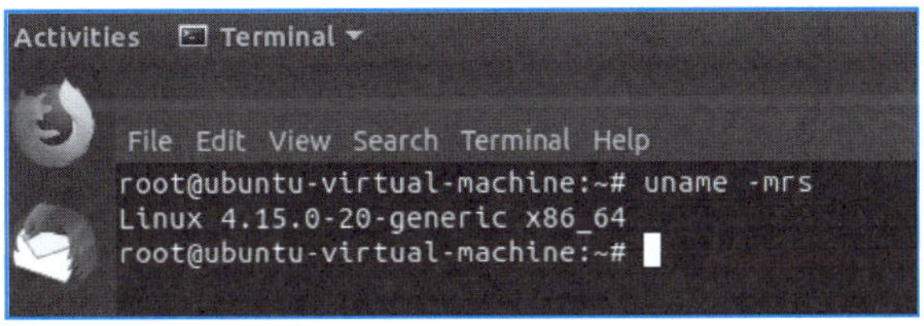

图 1-32　查看内核版本及架构

步骤 3：查看 Linux 系统进程。

笔 记

① 输入命令 ps aux，查看系统进程信息，如图 1-33 所示。

② 输入命令 ps -ef，查看系统进程信息，如图 1-34 所示。

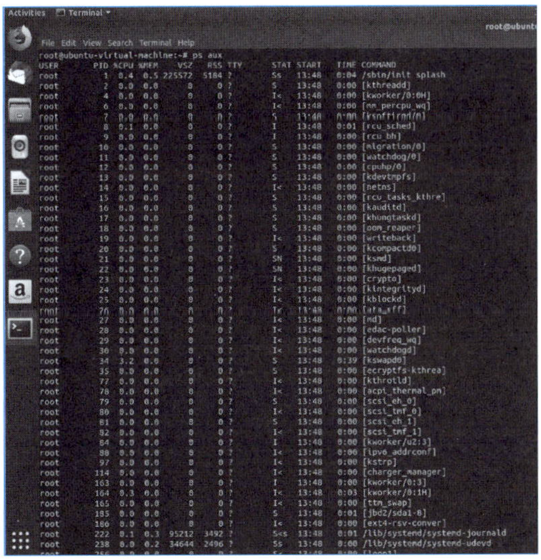

图 1-33　查看系统进程信息

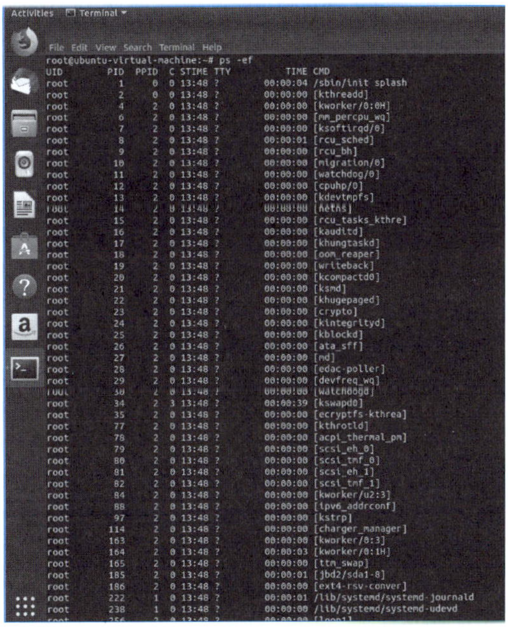

图 1-34　查看系统进程信息

步骤 4：查看 Linux 系统安装的软件包。

输入命令 dpkg -l，查看 Linux 系统中安装的软件包，如图 1-35 所示。

步骤 5：查看 Linux 系统服务配置。

输入命令 cat /etc/apache2/apache2. conf，查看 apache 配置文件，如图 1-36 所示。

步骤 6：查看 Linux 系统网络配置。

① 输入命令 cat /etc/network/interfaces，查看网卡配置文件，如图 1-37 所示。

② 输入命令 cat /etc/resolv，查看 dns 配置文件，如图 1-38 所示。

微课 1-5
对 Linux 系统进行配置

笔 记

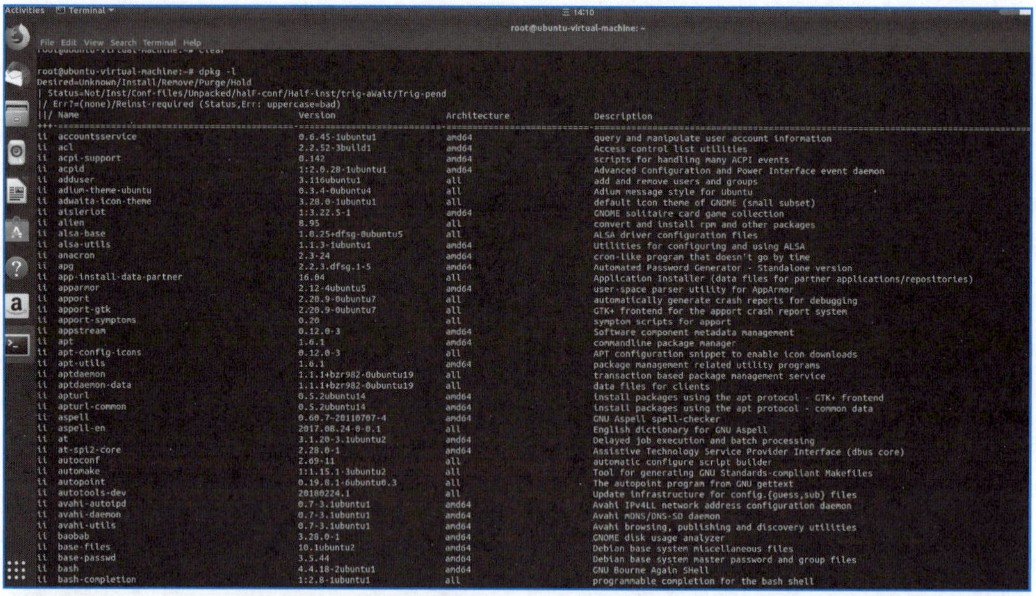

图 1-35 查看系统中安装的软件包

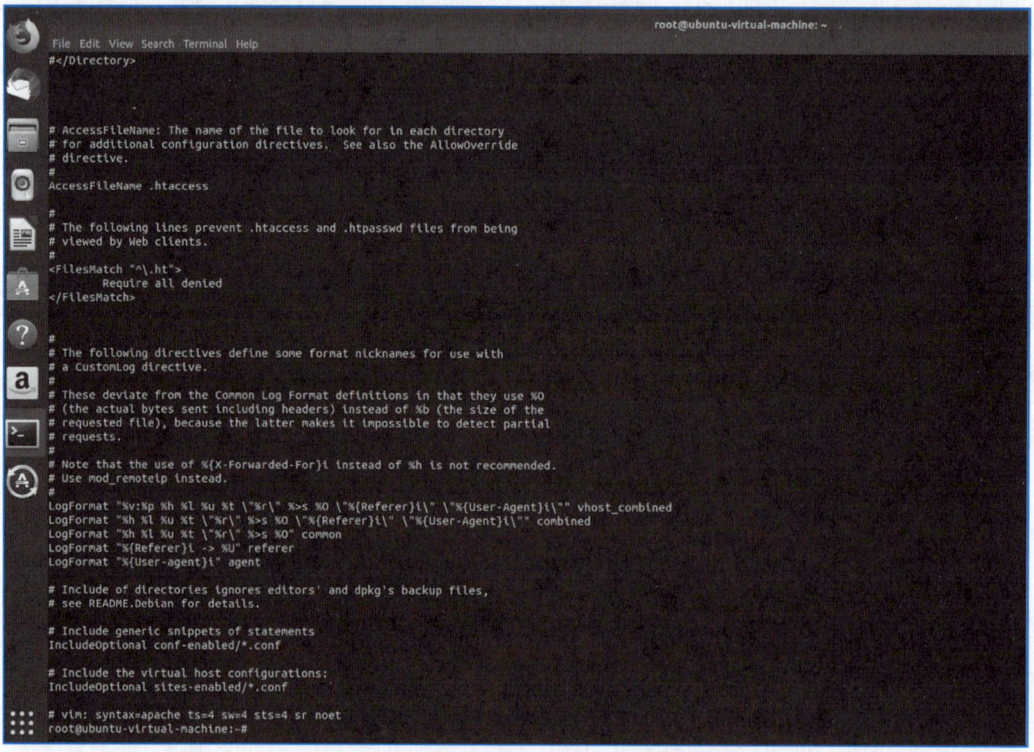

图 1-36 查看 apache 配置文件

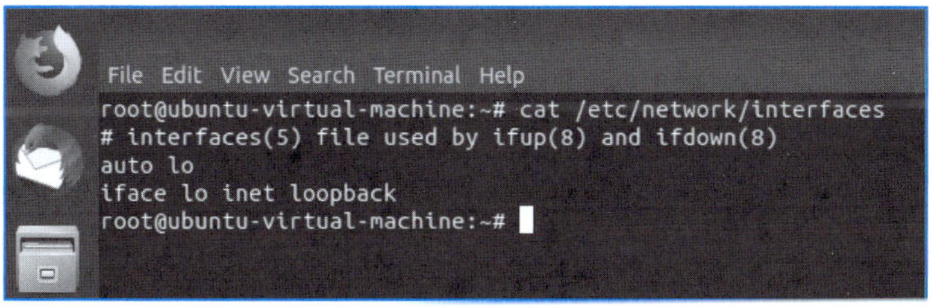

图 1-37　查看网卡配置文件

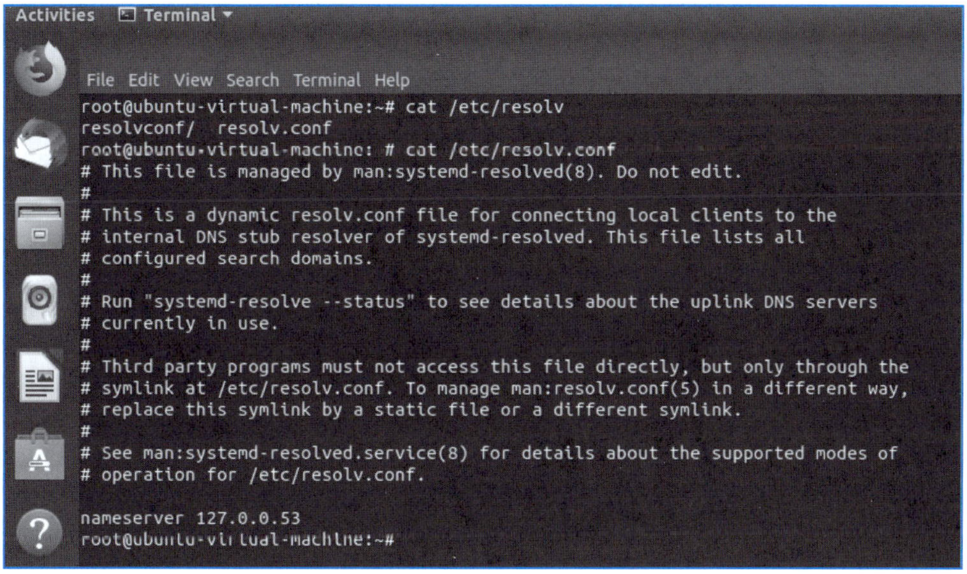

图 1-38　查看 dns 配置文件

笔 记

③ 输入命令 hostname，查看主机名，如图 1-39 所示。

④ 输入命令 sudo iptables -L（需要 root 权限），查看防火墙配置，如图 1-40 所示。

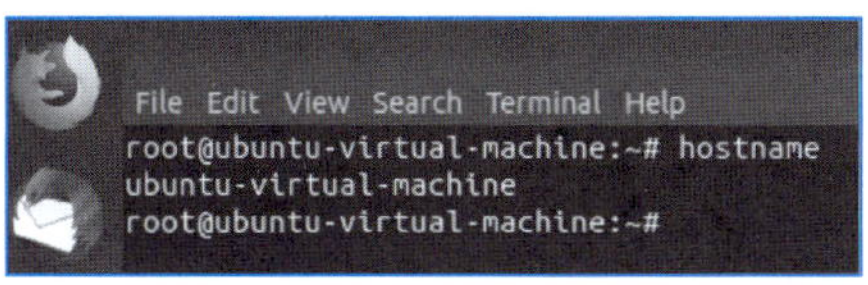

图 1-39　查看主机名

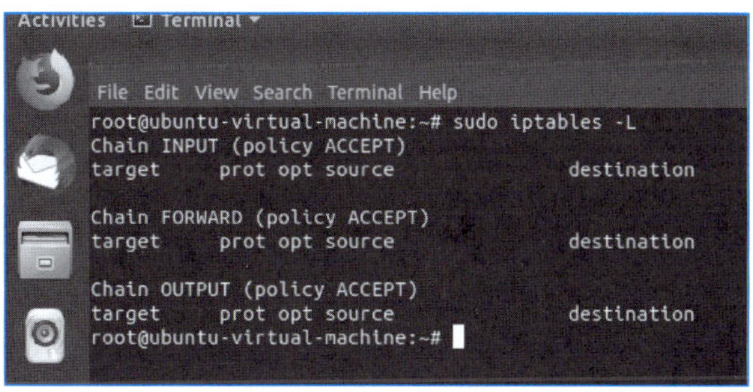

图 1-40　查看防火墙配置

笔 记

步骤 7：查看 Linux 系统通信配置。

① 输入命令 netstat，查看系统通信配置，如图 1-41 所示。

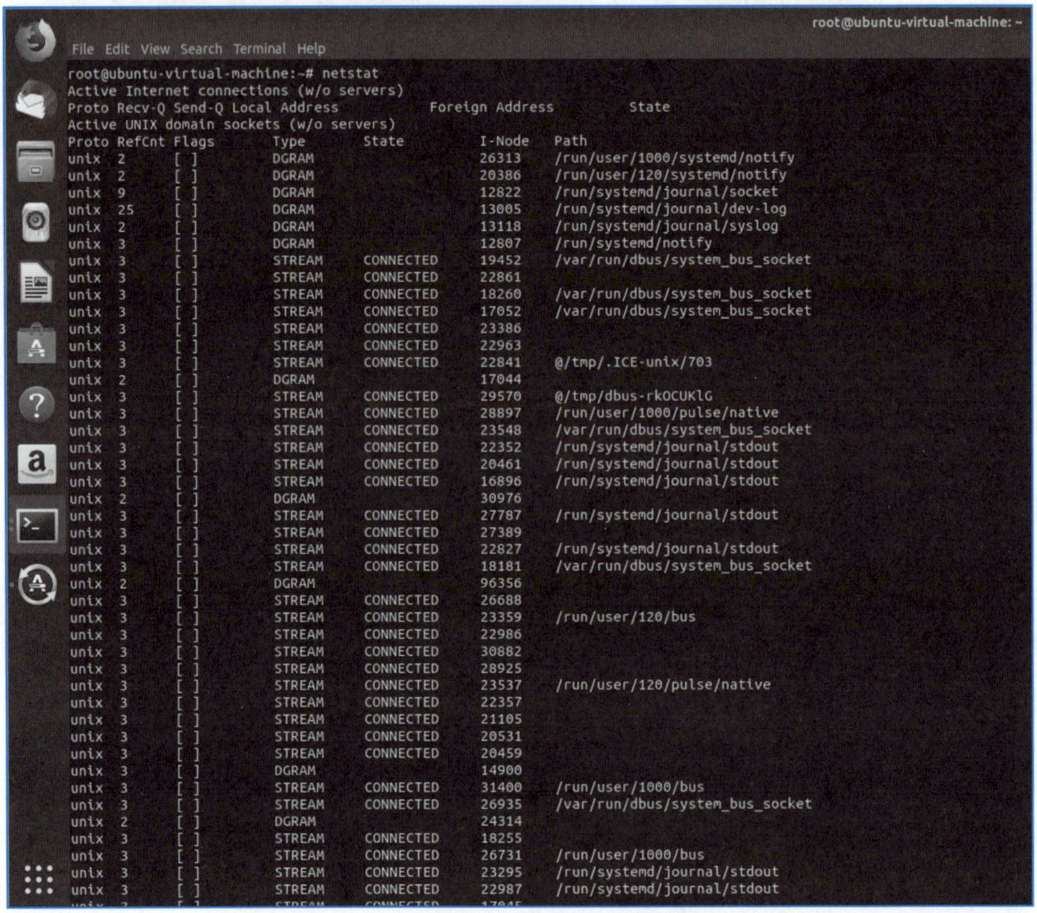

图 1-41 查看系统通信配置

② 输入命令 netstat -antlp，查看 tcp socket，如图 1-42 所示。

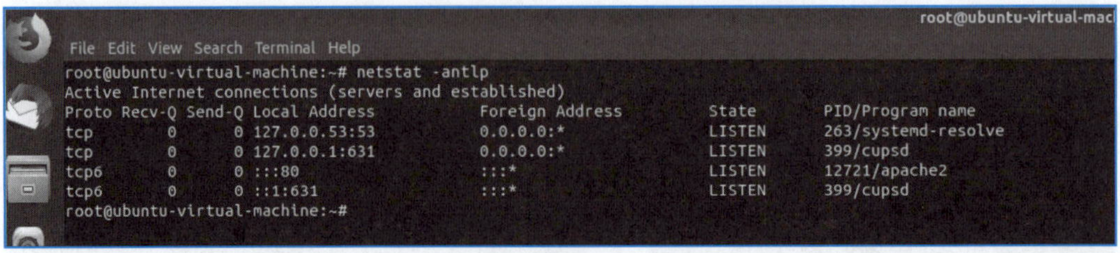

图 1-42 查看 tcp socket

③ 输入命令 route，查看路由配置，如图 1-43 所示。

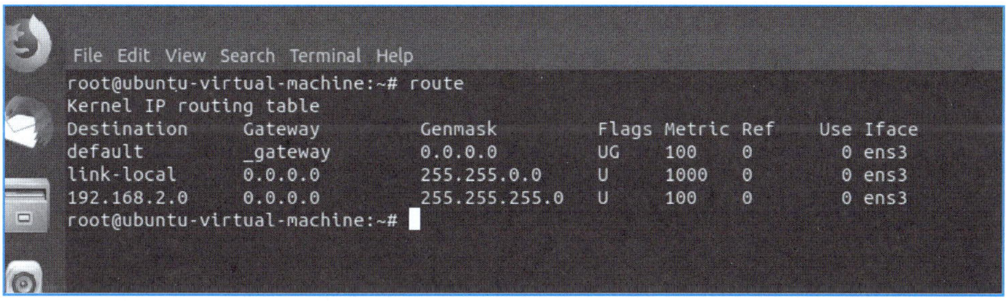

图 1-43　查看路由配置

步骤 8：查看 Linux 系统用户信息。

① 输入命令 whoami，查看当前用户，如图 1-44 所示。

② 输入命令 id，查看当前用户 id 及组 id，如图 1-45 所示。

微课 1-6 收集 Linux 系统用户信息和凭证

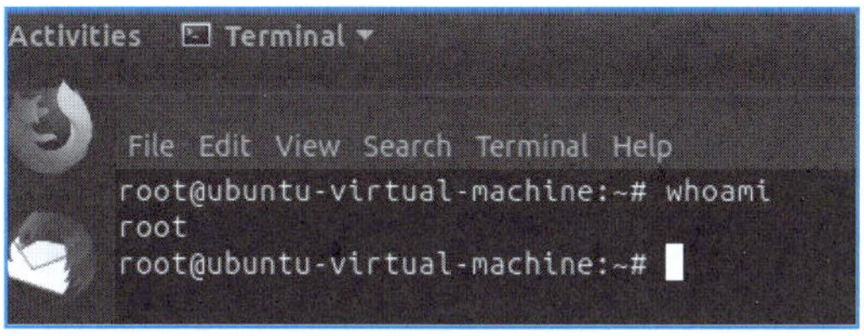

图 1-44　查看当前用户

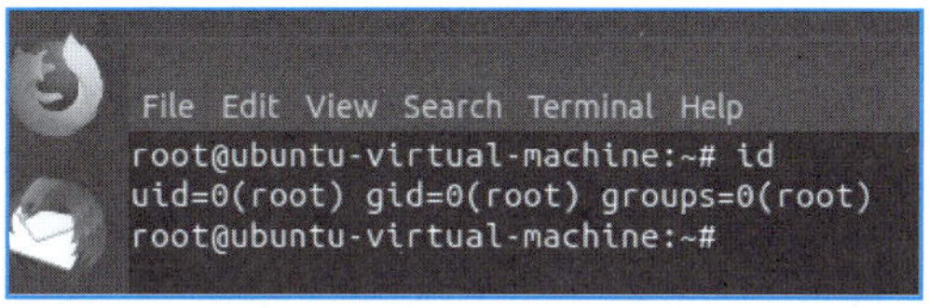

图 1-45　查看用户 id、组 id

③ 输入命令 cat /etc/passwd，查看密码信息，如图 1-46 所示。

④ 输入命令 cat /etc/group，查看用户组信息，如图 1-47 所示。

笔 记

图 1-46　查看密码信息

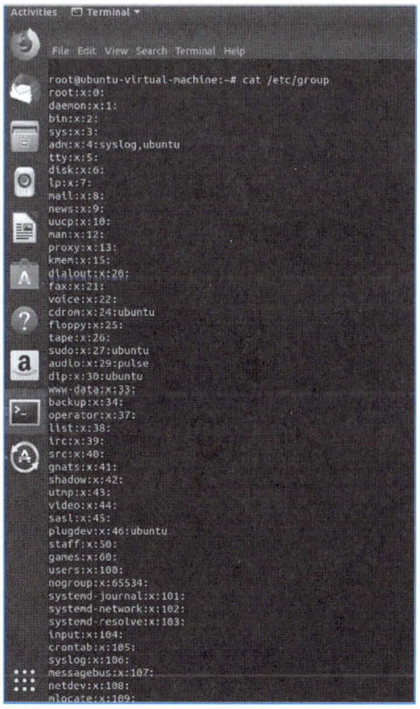

图 1-47　查看用户组信息

笔记

⑤ 输入命令 cat /etc/shadow（需要 root 权限），查看密码信息，如图 1-48 所示。

图 1-48 查看密码信息

步骤 9：查看 Linux 日志信息。

① 输入命令 cat syslog，查看系统日志，如图 1-49 所示。

图 1-49 查看系统日志

② 输入 w、who、lastlog 等命令，查看登录日志，如图 1-50 所示。

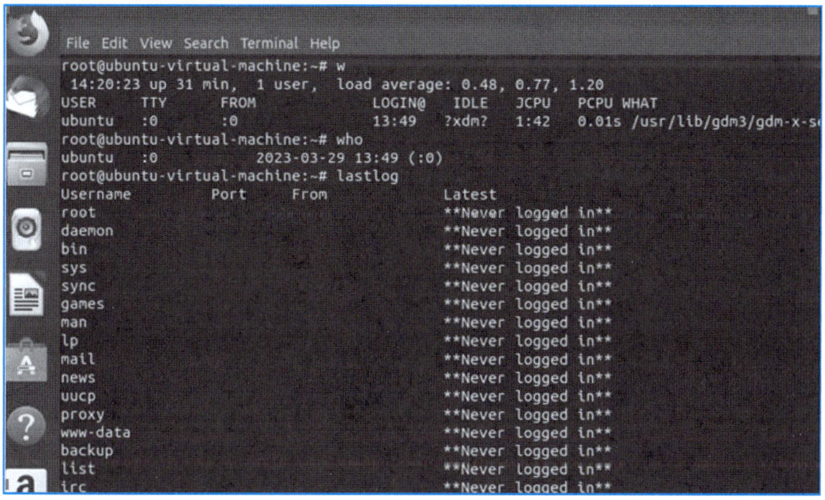

图 1-50　查看登录日志

笔 记

步骤 10：Linux 凭证收集。

Linux 密码破解方法如下：

```
hashcat64. exe -m 1800 -a 0 Linhash. txt pass. txt hashcat64. exe -m 1800 -a 0 Linhash. txt
pass. txt --show
John the Ripper john shadow. txt //默认模式,采用默认字典文件
password. lst john --single shadow. txt //简单模式
john --wordlist=pass. txt shadow. txt //字典模式
```

破解成功后，会生成结果文件，Linux 系统在 ./. john/john. pot 中，若不删除此文件，同样的 hash 不显示结果。

1.2.4　任务评价

本任务主要介绍了工业互联网安全内涵的相关知识，评价标准如下：

① 了解工业互联网安全体系框架。

② 了解工业互联网安全体系组成。

③ 掌握 Linux 系统信息收集的方法。

1.2.5　任务测验

文本：参考答案

一、选择题

1. 下列中不属于工业互联网安全框架体系组成的是（　　）。

A. 防护对象　　B. 防护措施　　C. 防护管理　　D. 防护网络

2. 在 Linux 操作系统中，输入下列中的命令（　　），可以查看内核版本及架构。

A. uname -a　　B. uname -mrs　　C. lsb_release　　D. ps -ef

3. 在 Linux 操作系统中，输入下列中的命令（　　），可以查看系统通信配置。

A. hostname　　B. netstat　　C. route　　D. Whoami

二、简答题

1. 简单描述工业互联网安全框架。
2. 工业互联网安全框架的防护对象包括哪些?
3. 简单描述工业互联网安全体系中的防护管理。

任务 1.3　工业设备基础安全分析与配置

PPT：任务 1.3 工业设备基础安全分析与配置

1.3.1　任务描述

在工业互联网中，设备会直接影响数据从产生、传输、存储到计算的每个环节。其重要性不言而喻。在安全防护工作实施中，需要基于工业互联网设备控制系统运行情况，采取积极有效的防护措施，避免不安全因素影响到互联网设备的正常运行和管理。

笔记

本任务将讲解如何对路由器进行安全加固处理，主要是通过 show running-config 命令，查看是否有相关的配置信息。通过对本任务的学习，同学们应当掌握路由器设备的测评和安全加固方法。

1.3.2　知识导入

1. 工业设备安全影响因素

（1）工业通信设备及其安全影响因素

工业网络对通信具有实时性、可用性和可靠性等特殊要求，对工业通信设备提出了较高要求。

1）工业通信设备的作用及类型

工业通信是工业控制（简称工控）中的关键环节，也是工业互联网的核心所在，需要采取多种工业通信体制来解决互联、互通、互操作问题。

用于工控环境的工业通信设备分为有线和无线两种类型。有线通信通常采用串口通信、现场总线通信、工业以太网通信以及通信协议转换设备（包括工业路由器、工业交换机等设备)。无线通信常用无线访问节点(Access Point, AP)、无线网桥、无线网卡和天线等设备。每种协议分别对应特定需求,对硬件设备及平台的要求也不同。因此,分析工控通信设备,最重要的就是分析其通信协议。

工控环境串口通信和现场总线应用较多。工控环境的低速数据传输,常使用 RS232/422/485 等串口通信标准来传输 ASCII 数据。串口通信线路含有发送线、接收线以及地线。串行传输时按位收发字节以实现远程通信,传输端口必须实现波特率、数据位、停止位以及奇偶校验位的参数匹配。

工控环境的过程处理对速度要求较高,多使用现场总线。现场总线采用数字通信,连接智能现场设备、仪表和自动化系统,使用不同的传输介质,多用于工控网络的底层数据通信,实现全数字、双向、多站通信的开放式互联网。IEC 61158(V4)规定了 20 类现场总线和工业以太网通信协议。常用的现场总线通信大约 40 余种,其中 CAN、LonWorks、Profibus、FF、DeviceNet、HART、InterBus、WorldFIP 等不到 10 种总线应用占据了八成左右。

工业环境要求的可靠、实时应用既可以使用上述现场总线协议,也可以使用工业以太网协议。企业管理执行系统与现场设备的垂直集成,需要将 TCP/IP 与现场总线融合,工业以太网通信协议应运而生,具体协议主要有 Ethernet/IP、ProFinet、Ethernet POWERLINK、EtherCAT、SERCOSIII、工厂自动化用以太网(Ethernet for Plant Automation, EPA)、Modbus/TCP 等。

工业无线通信技术的主要对象是工业设备间近距离、低速率数据交换,采用 Mesh 网络、多跳通信、扩频通信等技术,能耗非常低、抗干扰能力强、实时性好,尤其适用于严苛的工业现场环境。虽然不适用于高速控制,但在低速控制、数据采集及监控领域,表现出了强大优势,与工业有线通信相结合,优势更为明显。

工业现场还应用着大量的工业无线通信设备,涉及无线访问节点、无线网桥、无线网卡、天线等。无线访问节点具备网络协议处理和接口,可作为无线现场设备、网关和控制系统之间的网络设备,支持 RFieldbus、WSANs、IEEE 802.11(a/b/g)等协议。无线网桥能实现数据、视频传输,可远距离绕障。

2)工业通信设备存在的安全因素分析

① 实时性保障问题。工控网络时延会给工控系统的功能和性能会造成重大影响。因此,对系统的时间确定性和并行性的要求很高,以降低短距离时延。在近场通信中,ZigBee 较为典型,适用于短距离、低功耗、低速率无线网络数据通信。在周期性、间歇性以及低反应时间等数据传输方面更具优势。多跳转发也是一种优势明显的通信方式,如采用先应式路由协议更能够缩短路由请求的延时。

② 海量数据传输问题。工业互联网的本质是利用大数据,实现智能化。工业大数据平台需要对海量工业数据进行加工、整合、处理和应用,而这一切的前提都是要从工业现场的不同设备中收集信息,并进行传输以供后续计算和处理。

③ 异构、异质通信融合问题。工控环境中,采用不同类型的通信技术的设备甚至是

笔 记

笔记

采用同一种通信方式的不同设备大量存在，使得解决设备和设备之间的通信成为一个问题。智能网络中，不同的服务和应用需要不同的通信模式支撑，异构网络中各通信节点均具备自路由功能，各个设备通过异构、异质全面融合，实现不同通信体制的设备间相互通信。异构融合是指采用不同类型通信技术的设备实现互联互通，并拥有较高的服务质量（Quality of Service，QoS）；异质融合是指采用同一类型通信技术但硬件不兼容的设备之间实现互联互通。为了解决这个问题，智能化网络要求采用大量能够实现互通信的物理设备（组件），通过构建承载网络来实现异构网络融合。

④ 工业无线通信应用的特殊问题。工业无线通信应用的最大瓶颈为其可靠性。基于以太网的工业无线通信，既受无线通信体制带来的不确定性影响，还受以太网自身不可靠性的制约。较长的网络等待时间和数据包交付时间，将导致工业无线信号延迟无法接受。安全性是工业无线通信应用的另一大隐患，无线信号在空气中传播易遭窃听，加密传输又会导致传输性能下降，而且无线传输比有线传输更易遭受干扰。

工控网络的使命决定了工控通信在数据破坏、重传、丢失、插入、乱序、伪装、时延、寻址错误以及非法访问方面有着较高的要求，而这恰恰是工控网络受攻击的原因。

（2）工业测控设备的安全影响因素

根据测控设备的功能使命及在工控网络拓扑中所处地位的差异，其整体安全保证能力的需求也不同，进而对工控系统整体安全性的影响也各异。由此可知，如果某工控系统部署了多个现场测控设备，则各个测控设备的安全等级需求与整个工控系统的安全等级需求并非完全等同，指定工控系统总体安全等级需求时，应综合考虑所需防范的安全风险与危险、测控设备对工控系统整体风险的作用程度等因素来确定。反之，在确定各测控设备的安全等级需求时，则应综合考虑其功能使命、对工控系统整体的安全贡献与影响等因素。

例如，工业高压气罐的安全溢流阀压力传感系统与同一高压回路中的压力记录仪同属于工业气动生产线的现场测控设备，如果安全溢流阀压力传感系统遭遇攻击导致高压传感器报警、高压阀关断动作失效，则会导致高压气罐的过高压力无法卸载，进而导致出现高气压爆炸等安全生产事故，但压力记录仪如果遭遇攻击，则仅仅会影响现场压力显示、故障诊断与恢复等工作，并不会对整个工业高压生产线产生严重的安全影响。因此，同一工控系统中的安全溢流阀压力传感系统必然应高于压力记录仪的安全等级需求，而前者与后者对高压工控系统安全性的影响差异，必须在制定高压工控系统安全等级需求时予以区别考虑。从信息安全的角度来说，安全溢流阀压力传感系统要采取严格的访问控制，而压力记录仪仅需设备标识功能即可。

2. 工业设备物理安全分析

物理安全（实体安全）涵盖设备安全和环境安全，涉及支撑工业互联网运行的所有硬件设施的安全，包括现场及运算环境、各种工业和IT设备以及存储介质等。工业互联网中的各种系统总是通过某种方式在物理设备上运行，所以物理安全的保护是整个工业互联网安全的基石。

设备安全是工业互联网中各种设备运行、工业网络连接、电力支持、工业数据及其存储介质等的安全要求，比如，生产制造系统中各类设备的防窃、防电磁干扰或泄漏等，用于保障工业互联网中各设备的可用性。

物理设备均运行于特定的物理环境当中。环境安全堪称物理安全乃至整个工业互联网安全的最基本保障。环境安全实现对工业互联网所处环境的安全保障，特别是对物理场地、工业网络现场及工业网络机房提供安全保障，侧重于地震、雷击、水灾、失火等自然灾害的防范，特别关注物理场地安全、物理访问控制、防水防潮、防火、防静电、防雷击、温湿度保证、电磁干扰与泄漏防护、供电等。

3. 工业设备功能安全分析

设备的安全性与用于安全功能感知的各类传感器密切相关，比如安全光栅、应急开关、限位触点等。这些安全逻辑可以通过继电器控制或者控制器来实现。从技术上来看，功能安全系统的技术架构与设备自动化系统高度一致，均由传感器、控制器（或继电器）、执行机构等构成。因此，设备的安全控制功能，既可以在系统设计时统一考虑，也可以单独在现有系统中进行软硬件集成。但是，由于安全逻辑和安全组件承担的功能和使命特殊，其可靠性要求更高。

传统上认为功能安全是相当重要甚至是第一重要的，比如重工业中，锻压、切割、冲击等设备操作，稍有疏忽即可能导致人员伤亡事故发生，石化、危化品等高危生产企业更是如此。但是，随着工控现场对外连接和依赖日益加强、开放通用技术应用日益广泛，由于信息安全问题导致的功能安全问题，或者说通过信息系统攻击来破坏功能安全的趋势越来越明显，必须重视信息安全对整体安全性带来的影响。不过，如果工控系统遭受入侵或攻击，无法像传统 IP 网络那样将该机器与网络隔离，也不能机械地将传统信息安全手段简单移植到工控网络当中。因此，必须对功能安全和信息安全综合、全面考虑。

笔 记

建议在工业设备与控制的功能安全方面采取如下措施。

（1）功能安全危险信息识别与标识

分析工业设备和控制中可能存在的危险源，列明可能发生的危险状况及对应的危害事件，识别并标识已确定功能安全危险涉及的主要信息。比如，机械疲劳强度、容器高压持续时间、化学品毒性、反应物爆炸条件、报警数据与信息丢失等。

（2）功能安全危险状况及危害事件的识别与标识

分析工控软件与其他软件或工业装备的相互作用引发的功能安全危险状况，并分析其可能导致的危害事件，识别并标识危害事件类型（即功能安全失效模式，如控制软件故障、人为操作失误、设备及装置元器件失效、软硬件故障传播等）。

笔 记

（3）功能安全危害事件的影响分析

分析相关危险源、危险状态所引发的危害事件的具体影响及破坏后果。应结合具体工业应用场景及相应的工业技术决窍（如相应的生产工艺、危化品生产配方、产品质量影响因素等），分析、确定并标识其对功能安全的影响。

（4）功能安全综合防范措施

首先要落实工控设备对外界危险因素的抵抗、防御或切断能力，例如，相关设备破坏的影响，电、磁、辐射等环境影响，水灾、火灾或地震等不可抗力的危害等。同时，对可能引发的安全失控状态，应采取监测与报警、故障诊断与恢复、数据采集与分析等机制。此外，还应对于人员操作给予高度重视，明确可能出现的误操作、恶意操作等导致危害发生的行为，并采取相应的中断、缓解等防护措施。

4. 工业设备信息安全分析

工业互联网架构中的工业设备多具有智能化，大多采用“嵌入式操作系统+微处理器+工业 App”的典型架构，可能会受到严重的工业网络攻击，而且整个工业网络攻击面显著扩大、传播速度剧增、危害后果严重。工业设备的信息安全涉及软件安全（含操作系统、中间件及工业应用软件）与硬件安全两方面，建议对固件、恶意软件加强防护，对工业设备实施身份鉴别与访问控制，对软硬件漏洞进行修复等。

工业设备固件安全增强可从操作系统内核、协议栈等方面来考虑，防范恶意代码的传播与运行。工业现场设备还需定期扫描操作系统及应用软件中的漏洞，并及时修复。工业现场设备可被赋予基于硬件特征的唯一标识，以供上层应用提供基于该标识的身份鉴别。还可以构建可信工控系统，采用安全芯片或安全固件等硬件级部件作为工控系统信任根，以保证工业现场设备的安全启动，同时提供工业数据传输的机密性和完整性能力。此外，建议对主控 PLC、SCADA 的 HMI、操作员站、工程师站等加强运维管控，对外部存储及基于 USB 接口的外设实施严格管控。

1.3.3 任务实施——路由器设备安全加固

【任务目的】

- 理解路由器设备的测评指标。
- 掌握路由器设备安全加固方法。

【使用工具】

- 设备：路由器（华为 V8R10）。
- 工具：Xshell（其他支持 Serial 协议终端或 SSH 协议终端）。

【实施步骤】

微课 1-7 对路由器设备的安全登录进行配置

步骤 1：应删除多余或无效的访问控制规则，优化访问控制列表，并保证访问控制规则数量最小化。

核查路由器设备是否不存在多余或无效的访问控制策略，并核查路由器设备的不同访问控制策略之间的逻辑关系，以及前后排列顺序是否合理。

步骤 2：应在网络边界、重要网络节点进行安全审计，审计覆盖到每个用户，对重要的用户行为和重要安全事件进行审计。

查看交换机日志审计功能的开启情况。代码如下：

```
<Huawei> display logbuffer          //查看 Log 缓冲区的所有 Log 信息
```

步骤 3：应对登录的用户进行身份标识和鉴别，身份标识具有唯一性，身份鉴别信息具有复杂度和定期更换要求。

① 设置 AUX 口、Console 口、VTY 口及特权模式口令。如果物理环境控制严格，在 AUX 口、Console 口无外联线路的情况下，可不设置口令。代码如下：

```
[Huawei]user-interface vty 0 4
[Huawei-ui-vty0-4]authentication-mode password      //只通过密码验证
```

② 设置密码策略，代码如下：

```
[Huawei-ui-vty0-4]set authentication password cipher ChaseAug
```

步骤 4：应具有登录失败处理功能，配置并启用结束会话、限制非法登录次数和当登录连接超时自动退出等相关措施。

笔 记

① 配置端口超时处理功能和登录超时处理功能，代码如下：

```
[Huawei]user-interface vty 0 4
[Huawei-ui-vty0-4]idle-timeout 5   //登录超时
```

② 配置登录失败处理功能，代码如下：

```
[Huawei] aaa
[Huawei-aaa] local-aaa-user wrong-password retry-interval 5 retry-time 3 block-time 5
```

步骤 5：当进行远程管理时，应采取必要措施，防止鉴别信息在网络传输过程中被窃听。

① 启用 SSH 方式进行远程管理，代码如下：

```
[Huawei]user-interface vty 0 4
[Huawei-ui-vty0-4]protocol inbound ssh
```

② 关闭 HTTP、HTTPS 服务，代码如下：

```
[Huawei] undo http server enable
[Huawei] undo http secure-server enable
```

笔 记

步骤 6：应通过设定终端接入方式或网络地址范围对通过网络进行管理的管理终端进行限制。

① 添加 ACL，代码如下：

```
[Huawei] acl 2000
[Huawei-acl4-basic-2000] rule permit source 192.168.30.2
```

② 应用 ACL，代码如下：

```
[Huawei] user-interface vty 0 4
[Huawei-ui-vty0-4] acl 2000 inboundin
```

步骤 7：应对登录的用户分配账户和权限。

① 为登录的用户创建账户并设置密码，避免使用 nopassword。代码如下：

```
[Huawei-ui-vty0-4]set authentication password cipher ChaseAug
```

② 为账户分配权限，代码如下：

```
[Huawei-ui-vty0-4] user privilege level 2
```

微课 1-8 在系统中配置日志策略和安全选项

步骤 8：配置事件日志策略。

① 单击左下角的“开始”按钮，在弹出的系统菜单中执行“管理工具→事件查看器”命令，弹出“事件查看器”窗口，如图 1-51 所示。在左侧“应用程序”选项上右击，在弹出的菜单中单击“属性”选项，弹出“日志属性-应用程序”对话框，设置“日志最大大小”为 80000 KB，如图 1-52 所示，单击“确定”按钮。

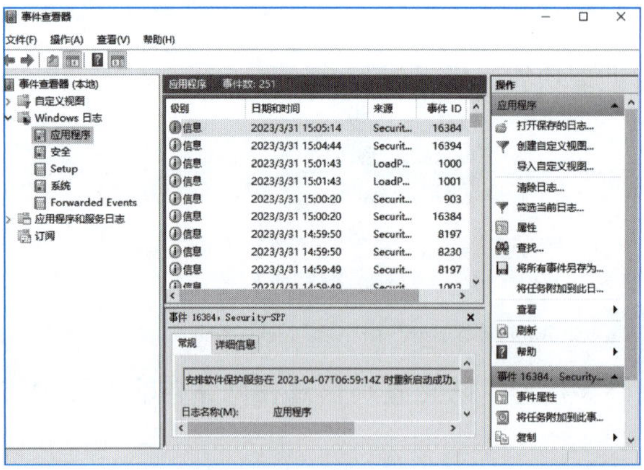

图 1-51 “事件查看器”对话框

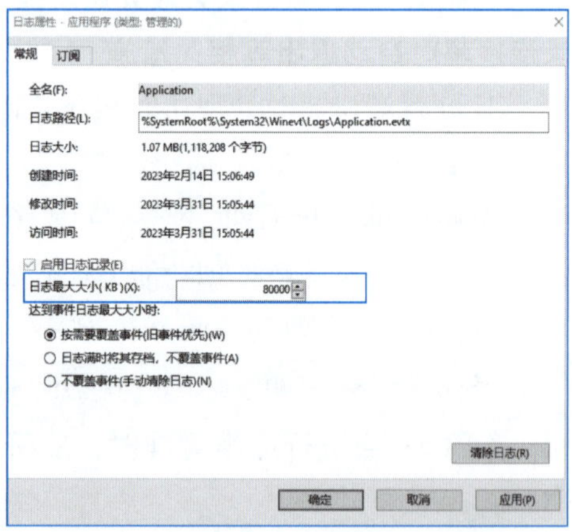

图 1-52 设置“日志最大大小”选项

② 使用相同的操作方法，分别打开“安全性 属性”和“系统 属性”对话框，分别设置“日志最大大小”为 80000 KB。

③ 对事件日志策略做以下设置：

➢ 限制 GUEST 账户访问日志：已开启。

➢ 达到日志最大大小时：按需要覆盖事件。

步骤 9：设置安全选项。

单击左下角的“开始”按钮，在弹出的系统菜单中执行“管理工具→本地安全策略”命令，弹出“本地安全策略”窗口，在左侧单击“安全选项”选项，在右侧可以对相关安全策略进行设置，如图 1-53 所示。

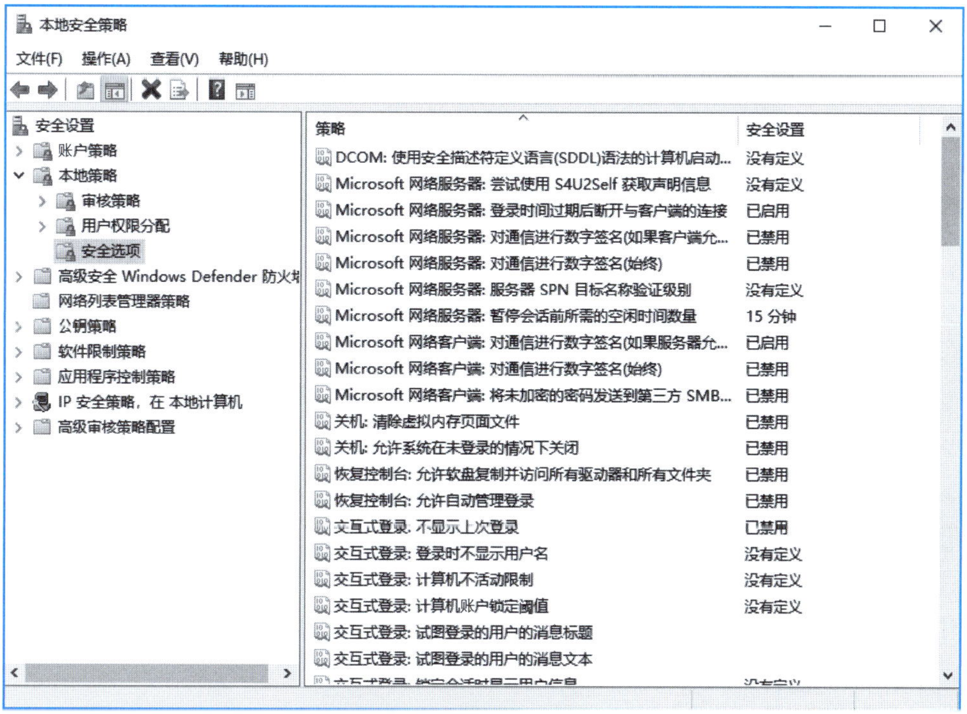

图 1-53　设置安全选项

对安全策略做以下设置。

- 账户：重命名系统管理员账户：除“Administrator”外的其他任何名称。
- 账户：重命名来宾账户：除“Guest”外的其他任何名称。
- 域成员：对安全通道数据进行数字加密（如果可能）：已启用。
- 系统对象：增强内部系统对象的默认权限（例如 Symbolic Links）：已启用。
- 网络访问：限制匿名访问命名管道和共享：已启用。
- 网络安全：在超过登录时间后强制注销：已启用。
- 网络安全：LAN Manager 身份验证级别：仅发送 NTLMv2 响应。
- 设备：允许在未登录的情况下弹出：已启用。
- 设备：将 CD-ROM 的访问权限仅限于本地登录的用户：已启用。
- 设备：允许对媒体进行格式化并弹出：管理员。
- 设备：防止用户安装打印机驱动程序：已启用。
- 交互式登录：在密码到期前提示用户更改密码：7 天。

笔记

笔记

> 交互式登录：试图登录的用户的消息文本：This system is for the use of authorized users only。
> 交互式登录：试图登录的用户的消息标题："Warning:" or custom title。
> 交互式登录：要求域控制器身份以解锁工作站：已禁用。
> 交互式登录：可被缓存的前次登录个数（在域控制器不可用的情况下）：0次登录。
> 交互式登录：不需要按CTRL+ALT+DEL：已禁用。
> 交互式登录：不显示上次登录：已启用。
> 关机：允许系统在未登录的情况下关闭：已禁用。
> 关机：清除虚拟内存页面文件：已启用。
> 恢复控制台：允许自动管理登录：已禁用。
> 恢复控制台：允许软盘复制并访问所有驱动器和所有文件夹：已禁用。
> Microsoft网络客户端：对通信进行数字签名（如果服务器允许）：已启用。
> Microsoft网络客户端：将未加密的密码发送到第三方SMB服务器：已禁用。
> Microsoft网络服务器：对通信进行数字签名（如果客户端允许）：已启用。
> Microsoft网络服务器：暂停会话前所需的空闲时间数量：15分钟。
> Microsoft网络服务器：登录时间过期后断开与客户端的连接：已启用。

微课1-9 系统注册表的安全设置

步骤10：注册表安全设置审核。

① 禁止Dr. Watson创建DUMPS文件：

```
HKLM\Software\Microsoft\DrWatson\CreateCrashDump（REG_DWORD）0
```

② 禁止系统的自动诊断自动运行：

```
HKLM\Software\Microsoft\Windows NT\CurrentVersion\AEDebug\Auto（REG_DWORD）0
```

③ 禁止从任何驱动器上自动运行任何应用程序：

```
HKLM\Software\Microsoft\Windows\CurrentVersion\Policies\Explorer\NoDriveTypeAutoRun（REG_DWORD）255
```

④ 禁止现在的用户自动运行：

```
HKCU\Software\Microsoft\Windows\CurrentVersion\Policies\Explorer\NoDriveTypeAutoRun（REG_DWORD）255
```

⑤ 禁止任何新用户自动运行：

```
HKU.DEFAULT\Software\Microsoft\Windows\CurrentVersion\Policies\Explorer\NoDriveTypeAutoRun（REG_DWORD）255
```

⑥ 禁止自动登录：

```
HKLM\Software\Microsoft\Windows NT\CurrentVersion\Winlogon\AutoAdminLogon（REG_SZ）0
```

⑦ 隐藏键盘输入星号实际字符：

```
HKLM\Software\Microsoft\Windows\CurrentVersion\Policies\Network\HideSharePwds（REG_DWORD）1
```

⑧ 禁止拨号访问：

HKLM\Software\Microsoft\Windows\CurrentVersion\Policies\Network\ NoDialIn（REG_DWORD）1

⑨ 禁止在蓝屏死机后自动重启：

HKLM\System\CurrentControlSet\Control\CrashControl\AutoReboot（REG_DWORD）0

⑩ 禁止 CD 自动播放：

HKLM\System\CurrentControlSet\Services\CDrom\Autorun（REG_DWORD）0

⑪ 在服务器上清除管理共享：

HKLM\System\CurrentControlSet\Services\LanmanServer\Parameters\AutoShareServer（REG_DWORD）0

⑫ 保护阻止 Computer Browser Spoofing 攻击：

HKLM\System\CurrentControlSet\Services\MrxSmb\Parameters\ RefuseReset（REG_DWORD）1

⑬ 保护阻止 source-routing spoofing 攻击：

HKLM\System\CurrentControlSet\Services\Tcpip\Parameters\ DisableIPSourceRouting（REG_DWORD）2

⑭ 保护默认网关网络设置：

HKLM\System\CurrentControlSet\Services\Tcpip\Parameters\EnableDeadGWDetect（REG_DWORD）0
Ensure ICMP Routing via shortest path first：HKLM\System\CurrentControlSet\Services\Tcpip\Parameters\ EnableICMPRedirect（REG_DWORD）0

⑮ 帮助阻止包碎片攻击：

HKLM\System\CurrentControlSet\Services\Tcpip\Parameters\ EnablePMTUDiscovery（REG_DWORD）0

⑯ 管理 Keep-alive 时间：

HKLM\System\CurrentControlSet\Services\Tcpip\Parameters\KeepAliveTime（REG_DWORD）300000

⑰ 保护阻止恶意的 Name-Release 攻击：

HKLM\System\CurrentControlSet\Services\Netbt\Parameters\ NoNameReleaseOnDemand（REG_DWORD）1

⑱ 确保路由发现被禁止：

HKLM\System\CurrentControlSet\Services\Tcpip\Parameters\ PerformRouterDiscovery（REG_DWORD）0

⑲ 保护阻止 SYN Flood 攻击：

HKLM\System\CurrentControlSet\Services\Tcpip\Parameters\ SynAttackProtect（REG_DWORD）2

⑳ SYN 攻击保护，管理 TCP 最大 half-open sockets：

HKLM\System\CurrentControlSet\Services\Tcpip\Parameters\TcpMaxHalfOpen（REG_DWORD）100 or 500

㉑ SYN 攻击保护，管理 TCP 最大 half-open 保留 sockets：

HKLM\System\CurrentControlSet\Services\Tcpip\Parameters\TcpMaxHalfOpenRetired（REG_DWORD）80 or 400

笔记

㉒ 启用 IPSec 保护 Kerberos RSVP 传输：

HKLM\System\CurrentControlSet\Services\IPSEC\ NoDefaultExempt（REG_DWORD）1 HKEY_LOCAL_MACHINE\ SYSTEM \ CurrentControlSet \ Services \ lanmanserver \ parameters \ AutoShareServer （REG_DWORD）0

㉓ 关闭 admin 共享：

HKEY_LOCAL_MACHINE \ SYSTEM \ CurrentControlSet \ Services \ lanmanserver \ parameters \ AutoShareWks（REG_DWORD）0

㉔ 关闭 IPC$默认共享：

HKEY_LOCAL_MACHINE\SYSTEM\CurrentControlSet\Control\Lsa\restrictanonymous（REG_DWORD）1

微课 1-10 系统服务和用户权限设置

步骤 11：服务审核。

单击左下角的“开始”按钮，在弹出的系统菜单中执行“管理工具→计算机管理”命令，弹出“计算机管理”窗口，如图 1-54 所示。在左侧列表中单击“服务和应用程序”选项中的“服务”选项，在右侧可以对服务的相关选项进行设置，如图 1-55 所示。

笔 记

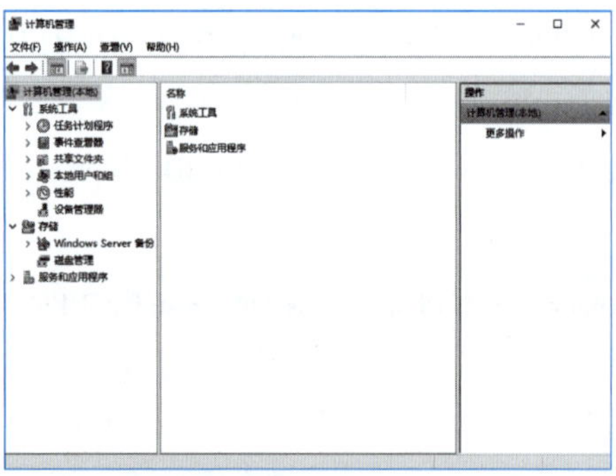

图 1-54 “计算机管理”窗口

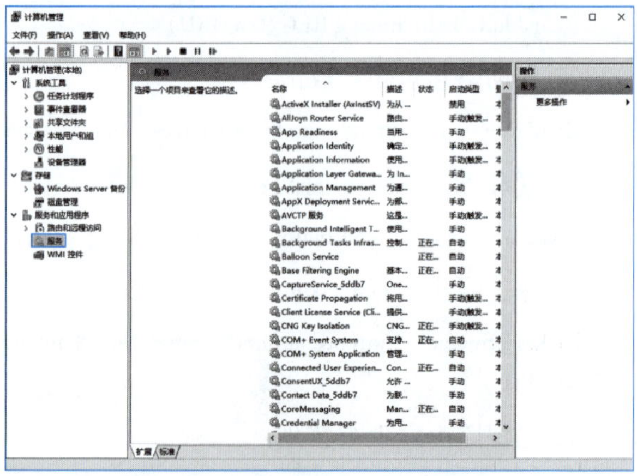

图 1-55 选择“服务”选项

对服务审核做以下设置：

- Alerter：禁用。
- Clipbook：禁用。
- Computer Browser：禁用。
- Fax Service：禁用。
- FTP Publishing Service：禁用（警告：将禁止 FTP 服务）。
- IIS Admin Service：禁用（警告：将禁止 IIS 服务）。
- Internet Connection Sharing：禁用。

- Messenger：禁用。
- NetMeeting Remote Desktop Sharing：禁用。
- Remote Registry：禁用。
- Routing and Remote Access：禁用。
- Simple Mail Transfer Protocol（SMTP）：禁用（警告：将禁止 IIS 服务器上的 SMTP 服务）。
- Simple Network Management Protocol（SNMP）Service：禁用。
- Simple Network Management Protocol（SNMP）Trap：禁用。
- Telnet：禁用。
- World Wide Web Publishing Services：禁用。
- Automatic Updates：启用。
- Background Intelligent Transfer Service：禁用。

步骤 12：设置用户权限。

单击左下角的“开始”按钮，在弹出的系统菜单中执行“管理工具→本地安全策略”命令，弹出“本地安全策略”窗口，在左侧单击“本地策略”选项中的“用户权限分配”选项，在右侧可以对用户权限分配的相关选项进行设置如图 1-56 所示。

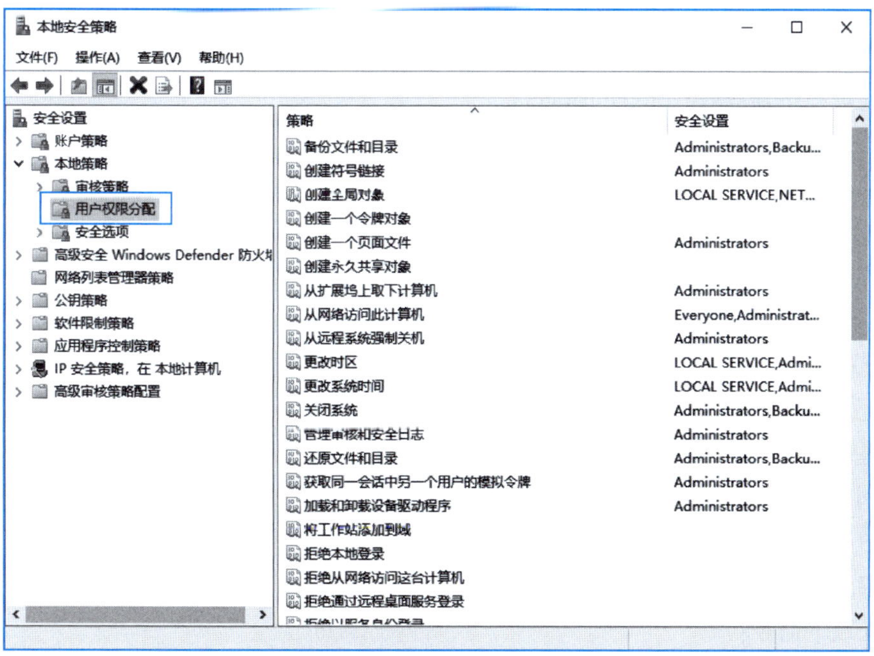

图 1-56　设置用户权限分配

对用户权限分配做以下设置：

- 从网络访问此计算机：None。
- 域中添加工作：Not applicable。

笔 记

笔记

- 备份文件和目录：Administrators。
- 跳过遍历检查：Users。
- 更改系统时间：Administrators。
- 创建页面文件：Administrators。
- 创建全局对象：None。
- 创建永久共享对象：None。
- 调试程序：None。
- 拒绝从网络访问这台计算机：Guests。
- 拒绝作为批处理作业登录：None。
- 拒绝作为服务登录：None。
- 拒绝本地登录：None。
- 从远程系统强制关机：Administrators。
- 调整进程的内存配额：Administrators。
- 增加计划优先级：Administrators。
- 装载和卸载设备驱动程序：Administrators。
- 内存中锁定页面：None。
- 作为批处理作业登录：None。
- 作为服务登录：None。
- 允许在本地登录：Administrators。
- 管理审核和安全日志：Administrators。
- 修改固件环境值：Administrators。
- 配置单一进程：Administrators。
- 配置系统性能：Administrators。
- 从扩展坞中取出计算机：Administrators。
- 替换进程级别标记：None。
- 还原文件和目录：Administrators。
- 关闭系统：Administrators。
- 同步目录服务数据：Not Applicable。
- 取得文件或其他对象的所有权：Administrators。

步骤 13：设置文件权限。

输入以下命令：

```
%SystemDrive%\ - Administrators:Full; System:Full; Creator Owner:Full; Users:Read and Execute,List
%SystemDrive%\autoexec. bat - Administrators:Full; System:Full
%SystemDrive%\boot. ini - Administrators:Full; System:Full
%SystemDrive%\config. sys - Administrators:Full; System:Full
```

%SystemDrive%\io. sys - Administrators:Full; System:Full
%SystemDrive%\msdos. sys - Administrators:Full; System:Full
%SystemDrive%\ntbootdd. sys - Administrators:Full; System:Full
%SystemDrive%\ntdetect. com - Administrators:Full; System:Full
%SystemDrive%\ntldr - Administrators:Full; System:Full
%SystemDrive%\Documents and Settings - Administrators: Full; System: Full; Users: Read and Execute, List
%SystemDrive%\Documents and Settings\Administrator - Administrators:Full; System:Full
%SystemDrive%\Documents and Settings\All Users - Administrators:Full; System:Full; Users:Read and Execute, List
%SystemDrive%\Documents and Settings\All Users\Documents\DrWatson - Administrators:Full; System: Full; Creator Owner:Full; Users:Traverse Folder/Execute File, List Folder/Read Data, Read Attributes, Read Extended Attributes, Read Permissions(This folder, subfolders, and files); Users: Traverse Folder/Execute File, Create Files/Write Data, Create Folder/Append Data(Subfolders and files only)

笔 记

1.3.4 任务评价

本任务主要介绍了工业设备基础安全分析与配置的相关知识，评价标准如下：

① 了解工业设备安全影响因素有哪些以及产生的影响。

② 理解工业设备物理安全、功能安全和信息安全分析。

③ 理解路由器设备的测评指标。

④ 掌握路由器设备安全加固方法。

1.3.5 任务测验

文本：参考答案

一、选择题

1. (　　) 是工业控制中的关键环节，也是工业互联网的核心所在。

A. 设备　　B. 安全　　C. 通信　　D. 数据

2. (　　) 是工业互联网中各种设备运行、工业网络连接、电力支持、工业数据及其存储介质等的安全要求。

A. 设备安全　　B. 功能安全　　C. 信息安全　　D. 物理安全

3. 下列关于路由器设备安全加固的说法中，错误的是（　　）。

A. 应在网络边界、重要网络节点进行安全审计

B. 应对登录的用户进行身份标识和鉴别

C. 无须删除多余或无效的访问控制规则

D. 限制非法登录次数和当登录连接超时自动退出等相关措施

二、简答题

1. 简单描述工业通信设备存在的不安全因素。

2. 简单描述工业设备的物理安全。
3. 简单描述工业设备的信息安全。

任务 1.4 工业设备的发现与定位

PPT：任务 1.4 工业设备的发现与定位

1.4.1 任务描述

对于工业互联网安全的监管者来说，寻找暴露在互联网中的工业互联网设备和节点，判断它们是否存在漏洞或者是否为非法暴露，对于保障工业互联网的安全具有重要意义。

使用网络空间搜索引擎可以发现工业互联网中的工业设备。网络空间搜索引擎不同于搜索普通网页，而是直接搜索网络中存在的主机，将主机信息汇聚成数据库，然后显示出主机的 IP、端口、中间件、摄像头、工控设备 Banner 等其他网络设备信息。同时可以按照普通搜索引擎规则来搜索网络设备。

本任务主要讲解如何使用潮汐搜索引擎查找工业互联网中的工业设备，使同学们了解网络空间搜索引擎，并掌握使用网络空间搜索引擎发现工业设备的方法。

1.4.2 知识导入

笔 记

1. 在线和离线设备安全分析

工业设备安全分析的支撑技术主要包括在线和离线设备安全分析技术，如图 1-57 所示，在线设备安全分析技术包括设备发现和定位技术，即如何有效地发现并定位不同类型的设备，为进行身份鉴别和访问控制奠定基础。离线设备安全分析技术的关键是设备漏洞分析，即高效、准确地分析设备在不同层面、不同维度的漏洞以及漏洞会带来的影响。

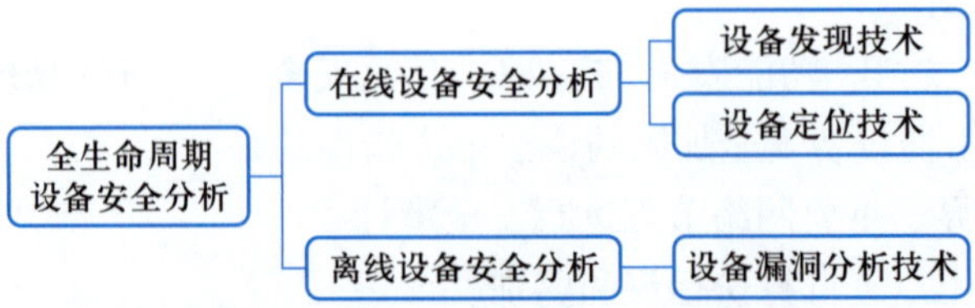

图 1-57 工业设备安全分析支撑技术

在线设备安全分析能够为设备安全管控奠定基础。工业互联网由于网络结构复杂多样，设备变动多，并且很多设备变动也不会被记录下来，导致很难掌握工业互联网中设备的情况，而这正是进行合理的身份鉴别和访问控制的重要前提。因此，掌握工业互联网中的设备类型、设备位置与分布、设备接入权限等信息，进一步绘制整个工业互联网的设备结构与拓扑图，有利于进行安全管理与运维。

离线设备安全分析目的是进行设备漏洞管理，包括对设备的硬件、固件、操作系统、软件等的漏洞管理。通过对工业互联网内各种类型设备的漏洞进行安全分析，可以缓解设备漏洞带来的影响，更好地进行补丁修复等工作。离线设备安全分析主要面向设备制造商，重点考虑设备本身的安全，包括设备本身的漏洞分析和管理，以及设备自身生命周期的安全性问题，例如设备供应链安全、代码安全等。

笔记

2. 工业互联网设备的发现

设备发现是在线设备安全分析的重要支撑技术。在进行设备安全分析之前，通常要对工业互联网中的设备进行发现、识别与定位，充分掌握设备信息、网络拓扑结构，了解整个工业互联网的设备分布与拓扑结构，研究系统和设备安全态势等，以便帮助系统管理员更好地进行设备管控工作。

设备发现一般分为两步。第一步是探测发现，主要目的是发现并识别网络中可用的设备，同时在不影响设备正常运行的情况下提取一些设备信息，如固件、型号、模块等，为后续进行设备定位和设备漏洞分析奠定基础；第二步是真实性判断，主要目的是判断目标设备的合法性和真实性，避免遭受蜜罐之类技术的欺骗。蜜罐是一种常见的安全技术，旨在检测、转移或以某种方式抵消对系统的未经授权的访问和攻击尝试。

工业互联网中的设备种类繁多，不同设备使用的发现技术也不同。与传统信息系统设备识别相比，由于工业互联网设备的种类繁多，发现和识别的难度更大。对于不同的工控系统设备，其架构、硬件、固件、操作系统等都有很大差异，因此，设备发现技术通常是针对具体设备进行指纹分析，利用其在不同层次上体现的特征进行综合性判定。

拓展阅读 1-2
密罐识别

目前，有很多成熟的工具和软件可以用于设备发现。根据扫描模式的差异，可分为主动扫描和被动扫描两类；根据其功能也可分为两类，一类是以 Shodan、ZoomEye 为代表的在线网络空间搜索引擎，另一类是以 Nmap、Grassmarlin 为代表的离线设备发现工具。在线网络空间搜索引擎通常用于对互联网中的设备进行扫描、发现并提供检索、态势图绘制等功能；离线设备发现工具既可以用于互联设备发现，也可以用于局域网设备发现。

在线网络空间搜索引擎早期主要针对信息网络中的设备，通过采集设备开放端口的 BANNER 信息进行发现。随着工业互联网的发展，Shodan 和 ZoomEye 等在线设备搜索引擎在传统的主机、服务识别基础上，推出针对工业互联网设备的扫描专题服务，强化对于工业互联网设备的发现能力。

离线设备发现工具主要用于对固定范围或目标进行扫描和设备发现。表 1-5 列举了典型的离线设备发现工具。

笔 记

表 1-5 典型的离线设备发现工具说明

工具名称	工具概述	扫描模式	工具特性
Nmap	用于网络发现、设备发现和识别。安全审核的开源程序，使用原始 IP 数据包来确定网络上可用的主机、设备及其提供的服务（应用名称和版本）、操作系统信息、包过滤器/防火墙的类型	主动扫描	支持多种端口扫描机制，操作系统检测、ping 扫描，以及各类隐蔽扫描方法，并且支持对操作系统版本、端口服务信息进行探测，可移植性强并且有活跃的社区，是目前广泛使用的端口扫描工具
Masscan	一个网络端口扫描程序，其目标是使安全研究人员能够尽快对大型网络进行端口扫描。在硬件支持的情况下，能够在短时间内扫描整个互联网。其用法和输出与 Nmap 类似	主动扫描	实现了自定义的 TCP/IP 堆栈，使用异步传输来提高扫描速率，具备一定的可移植性和可扩展性
Zmap	一种快速的单包网络扫描仪，专门用于互联网扫描。在具有千兆位以太网连接的典型台式计算机上，能够在几十分钟内扫描整个公共 IPv4 地址空间。通过 10 GE 连接和 PF_RING，可以在 5 min 内扫描 IPv4 地址空间	主动扫描	支持包括 SYN 扫描、ICMP、DNS 查询、UPnP、BACNET 的探针模块在内的多种扫描模式，使用异步传输提高扫描速率，支持 PF_RING 扫描模式，具备可移植性
Grassmarlin	提供了一种用于在基于 IP 的网络上发现和分类 SCADA 和 ICS 主机的方法。使用多种来源生成此数据，包括 PCAP 文件、路由器和交换机配置文件、CAM 表以及实时网络数据包捕获。该工具可以自动确定可用网络并生成网络拓扑，能够可视化主机之间的通信	被动扫描	具备可移植性，以各种方式对捕获的流量按照预定逻辑布局进行分组，获得对流量和所用协议的深入了解。可以对流量和目标按照网络、协议、角色、国家、生产商等进行分组显示并分析，支持多种设备，主机的被动识别

3. 工业互联网设备的定位

设备定位是在线设备安全分析的重要支撑技术之一。确定工业互联网中设备的位置与分布情况，不仅能够为重点区域的精确设备发现提供支撑，还有利于掌握整个工业互联网中的设备位置、结构与拓扑。

从定位方式上，设备定位技术可以分为基于互联网信息挖掘的设备定位和基于网络特征分析的设备定位两类。

（1）基于互联网信息挖掘的设备定位

基于互联网信息挖掘的设备定位有 3 种方法：基于 WHOIS 登记信息的定位方法、基于主机名称的定位方法和基于 IP 历史位置分析的定位方法。

1）基于 WHOIS 登记信息的定位方法

WHOIS 是用来查询 IP 注册信息的传输协议。实际上，WHOIS 就是一个用来查询 IP 是否已经被注册，以及注册 IP 的详细信息的数据库。早期的 WHOIS 查询多以命令行接口的形式存在，现在出现了一些网页接口的线上查询工具。网页接口的查询工具仍然依赖

WHOIS 协议向服务器发送查询请求，这类工具仍然被系统管理员广泛使用。每个 IP 的 WHOIS 信息由对应的互联网注册机构保存。

2）基于主机名称的定位方法

主机名称（HOSTNAME）是分配给连接到计算机网络设备的标签，它可以是一个由单个单词或短语组成的简单名称，也可以是一个结构化的名称。

通常情况下，主机名称包含设备的接口类型、接口编号、设备角色和地址标识等关键信息。图 1-58 所示为一个主机名称的例子，其中各部分表示的信息如下：

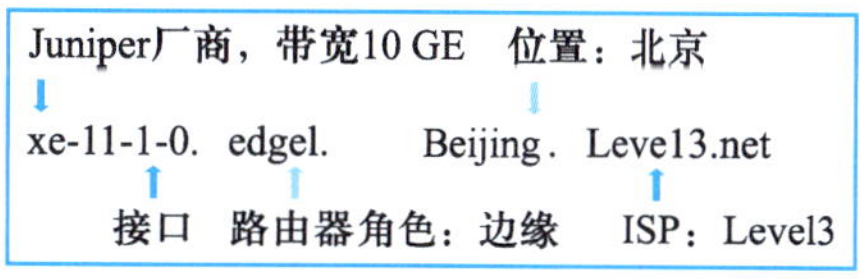

图 1-58　主机名称信息说明

① 该设备是一个路由器。

② 该路由器的网络接口类型是 Juniper 10 GE（xe）。

③ 该路由器的接口编号是 11-1-0。

④ 该路由器是边缘路由器（edge）。

⑤ 该路由器的地理地址位于北京（Beijing）。

⑥ 该路由器所属的网络服务提供商（ISP）是 Level3。

3）基于 IP 地址历史位置分析的定位方法

基于 IP 地址历史位置分析的定位方法是通过采集 IP 地址的历史基准点数据、预处理 IP 地址的历史基准点数据和聚类 IP 地址的历史基准点数据，实现设备 IP 地址的定位。

（2）基于网络特征分析的设备定位

通过互联网信息挖掘技术可以获得定位所需的信息，并对 IP 地址进行定位。但是，并非所有 IP 地址都可以使用该方法获得精确的地理位置。针对这类 IP 地址，可通过网络特征分析的方式进行定位。基于网络特征分析的设备定位方法分为两类：基于网络拓扑分析的定位方法和基于 IP 地址块特征分析的定位方法。

1）基于网络拓扑分析的定位方法

基于网络拓扑分析的定位方法就是对 IP 地址进行网络拓扑与网络时延测绘，将其与具有相似网络拓扑结构、时延相似度高的已定位 IP 地址进行绑定，从而实现定位。这种定位方法有 3 步：网络路径采集、网络路径修复和网络拓扑分析定位。

2）基于 IP 地址块特征分析的定位方法

除了用基于网络路径分析的方法进行定位外，还可以利用 IP 地址块的特征辅助进行定位。比如，一个 IP 地址块在 WHOIS 信息中被分割成较小的 IP 地址块（小于/24），但是没有明确给出使用单位，并且无法基于网络拓扑分析进行定位。如果这些较小的 IP 地址块下多个 IP 地址的历史基准点数据都处于同一区域，则可以判定该块下的其他 IP 地址也在这一区域。

（3）定位结果的信心度分析

定位结果的信心度分为高、中、低 3 个等级，通过不同的定位方法进行定位，对应的信心度也不同。

笔记

笔 记

表 1-6 所示为 5 种定位方法的信息度分析。

表 1-6 定位方法的信心度分析

定 位 方 法	定位信心度	判 断 理 由
基于 WHOIS 登记信息的定位方法	中	WHOIS 登记信息较为准确，但可能存在更新不及时的问题
基于主机名称的定位方法	低	定位半径较大，且可能存在信息更新不及时的问题
使用 IP 历史位置分析的定位方法	高	IP 真实出现在的 GPS 位置，在经过过滤和聚类后，准确度较高
使用网络拓扑分析的定位方法	中	由于网络不稳定，网络拓扑分析的结果可能不准确，准确度适中
使用 IP 块特征分析的定位方法	高	IP 地址块较小，且同一 IP 地址块下的特征相似，准确度较高

1.4.3 任务实施——网络空间搜索引擎发现工业设备

【任务目的】

➢ 了解网络空间搜索引擎。
➢ 掌握潮汐搜索引擎的使用。

【使用工具】

➢ 运行系统：Linux。
➢ 其他软件：潮汐网络空间搜索引擎。

【实施步骤】

微课 1-11 使用潮汐搜索引擎发现工业设备

步骤 1：了解潮汐搜索引擎。

① 潮汐搜索引擎概述。潮汐搜索引擎（TideCyber）是一款由 Tide 安全团队开发的网络空间搜索引擎。通过分布在全球的大量测绘节点，针对全球范围内的 IPv4、IPv6 地址库及网站域名库进行不间断服务探测、指纹识别，根据对多个服务端口协议进行测绘，实现对整体或局部地区的网络空间画像，进行互联网资产及漏洞影响范围分析、应用分布统计、应用流行度评估，对互联网基础设施进行威胁监测和安全态势分析。

潮汐搜索引擎的 Web 界面如图 1-59 所示。

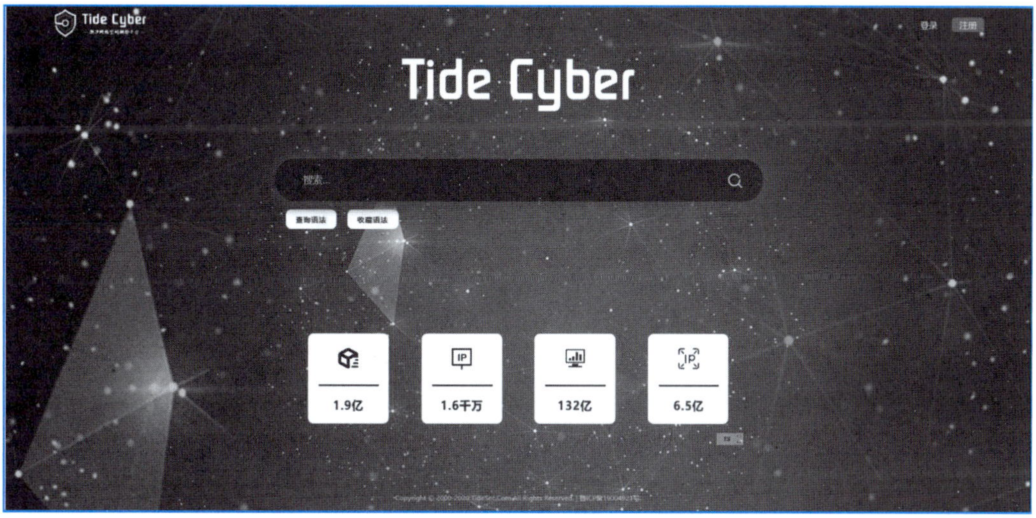

图 1-59　潮汐搜索引擎 Web 界面

② 潮汐搜索引擎 Web 语法如下。

- os="linux"，指定服务器系统类型，如 Linux 服务器。
- port="443"，查找对应 443 端口的资产。
- CIDR 格式的 IP 地址，net:192.168.1.0/24。
- area="北京"，搜索指定城市的资产。
- 服务器，product:"Apache httpd"。
- cms="dedeCMS"，指定 cms 类型。
- title="山东省政府"，从标题中搜索山东省政府相关资产。
- url="qq.com"，搜索域名或 IP 地址的网站或主机。
- ip="127.0.0.1"，搜索域名或 IP 地址的网站或主机。
- product="Apache"，搜索 Web 服务器类型名称。
- product_ver="6.0"，指定 Web 服务器版本号。
- xpb="php"，搜索制定组件信息。
- banner="waf"，搜索 banner 信息中带有 waf 文本的资产。
- httpserver="http"，搜索返回头包含 http 的信息。
- service="ssh"，搜索开启 SSH 服务的信息。

步骤 2：使用潮汐搜索引擎网站。

① 搜索指定端口的主机。搜索开发 80 端口的主机，格式为 port=80，在 TideCyber 搜索引擎网站的搜索框中输入代码，即可得到相应的搜索结果，如图 1-60 所示。

搜索开发 80 端口的主机并且服务器是 Apache，格式为 port=80 &product=Apache，在 TideCyber 搜索引擎网站的搜索框中输入代码，即可得到相应的搜索结果，如图 1-61 所示。

笔 记

笔 记

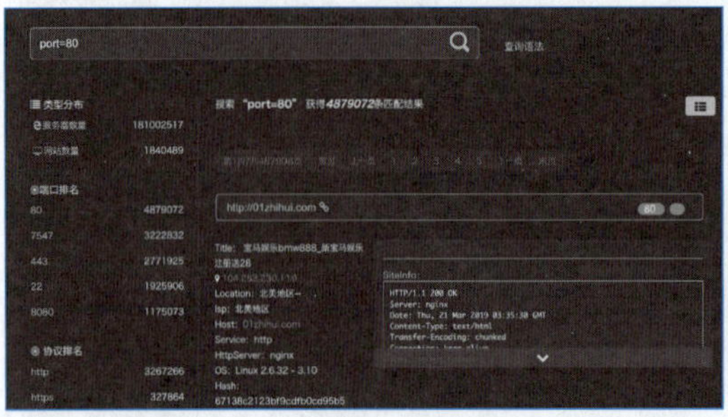

图 1-60 搜索开发 80 端口主机

图 1-61 搜索服务器是 Apache 的主机

② 指定标题。探测网站标题的地址，格式为 title=山东省政府，在潮汐搜索引擎网站的搜索框中输入代码，即可得到相应的搜索结果，如图 1-62 所示。

③ 搜索 Linux 服务主机。搜索 Linux 服务主机的格式为 os=linux，在潮汐搜索引擎网站的搜索框中输入代码，即可得到相应的搜索结果，如图 1-63 所示。

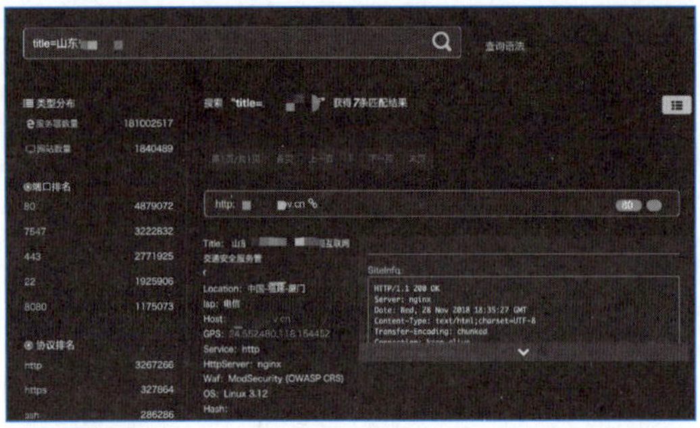

图 1-62 探测指定网站标题的地址

图 1-63 搜索 Linux 服务主机

微课 1-12 使用潮汐搜索引擎 API

步骤 3：使用潮汐搜索引擎 API。

➤ 请求结构：GET https://cyber.tidesec.com/api/v1/。

➤ 服务地址：接口接入域名 cyber.tidesec.com。

➤ 通信协议：所有接口均通过 HTTPS 进行通信，提供高安全性的通信通道。

➤ 请求方法：支持 GET 的 HTTP 请求。

➤ 字符编码：均使用 UTF-8 编码。

① 获取 API 的参数。获取个人账户的 API Key 值和 E-mail 信息，登录个人中心，单击个人中心可看到 Key 的具体值，如图 1-64 所示。

② 测试 API。

测试联通性。格式：curl -X GET " https://cyber.tidesec.com/api/v1/info/my?email=your_email&key=your_key"，如图 1-65 所示。

搜索标题为百度。格式：curl -X GET " https://cyber.tidesec.com/api/v1/search/all?

email=your_email&key=your_key&qbase64=dGl0bGU9ImJpbmci"，如图 1-66 所示。

图 1-64　E-mail 信息和 Key 值

图 1-65　测试联通性

③ 统计聚合。格式：curl -X GET "https://cyber.tidesec.com/api/v1/search/stats?fields=title&qbase64=dGl0bGU9IueZvuW6piI%3D&email=your_email&key=your_key"，如 title="百度"，如图 1-67 所示。

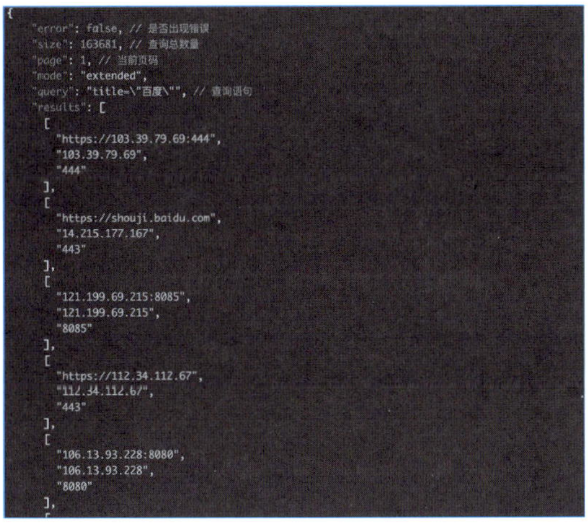

图 1-66　搜索指定 title

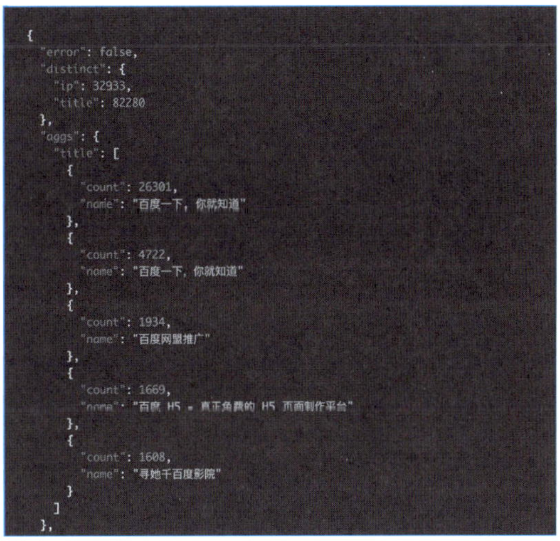

图 1-67　指定 title 聚合查询

1.4.4　任务评价

本任务主要介绍了工业设备的发现与定位的相关知识，评价标准如下：

① 了解在线和离线设备安全。

② 了解工业互联网设备的发现方法和常用工具。

③ 了解工业互联网设备的定位。

④ 掌握潮汐搜索引擎的使用方法。

⑤ 掌握潮汐搜索引擎 API 的使用方法。

笔记

文本：参考答案

笔记

1.4.5 任务测验

一、选择题

1. （　　）技术包括设备发现和定位技术，即如何有效地发现并定位不同类型的设备。

A. 设备安全分析　　B. 在线设备安全分析

C. 离线设备安全分析　　D. 查找设备

2. 下列中不属于发现工业互联网设备的工具和软件的是（　　）。

A. 潮汐　　B. ZoomEye　　C. Nmap　　D. BaiDu

3. 下列中不属于基于互联网信息挖掘的设备定位方法的是（　　）。

A. 基于 WHOIS 登记信息的定位方法

B. 基于主机名称的定位方法

C. 基于设备型号的定位方法

D. 基于 IP 地址历史位置分析的定位方法

二、简答题

1. 什么是工业互联网设备发现？
2. 简单描述工业互联网设备发现的步骤。
3. 简单描述工业互联网设备的定位。

【项目总结】

本项目介绍了工业互联网中的设备安全问题及设备分析方法，重点分析了基于在线和离线的全生命周期设备安全分析技术，为设备安全防护奠定基础。完成本项目的学习，同学们可以对工业互联网设备安全问题及处理方法有初步了解，并理解设备安全防护、设备安全分析，以及工业互联网设备安全的配置方法。

【项目评价】

在完成本项目学习任务后，可根据学习达成自我评价表进行综合能力评价，评价表总分 110 分（含附加分 10 分）。学习达成自我评价表积分方式：在达成情况对应的□中打“√”。其中完全达成，可按该项分值 100%计算；基本达成，可按该项分值 60%计算；未能达成，不计分值。项目 1 学习达成自我评价表如表 1-7 所示。

表 1-7 项目 1 学习达成自我评价表

学习目标	学习内容	达成情况
职业道德 （10 分）	① 遵纪守法，爱岗敬业 ② 遵守规程，安全操作 ③ 认真严谨，忠于职守 ④ 精益求精，勇于创新 ⑤ 诚实守信，服务社会	完全达成□ 基本达成□ 未能达成□
知识目标 （30 分）	① 是否了解工业互联网安全 ② 是否了解工业互联网安全的特征 ③ 是否了解工业互联网安全体系框架 ④ 是否了解工业互联网安全体系组成 ⑤ 是否了解工业设备安全影响因素有哪些以及产生的影响 ⑥ 是否理解工业设备物理安全、功能安全和信息安全分析 ⑦ 是否理解路由器设备的测评指标 ⑧ 是否了解在线和离线设备安全 ⑨ 是否了解工业互联网设备的发现方法和常用工具 ⑩ 是否了解工业互联网设备的定位	完全达成□ 基本达成□ 未能达成□
技能目标 （30 分）	① 是否具备 Windows 系统信息收集的能力 ② 是否具备 Linux 系统信息收集的能力 ③ 是否具备路由器设备安全加固的能力 ④ 是否掌握潮汐搜索引擎的使用方法	完全达成□ 基本达成□ 未能达成□
素养目标 （20 分）	① 是否具有较强的安全生产意识和规范操作能力 ② 是否具有较强的文献查阅和自主学习能力	完全达成□ 基本达成□ 未能达成□
职业技能 等级标准 （10 分）	① 是否能够识别工业互联网平台组成 ② 是否能够识别工业互联网设备 ③ 是否能够实现 Windows 和 Linux 系统信息的收集 ④ 是否能够对工业设备进行安全加固 ⑤ 是否能够发现工业互联网设备 ⑥ 是否具备良好的沟通及团队合作能力	完全达成□ 基本达成□ 未能达成□
（附加分） 学习过程 发现问题 （5 分）		
（附加分） 学习过程 解决问题 （5 分）		

本表仅供学习者对照学习任务进行自我评价，以便查漏补缺，强化职业岗位能力，以适应社会新需求。

笔 记

项目 2　工业互联网网络安全配置

【项目情境】

PPT：项目 2 导读

网络安全是对工业互联网的网络进行安全分析。工业互联网网络分为工厂内部网络和工厂外部网络，但这两个网络也逐渐趋于同化。工业互联网的网络安全风险主要来自以下 4 个方面：一是工业互联网工厂内部的网络设备滞后于互联网网络设备，难以抵御日趋复杂、持续、严重的网络入侵攻击；二是工业互联网协议逐步从专用的总线协议向通用化的以太网协议转变，导致网络攻击可以直达工厂内部；三是工业互联网内部网络由孤岛模式转向无线、灵活以及全局组网的模式，网络安全策略面临更新；四是工业互联网引入的新技术也带来了大量网络安全风险。

网络安全防护需要对工厂内部网络和外部网络进行双向考量，具体的安全防护包括网络结构优化、边界安全防护、安全接入认证、通信信息防护、设备安全防护、网络安全审计等多重防护措施，构建涵盖工业互联网全要素的网络安全防护体系。

本项目将主要介绍工业互联网网络安全配置的相关知识，帮助同学们对工业互联网网络安全有系统的了解和认识。通过网络安全的构建、网络安全边界的划分、网络安全防护措施 3 个任务的实施，同学们可以掌握工业互联网网络安全的注意事项与配置方法。

【学习目标】

1. 知识目标

➢ 了解工业互联网的网络通信及加密安全挑战。
➢ 了解工业互联网的网络脆弱性分析与加固挑战。
➢ 了解构建工业互联网防御体系的目标和方法。
➢ 了解网络边界的划分与隔离的方法。
➢ 了解工业互联网的网络访问控制方法。
➢ 理解工业脆弱性扫描与管理系统扫描的基本原理。
➢ 了解工业防火墙的适用范围及作用。
➢ 了解工业防火墙的各方面能力需求。
➢ 理解工业互联网安全措施。

2. 技能目标

➢ 认识 Kali Linux 环境。
➢ 具备 Kali 的基础使用能力。
➢ 具备使用工业脆弱性扫描与管理系统对在线网络资产扫描的能力。
➢ 具备使用工业脆弱性扫描与管理系统进行安全漏洞检测的能力。
➢ 具备使用工业防火墙进行安全访问策略配置的能力。

3. 素养目标

➢ 通过有效配置网络安全设备和系统，进一步提升网络安全保障意识与能力。
➢ 与团队成员有效沟通合作，共同完成工业安全漏洞扫描检测工作，培养团队协作能力与团结奋斗精神。

笔 记

【学习导图】

本项目将聚焦工业互联网网络安全配置的职业能力学习，主要包括网络安全的构建、网络安全边界的划分、网络安全防护措施 3 个学习任务，共 8 个知识点。图 2-1 所示为项目 2 学习思维导图。

笔 记

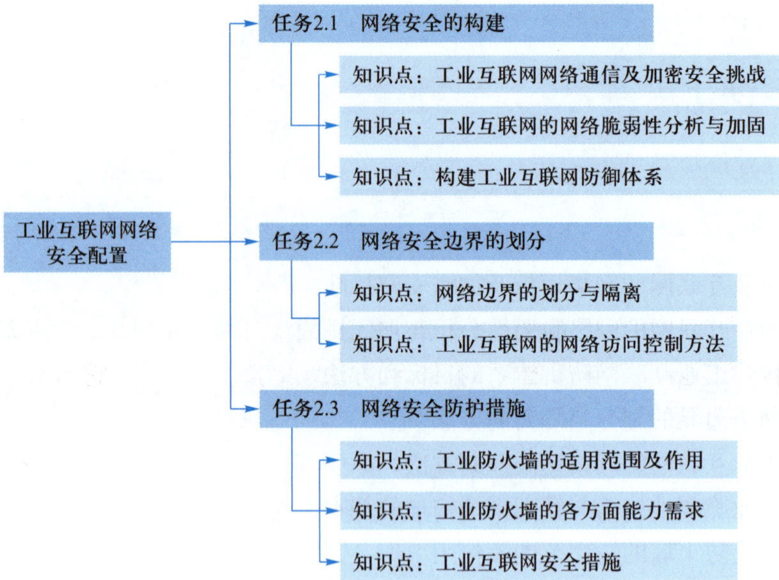

图 2-1 项目 2 学习思维导图

本项目学习内容与“工业互联网安全测评与应急”职业技能等级标准内容的对应关系如表 2-1 所示。

表 2-1 本项目与职业技能等级标准内容对应关系

“工业互联网安全测评与应急”职业技能等级标准			工业互联网网络安全配置	
工作任务	职业技能要求	等级	知识点	技能点
理解工业互联网网络安全的相关知识并掌握网络安全的扫描与处置	① 能使用信息搜索工具进行网络资产信息收集 ② 能使用网络服务工具，获取基本的服务信息 ③ 能使用信息搜索工具，对网络安全信息进行收集 ④ 能使用安全检测工具，对网络安全进行检测 ⑤ 能使用安全检测工具，分析安全漏洞 ⑥ 能具备良好的沟通表达及团队合作能力	初级 中级	① 了解工业互联网的网络通信及加密安全挑战 ② 了解工业互联网的网络脆弱性分析与加固挑战 ③ 了解构建工业互联网防御体系的目标和方法 ④ 了解网络边界的划分与隔离 ⑤ 了解工业互联网的网络访问控制方法 ⑥ 理解工业脆弱性扫描与管理系统扫描的基本原理 ⑦ 了解工业防火墙的适用范围及作用 ⑧ 了解工业防火墙的各方面能力需求 ⑨ 理解工业互联网安全措施	① 认识 Kali Linux 环境 ② 具备 Kali 的基础使用能力 ③ 具备使用工业脆弱性扫描与管理系统对在线网络资产扫描的能力 ④ 具备使用工业防火墙进行安全防护的能力

任务 2.1　网络安全的构建

PPT：任务 2.1 网络安全的构建

2.1.1　任务描述

Kali Linux 是专门用于渗透测试的 Linux 操作系统，它由 BackTrack 发展而来。

Kali Linux 是为满足专业渗透测试和安全审核的要求而设计的。它包含 600 多款工具软件，适用于各种信息安全和渗透测试研究，如图 2-2 所示。

微课 2-1 认识 Kali Linux 环境

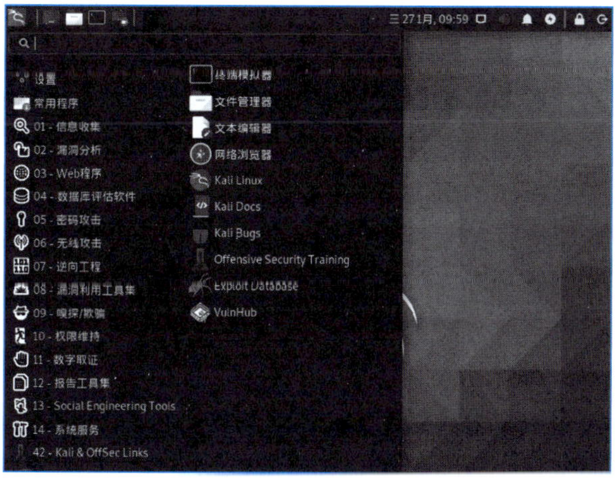

图 2-2　Kali Linux 包含多款工具

笔 记

工具包括但不限于：

➢ Metasploit（安全漏洞检测工具）。
➢ Nmap（网络扫描和嗅探工具包）。
➢ Ophcrack（利用彩虹表来破解 Windows 密码的工具）。
➢ Wireshark（网络封包分析软件）。
➢ BeEF（浏览器渗透测试工具）。

本任务将讲解 Kali 的基本使用方法，另外还将介绍有关网络安全构建的相关知识内容，使同学们了解网络安全建构并掌握 Kali 的使用。

2.1.2　知识导入

1. 工业互联网的网络通信及加密安全挑战

工业互联网的网络通信及加密安全存在的安全挑战，主要体现在通信主体不对等、

笔 记

通信协议及加密、工业以太网协议和其他工业协议并存等方面。

(1) 工业网络通信主体的不对等性

传统的不同信任域的网络隔离，虽然各安全域的信任程度并不对等，但是通信一方对通信另一方并无明显的控制作用。而工业领域中的工业控制，虽然通信双方的数据通信仍是双向的，但是一方对另一方的控制作用明显。这种不对等性，就为工业防火墙访问控制规则的设计提出了新要求。

在工业控制系统当中，需要对多个控制子系统统一管理，而主控器只有一个，即主站，主站需要与所有从站连接，并实现与各从站的通信进而通过主站来控制从站。这种主从通信方式，在工业控制中应用广泛。比如，气缸自动化生产线的缸筒加工工艺，包括下料、外圆找正、上中心架、半精镗、浮动镗、滚压、表面处理、切断等多道工序，这些工序采用多台 PLC 控制子系统分别完成，需要一个主站来实现统一控制，而上述各工艺控制子系统则作为从站。PLC 主站与从站的数据交换，是利用从站组态时指定的主从双方的 I/O 区来实现，并不直接访问从站的物理 I/O 区，而且这种主从站之间的数据交换依靠 PLC 操作系统周期性自动完成。这种应用场景中，主站用户权限最高，可对从站数据任意读写，一旦防火墙管控措施不力，导致未授权访问，就会带来严重的安全隐患。

(2) 工业网络通信协议及加密安全问题

工业互联网的网络通信及加密安全挑战主要体现在工控网络通信方面。最初的工业协议，受当时工业现场与外界隔离封闭、现场设备计算能力不足、工业网络实时性要求高等因素制约，如果采用加密将导致计算量增大、延时变长，加之人们主观上对信息安全认识不足，因此，明文传输现象普遍存在。工控网络通信要求延时较低，不仅要保障可供攻击者利用的时间窗口较小，而且要保证实时性，而不当加密方式及算法会带来资源消耗与延时现象。工业现场情况复杂，容易因为在线噪声导致传输消息或数据的丢失或损坏，加密传输应考虑传输消息的时间敏感性及轮询和重试情况。SCADA、DCS、PLC 等工控系统的通信数据存在消息重复加密问题，应保证重复数据的加密密文不一致。工业现场通信大量采用半双工机制，无法从机制上保证通信双方不在同一时刻发送消息，一旦出现消息冲突而无任何提示，加密通信协议应考虑通信信道冲突问题。工业系统中含有消息广播或组播形式，远程现场设备需要使用解密密钥对上位机广播的加密信息进行解密。必须谨慎选择支持广播或组播形式的密钥管理。许多工控系统不存在额外的通信链路，而 SCADA 的不同通信链路各自独立，无法实现密钥管理信息交换。

(3) 工业以太网协议和其他工业协议并存

工业应用中，工业以太网协议和其他工业协议并存的情况大量存在，不同的生产环境所采用的通信协议也不同。工业以太网环境中，多采用工业以太网协议来通信，而基于串行通信链路生产线上，则多采用 RS232/422/485 协议。这就要求工业互联网具备同时支持不同协议通信的能力，同时具备以太网口和串行链路等通信接口。工业协议的动态变化特性主要体现在动态端口和数据包生成传输上。与 IP 网络协议数据具有较强随机性不同，工业网络通信协议传输数据包大多具有明显的顺序特征。传统防火墙可利用端口来识别 TCP/IP 协议，但工业通信协议作为专用协议，通信时多动态使用高端口（1024~65535），采用端口识别协议的方法在工业防火墙中不再适用。比如，OPC 协议使用 5185 端口，传统防火墙如无特别设定则无法检测。一旦攻击者利用 OPC 协议突破防火墙，就可以对 OPC 服务器数据项进行读写，导致被保护网络或设备面临极大的安全风险。此外，还有其他动态变化特征，比如，采用 Modbus 协议，组态点连接数不同就会导致协议数据包的动态变化，数十个组态点与数百个组态点的连接规模，功能码与数据包生成及传输内容均不相同。

2. 工业互联网的网络脆弱性分析与加固挑战

在工业互联网框架下，工业网络在形态、规模、技术架构、功能性能等方面差距很大，传统的网络脆弱性分析与加固方面也面临新的挑战。

（1）工业专用协议安全脆弱性问题

工业专用协议同样存在很多安全漏洞。比如，过程控制中常用的 OLE 和 ProFinet 协议，该协议基于分布式组件对象模型（Distributed Component Object Mode，DCOM），使用了 RPC 服务，攻击者可利用 RPC 服务漏洞获取系统级权限。OPC 还能通过 DCOM 动态开放 1024~65535 高端口，工业防火墙难以过滤该应用。而且，由于工业控制系统对可用性与实时性等要求极高，信息安全与功能安全耦合性很强，不可能像传统 IP 网络那样随时停机升级或修复脆弱性，而且即便是选择正确时机（比如生产线的例行停机检查维护期间）升级或修复，也无法保证对信息安全脆弱性采取的升级或修复措施不对功能安全和工控系统的整体安全性产生负面影响。

笔 记

（2）工业云平台带来的网络脆弱性挑战

云计算是工业互联网的关键技术，工业云计算及云平台的虚拟化安全问题日渐突出。比如，工业 IaaS 为用户提供 VM 操作环境支持，便于操作系统及工业 App 部署，但 VM 环境的安全漏洞隐患却为工业网络带来了更严重的安全威胁。因此，需对云计算 IaaS 及 VM 进行脆弱性分析并及时更新补丁，评估其安全风险并提供相应解决方案，保证 VM 环境安全。既可以对工业云平台各租户的应用进行实时扫描分析，也可以在虚拟机监视器（Virtual Machine Monitor，VMM）层部署多代理分布式网络脆弱性分析系统。

（3）工业物联网带来的网络脆弱性挑战

工业物联网的主流通信协议是 TCP/IP，因此，工业物联网不仅面临着传统 IP 网络的安全风险，还面临着工业物联网特有的安全问题。比如，工业物联网感知层所采集的工业数据，来源众多，格式与结构各异，安全问题复杂性更强。该层所采用的 RFID、无线传感器等信息获取机制，所涉及的硬件产品及主流软件均带有大量脆弱性问题。此外，工业物联网采用的各种通信与控制协议，比如 Ethernet、CAN、Profibus、RS485/422 以及 FF 等，也是漏洞频报。有些脆弱性危害巨大，比如心脏出血（Heartbleed）漏洞几乎威胁所有的工业网络硬件，包括工业路由器、交换机以及各类工业“物联”现场装置。

笔 记

SCADA、DCS、PLC 等系统也具有很多特殊脆弱性，可采用工业安全准入评测系统（Security Testing sYstem for protocol X，STYX）之类的工具进行评测。

（4）IPv6 带来的网络脆弱性挑战

IPv4 因安全问题及地址空间所限，逐渐被 IPv6 所取代。但工业环境中的 IPv6 应用也给网络脆弱性分析带来了诸多新的挑战。IPv6 采用 128 位编址模式，地址容量庞大。IPv4 采用 ARP 来查找本地网段主机，而 IPv6 则使用邻居发现协议（Neighbor Discovery Protocol，NDP）。NDP 可用于发现相邻节点存活状态，通过邻接点高速缓存，发现本地网络的其他主机。NDP 仅可发现本地网段其他 IPv6 主机，无法突破局域网限制。对于不同网段的主机查询可以通过网关设备获取的数据流量进行分析。此外，还应该完善 IPv6 漏洞规则库，以提升其网络脆弱性分析速度、效率以及准确度。

（5）工业网络安全设备自身安全性带来的网络脆弱性挑战

工业网络安全设备自身安全性也会对工业网络带来严重的安全隐患。比如，网络脆弱性分析类似于模拟攻击，对网络脆弱性分析工具自身安全提出了极高要求，尤其是不能破坏工业控制场景中的系统实时性和可用性。一是要遵照软件安全工程规范实现安全编码，尽可能降低网络脆弱性分析工具自身的脆弱性；二是要加强身份认证与权限管理措施、提高通信数据加密强度、使用专用处理器以及软件固化等措施；三是要以不影响工控系统的实时性和可用性为优先原则，不采用 DoS 等真实攻击方法扫描，尽力避免影响目标系统的正常工作。

3. 构建工业互联网防御体系

工业互联网架构以工厂为逻辑边界，大致分为工厂内网和外网两大部分。工厂内网逐渐出现 IP 化、全局化与无线化等趋势，而外网也逐渐发展为信息网络与控制网络日益交融、工业网络与传统互联网边界日趋模糊，尤其是围绕工业产品的各种服务日渐互联网化的新特征。这种网络架构复杂化的趋势，导致工业网络与传统互联网二者的网络安全问题相互交织、相互渗透和相互制约的现象大量出现。传统的工业通信协议由专用化加速向 Ethernet/IP 化转变，而工业云平台的存在则导致工业现场设备的远程控制甚至是云化控制变为可能，这样就使得内外部双向攻击难度显著下降，为工业互联网的整体安全保障带来极大挑战。

工控技术的通用化和标准化，使得工控设备与控制的脆弱性暴露更为容易和频繁，而工控网络与外部互联网的交融更使得原来的攻击路径、渠道以及攻击面得以延拓。工业网络中应用的交换、路由等设备性能难以适应工业互联网对工业数据采集和分析等要求，更难抵御对工控系统实时性非常致命的 DoS 等攻击。软件定义网络、5G 等先进技术对工业网络的日益渗透，在提升工业网络各项使用性能的同时，也给工业网络的安全问题带来了不确定性和严峻挑战。

工业互联网网络安全防御涉及因素众多，也是一个复杂的系统工程。从安全防御体系的构建来说，应该针对工厂内网、工厂外网与工业互联网的标识解析系统等对象，在网络拓扑安全域划分及结构优化设计、访问控制、网络通信传输、加密与密钥管理、脆弱性识别与加固等方面采取安全手段，综合考虑设备安全、控制安全、应用安全及数据安全问题，构建立体化、全方位的工业网络安全防御体系。

拓展阅读 2-1 工业互联网网络安全防御体系的构建方法

2.1.3　任务实施——Kali 基础使用

【任务目的】

- 认识 Kali Linux 环境。
- 掌握 Kali 的基础使用方法。

【使用工具】

- Kali Linux 主机。

【实施步骤】

微课 2-2 掌握 Kali 的基础使用

步骤 1：开启 SSH 服务。

① 打开 Kali 的命令行。

登录 Kali Linux 系统，在系统桌面中单击左侧快捷工具栏中的“终端”图标，如图 2-3 所示。

② 提升为 root 权限。

笔　记

打开 Kali 的命令行窗口，输入命令 sudo -i，输入密码，提升为 root 权限，如图 2-4 所示。

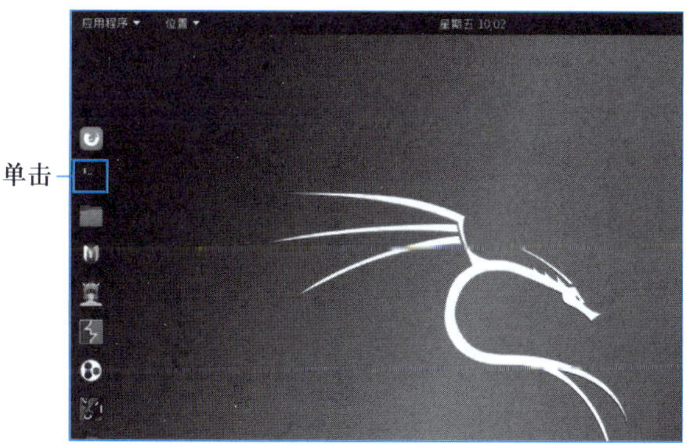

图 2-3　单击 Kali 命令行图标

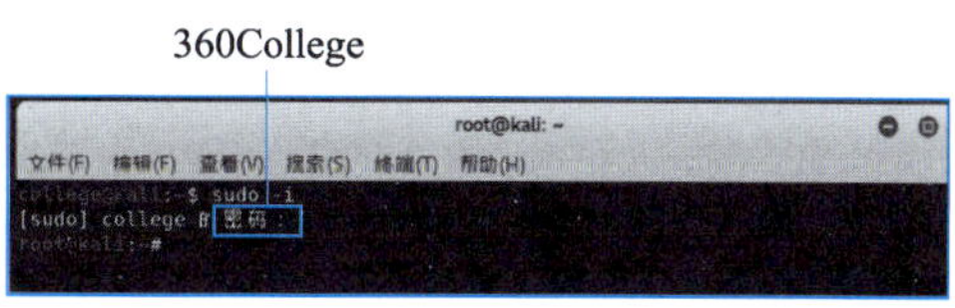

图 2-4　提升为 root 权限

③ 开启 SSH 服务。

在 Kali 命令行窗口中输入命令 systemctl start ssh，开启 SSH 服务，如图 2-5 所示。

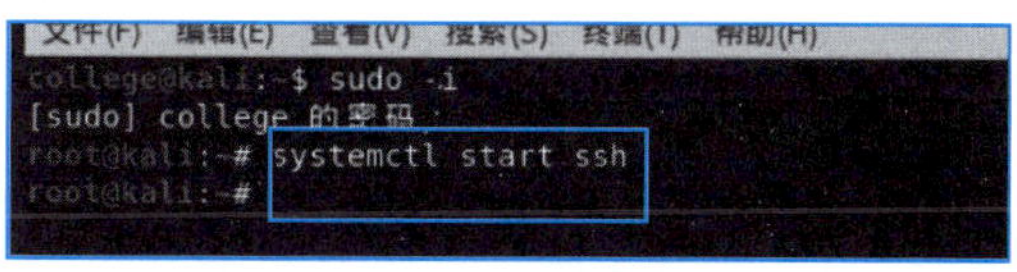

图 2-5　开启 SSH 服务

④ 连接 SSH 服务。

笔 记

使用 Xshell 或 Putty 等 SSH 工具进行连接，配置对应 IP 地址与端口。图 2-6 所示为使用 Xshell 工具连接 SSH 服务。输入 Kali 的用户名和密码，成功连接 SSH 服务，如图 2-7 所示。

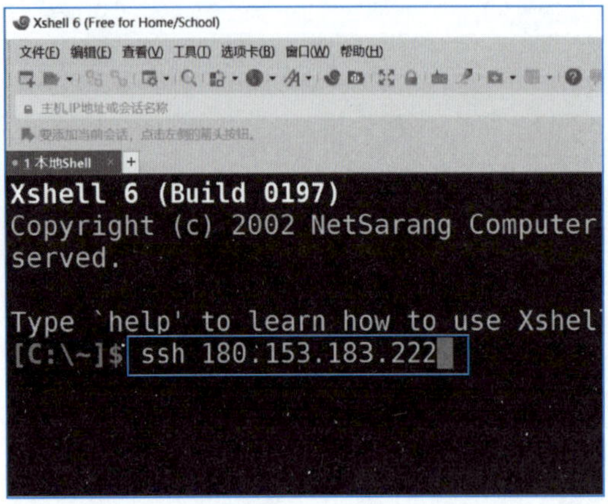

图 2-6 连接 SSH 服务

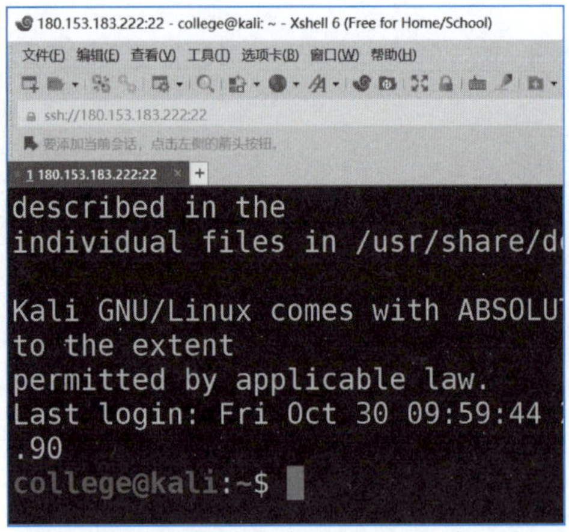

图 2-7 成功连接 SSH 服务

步骤 2：熟悉 Kali 快捷工具栏。

① 单击快捷工具栏中的“终端”图标，可以打开命令行窗口，如图 2-8 所示。

② 单击快捷工具栏中的“文件”图标，可以打开图形界面文件夹，如图 2-9 所示。

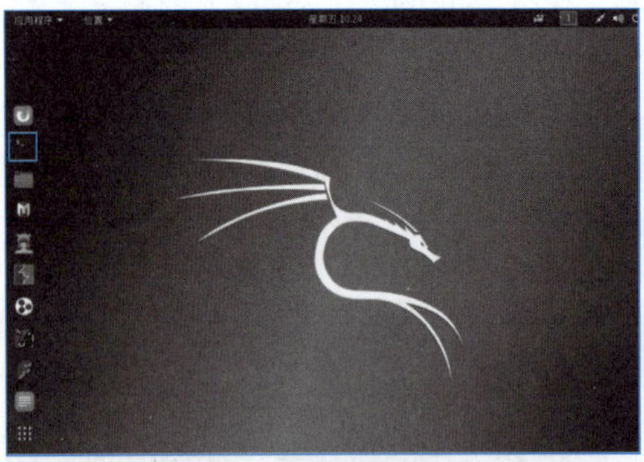

图 2-8 命令行窗口

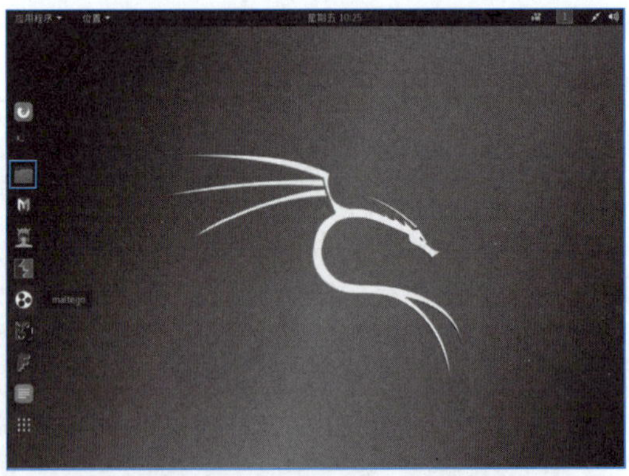

图 2-9 图形界面文件夹

③ 单击快捷工具栏中的 Metasploit Framework 图标，可以启动 Metasploit 工具，如图 2-10 所示。

④ 单击快捷工具栏中的 Burpsuite 图标，可以启动 Burpsuite 工具。Kali 自带的 Burpsuite 工具为免费版本，如图 2-11 所示。

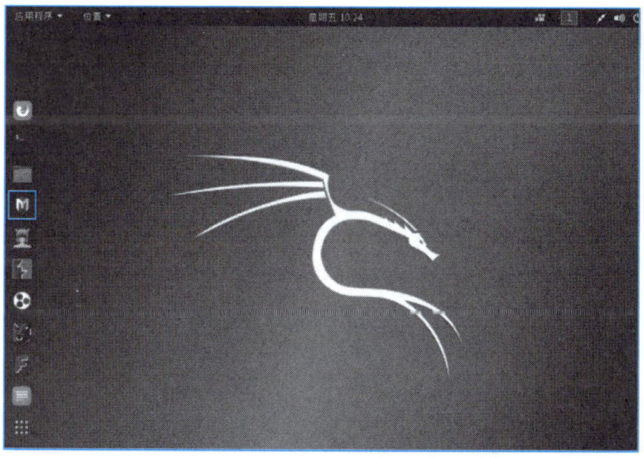

图 2-10　Metasploit 工具

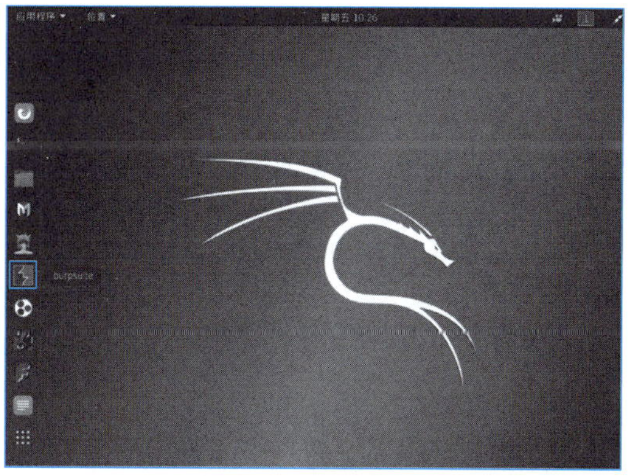

图 2-11　Burpsuite 工具

步骤 3：切换多个应用窗口。

① 打开多个命令行窗口。在 Kali 中可以同时打开多个命令行窗口，只需按住 Ctrl 键不放，连续单击左侧快捷工具栏中的“终端”图标，即可同时打开多个命令行窗口，如图 2-12 所示。

② 将多个窗口最小化。单击命令行窗口右上角的“最小化”图标按钮，即可将命令行窗口最小化，如图 2-13 所示。将命令行窗口最小化之后，左侧快捷工具栏中的“终端”图标下方会显示有蓝色小横线，如图 2-14 所示。

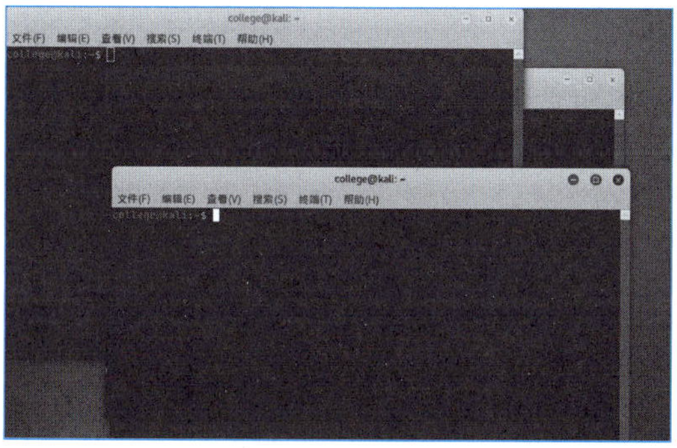

图 2-12　同时打开多个命令行窗口

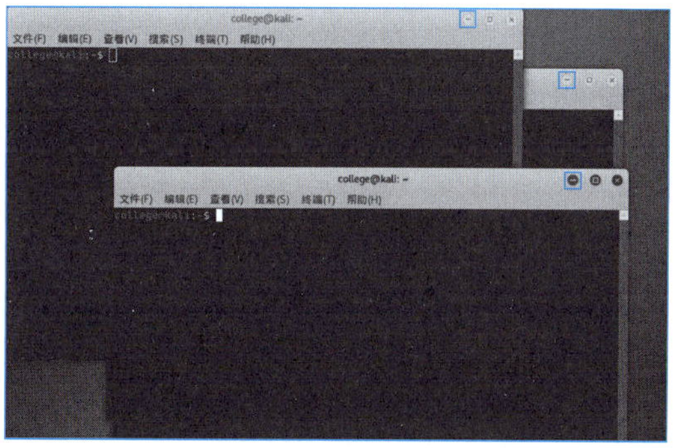

图 2-13　单击“最小化”图标

笔 记

③ 再次调出窗口。单击左侧快捷工具栏底部的“应用程序”图标，如图 2-15 所示。按 Esc 键，即可出现多个命令行窗口，选择需要操作的窗口即可，如图 2-16 所示。

或者在左侧快捷工栏栏中的“终端”图标上右击，在弹出的快捷菜单中执行“所有窗口”命令，如图 2-17 所示。同样可以再次调出所有命令行窗口，如图 2-18 所示。

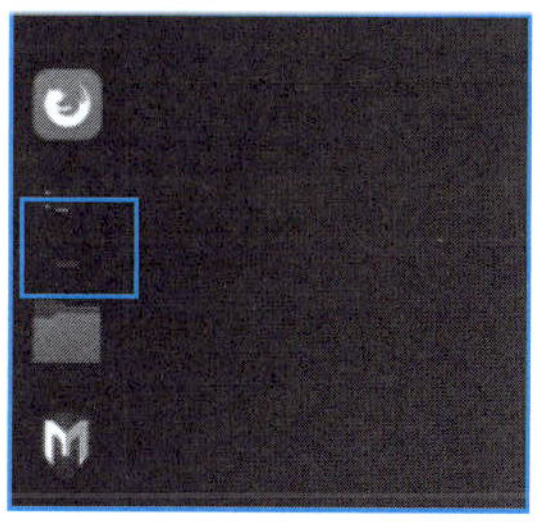

图 2-14　命令行图标

笔 记

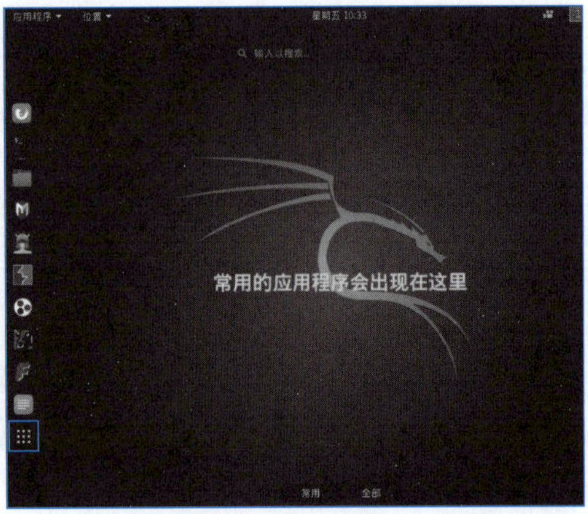

图 2-15 单击“应用程序”图标

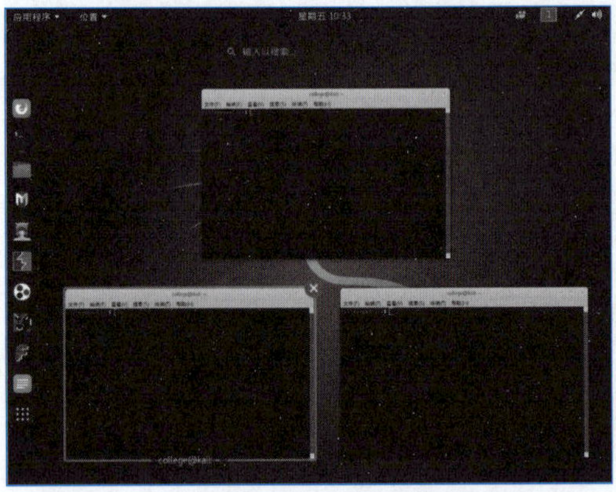

图 2-16 再次显示多个命令行窗口

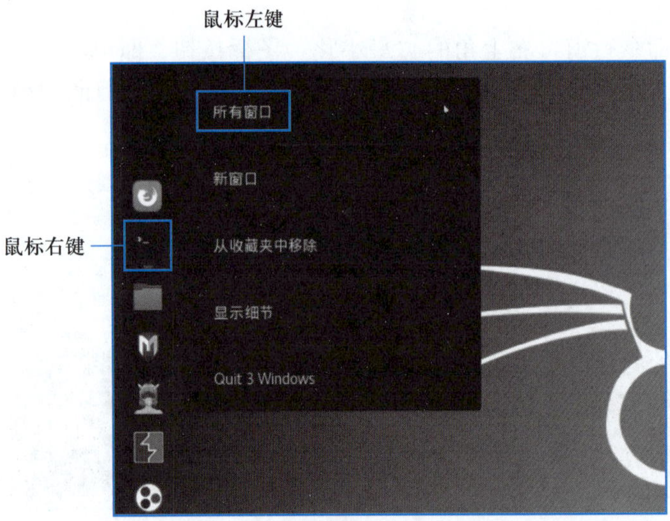

图 2-17 执行“所有窗口”命令

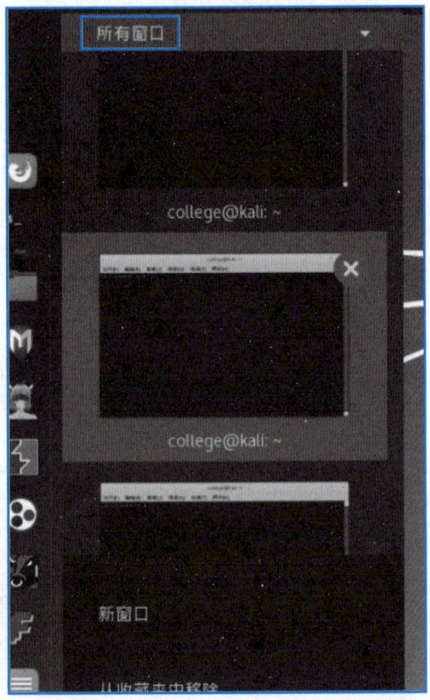

图 2-18 再次调出所有命令行窗口

2.1.4 任务评价

本任务主要介绍了网络安全的构建的相关知识，评价标准如下：

① 了解工业互联网的网络通信及加密安全挑战。

② 了解工业互联网的网络脆弱性分析与加固挑战。

③ 了解构建工业互联网防御体系的目标。

④ 了解 Kali Linux 环境并掌握 Kali 的基础使用方法。

2.1.5　任务测验

文本：参考答案

一、选择题

1. 工业现场通信大量采用（　　），无法从机制上保证通信双方不在同一时刻发送消息。

A. 半单工机制　　B. 全单工机制　　C. 半双工机制　　D. 全双工机制

2. 工业以太网环境中，多采用（　　）协议来通信。

A. 工业以太网　　B. RS232　　C. RS422　　D. RS485

3. Kali 是专门用于渗透测试的（　　）操作系统。

A. Windows　　B. Linux　　C. UNIX　　D. Android

二、简答题

1. 工业互联网的网络通信及加密安全存在的安全挑战主要体现在哪些方面?
2. 简单描述工业物联网带来的网络脆弱性挑战。
3. 简单描述如何构建工业互联网网络安全防御体系。

任务 2.2　网络安全边界的划分

PPT：任务 2.2 网络安全边界的划分

2.2.1　任务描述

笔记

网络扫描是根据对方服务所采用的协议，在一定时间内，通过自身系统对对方协议进行特定读取、猜想验证、恶意破坏，并将对方直接或间接的返回数据作为某指标的判断依据的一种行为。

工业脆弱性扫描与管理系统是一款网络探测和安全审核工具，它的设计目标是快速扫描大型网络，当然也可以用它扫描单个主机。工业脆弱性扫描与管理系统以新颖的方式使用原始 IP 报文来发现网络上有哪些主机，这些主机提供什么服务（应用程序名和版本），服务运行在什么操作系统（包括版本信息），以及一些其他功能。

工业脆弱性扫描与管理系统通常用于安全审核，此外许多系统管理员和网络管理员也用它来做一些日常的工作，例如查看整个网络的信息、管理服务升级计划，以及监视主机和服务的运行。

本任务主要讲解如何使用工业脆弱性扫描与管理系统工具进行网络资产扫描，另外还将介绍有关网络安全边界划分的相关知识，使同学们了解网络安全边界划分，并掌握工业脆弱性扫描与管理系统网络资产扫描方法。

笔记

2.2.2 知识导入

1. 网络边界的划分与隔离

工业互联网中，工厂内网和外网的划分与隔离是保障其安全的基础性工作。在工厂内网中，工控网络的安全域划分与隔离是其中的关键环节。

（1）工业互联网架构内工厂内网的划分与隔离

从工业互联网的角度来看，工厂内网包括 IT 网络和 OT 网络两层，用于实现在制产品、生产机器设备、信息采集设备、工控系统、网络、人力以及 IT 系统的广泛互联。按照工业管理自上而下的层级划分，网络又分为配置和管理各自分离的“工厂/企业”“车间/产线”“现场”3 级。

基于工业互联网宏观架构，工厂内网建设涉及 IT 网、OT 网、智能机器与在制品连接、泛在无线连接和 IT/OT/CT 融合组网等。内网的 IT 网络基于 IP 网特别是 IPv4/IPv6 技术构建，对外与互联网互联，对内与 OT 网互联，利用安全网关实现相互之间的物理安全隔离。内网 OT 使用工业现场总线和工业以太网等技术，将工业以太网向下延伸，实现工业生产制造现场控制设备、传感设备、执行设备与监控设备等的 IP 化，并实现上述工业设备之间的相互连接。为了实现工业生产现场实时数据采集，需要智能机器与在制品和 IT 网络的直达连接，当然，这些连接也可以通过各种无线网络技术来构建。IT/OT/CT 融合组网更是工业互联网的大势所趋。

不过，目前工厂内网还存在诸多问题，比如 IT 系统与工业现场通信不畅、工控网络与 IP 网络标准不同、工业生产制造流程信息化尚未完成、内网静态配置等。内网改造目的在于实现工厂内的机器、设备、组件以及系统之间的数据信息连通与灵活组网。构建数字车间和智慧工厂的基础能力，首先要面临的是工业场景中的人、生产制造装备与工业业务系统之间的相互连接。

工厂内网改造升级的趋势是实现 IP 化、扁平化、智能化、柔性化与无线化，采用时间敏感网络（Time Sensitive Network，TSN）、SDN、工业 WSN、IPv6、NB-IoT、工业无源光网（Passive Optical Network，PON）、5G 通信等技术来优化 OT 网络“工厂/企业”“车间/产线”“现场”分层组网，实现智能机器之间的直接横向互联，通过 IT 和 OT 的深度融合，打造可灵活柔性调整的扁平化工厂管理控制系统。可利用 SDN 等技术，实现工厂内网组网的灵活化，使网络层资源具备可编排能力，智能化装备可根据柔性生产加工的需求，在不同生产域之间进行迁移和转换，并在生产域内即插即用，完成生产域灵活重构。产线实时、动态优化与重构，尤其要注重采用无线网络技术对整个生产制造流程的全面、系统覆盖。同时，顺应工厂内网以太网/IP 化的大趋势，同时注重采用 IPv6 技术来建设 NB-IoT 与 5G 通信网络，智能设备、产品及通信均需支持 IPv6，以实现更多要素、更深层次、更宽范围、更广应用的互联。工厂内网以有线网络为主、无线网络为辅，无线网络已在信息采集到工业实时控制、工业非实时控制、工厂信息化等各个环节获得广泛应用。工厂内网常用的无线网络技术有 Wi-Fi、ZigBee、3G/LTE、4G/5G、WIA-PA（面向工业过程自动化的无线网络）、Wireless HART 等。NB-IoT 是能量消耗低、覆盖范围广、连接要素多的工业数据采集与控制等工业应用场景优先采用的优势技术。

在工厂内网方面，中国的 EPA、WIA-PA 等自主可控技术已成为国际标准，为中国的工业互联网网络及其安全体系建设奠定了良好的基础。

笔记

（2）工业互联网架构内工厂外网的划分与隔离

从工业互联网的角度来看，工厂外网的作用是为工业生产全生命周期各环节提供支撑，用于生产企业上下游协作企业、企业与智能产品、企业与用户之间的连接。此前，工厂与互联网的结合主要还在进、销、存和供应链管理等环节，未能有效发挥联网在资源优化配置方面的作用和优势。

目前，以 IPv4 为基础的公共互联网在地址空间、安全保障、实时性能等方面均难以很好地满足工业互联网的应用需求。原来限于工厂内部的工业生产过程也不断向外网拓展，工业生产制造所涉及的 IT、OT、CT 等信息系统正通过互联网深度融合。从网络层面来看，IT 系统与互联网融合可视为工厂内部 IT 网向外网延伸，ERP、CRM 等 IT 系统可以迁移至 PaaS 系统之上，甚至可以直接利用 SaaS；OT 系统与互联网协同可视为工厂内部 OT 系统向外网延伸。目前的工业互联网尚无法对时延、抖动、可靠性要求极高的远程实时控制系统提供承载服务。

基于工业互联网的总体框架，工厂外网建设涉及基于 IPv4/IPv6 的公众互联网、工业互联网专网或 VPN、泛在无线接入、云平台接入与数据采集。工业互联网中待接入对象的数量为百亿量级，必须使用 IPv6 来分配地址，而且还要应用隧道、双栈等技术实现对遗留 IPv4 系统的利用。对于安全关键任务和实时性要求高的核心业务，采用专网或者 VPN，实现业务、流量和数据通道的隔离。采用 NB-IoT、LTE 增强、5G 等新技术，实现各类智能目标的泛在无线接入。外网还要实现对工业云平台接入及数据采集的支持，并保证 QoS 性能。

为适应窄带宽、低功耗、远距离、大量连接的工业互联网网络（涵盖工厂内部网络与外部网络）的连接目标，可采用低功耗 WAN（LPWAN）技术。LPWAN 使用的频谱分授权和未授权两种。前者以 NB-IoT、LTE Cat-M 以及 EC-GSM（扩展覆盖 GSM）为典型代表，后者以 SigFox 与 LoRa 为典型代表。

拓展阅读 2-2
工业控制网络的安全域划分、隔离原则与方法

（3）SCADA 的安全域划分与隔离

SCADA 安全域的划分通常需要较为清晰的工业网络边界界限。SCADA 的企业资源层又分为 DMZ 隔离区和管理信息区。DMZ 由 Web、邮件、FTP 以及证书注册审批系统（Register Authority，RA）的服务器等必须公开的网络服务设施组成，向外部网络和内部网络用户提供 Web、邮件、FTP、RA 等应用服务，对内部工业网络可信区域与外部网络不可信区域起到了缓冲隔离作用。部署了 DMZ 之后，外网用户要对公共服务设施进行访

笔记

问，就不必进入管理信息区及生产管理层和现场控制层网络，从而降低了外部访问对SCADA特别是控制层造成的威胁。

作为SCADA层次网络或安全域间的唯一通道，工业防火墙能够根据SCADA网络安全策略来控制（允许、拒绝、监测）进出各安全域的信息流。此外，工业防火墙自身也需要具有较强的抗攻击能力。从逻辑视角来看，SCADA中应用的工业防火墙既是隔离器、限制器，也是可用于监控流经防火墙的数据分析器，降低了不同SCADA安全域之间访问的安全风险。

对于现场控制层，安全域可以根据对实时性要求的不同来划分为实时控制区与非控制生产区两个安全域。从纵向来看，这两个安全域均涵盖过程监控网络、现场控制网络以及现场设备等。各个安全域可以采用工业防火墙、隔离网闸等措施实现隔离。远程通信可以采用加密认证等方式来提高安全性。

（4）DCS的安全域划分与隔离

DCS分为企业资源层、生产管理层和现场控制层，系统安全域的划分也需要较为清晰的边界。企业资源层又分为隔离区和管理信息区。

根据以上分析，结合DCS控制功能和物理空间分布来考虑，可以将企业资源层划分为DMZ安全域和管理信息安全域。包含各类生产管理系统与生产制造设备等资产的生产管理层单独成为一个安全域。纵向也分为过程监控网络、现场控制网络以及现场设备等。过程监控层集中过程监控部分，涵盖了各类过程监控系统与设备，宜划分为独立安全域。结合设备供应商与被监控对象，宜将过程监控层涵盖不同被监控装置的本地部分、现场控制网络与现场设备网络划分为同一个安全域。各个安全域可以采用工业防火墙、隔离网闸等措施实现隔离。

2. 工业互联网的网络访问控制方法

工业互联网的网络访问控制策略在安全策略层面表示授权，是对访问如何控制、如何做出访问决定的高层指南，通常以用于所有与安全相关活动的一套访问控制规则来体现。而访问控制机制则是指信息系统的主体（用户）依据给定的权限或控制策略，对信息系统的客体（资源）进行的不同授权访问，是访问控制策略的软硬件底层实现。

制定并实施工业网络访问控制策略，需要根据最小特权原则、最小泄露原则以及多级安全策略来规范访问主体、客体与访问控制列表（Access Control List，ACL）的关系。多级安全策略是对客体赋予一个安全敏感度标签，凭此标签来表征安全分级。对工业网络实施多级安全策略，需要按照安全级别来决定访问主、客体之间的工业网络数据流向及其权限控制。图2-19所示为工业网络访问控制的基本原理。

工业网络访问控制的根本目标是防范非法用户访问数据以及合法用户对工业网络资源及服务的非法使用，具体手段有用户识别码、口令、登录控制、资源授权、授权核查、日志和审计等多种方式。工业网络访问控制中最重要的是确定访问权限，而访问权限又取决于用户类型、数据分类、数据使用和访问规则等因素。

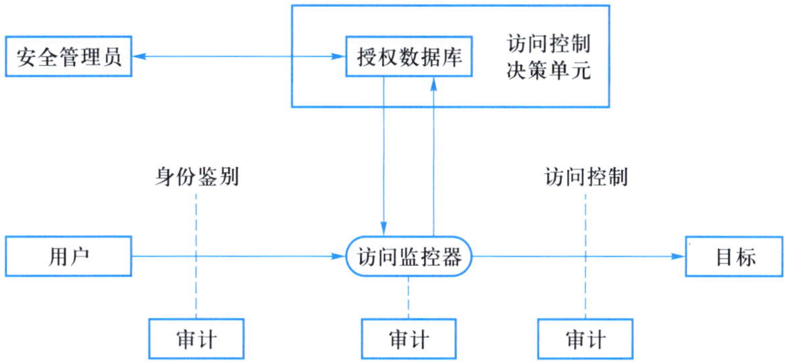

图 2-19 工业网络访问控制的基本原理

笔 记

工业网络访问控制的核心是保证无法直接访问不同安全域之间的工业网络资源，不能未授权接入存储节点，防范虚拟化环境中工业网络资源的非法访问。不同安全域之间的工业网络资源不能直接访问，需要实现存储业务的相互隔离。可利用工业网络交换设备，按照访问逻辑将工艺数据隔离至不同的安全域，不同安全域的设备无法互相直接访问。存储节点的接入需要通过认证，比如在网络层使用虚拟局域网技术后设置 ACL 来实现，或者是直接利用协议自身资源隔离（如 iSCSI 等）、挑战握手认证协议（Challenge Handshake Authentication Protocol，CHAP）等来完成。虚拟化环境中的工业网络访问控制，则需要在虚拟化系统中对各卷分别制定不同的访问策略，实现各卷互相隔离，无访问权限的用户不得访问。

原则上来说，工业网络访问与工业服务访问一样，需要进行身份认证。在登录工业主机、访问 App 服务及数据资源、访问工业云平台资源或服务时，均应进行身份认证管理，特别是针对关键工业设备、系统及平台的访问，宜使用多因素认证方法。遵循最小特权原则，对各类用户账户权限进行合理分类设置。对工控设备、SCADA、DCS、PLC 软件、工业通信设备等的登录账户及密码使用强密码并定期更新，不得使用默认口令或弱口令。同时，不应在不同网络环境、不同安全域内和不同系统中禁止共享身份认证证书信息。为保证远程访问安全，禁止工控网络向互联网提供高风险的 HTTP、FTP 等通用网络服务。如确需远程访问，可采用工业网络单向访问控制策略，控制访问时限，并加标锁定。如确需远程维护，可采用 VPN 实现远程接入。同时，还应审计工控系统的访问日志和操作过程。

2.2.3 任务实施——使用工业脆弱性扫描与管理系统

微课 2-3 使用工业脆弱性扫描与管理系统对工业设备进行扫描

【任务目的】

- 理解工业脆弱性扫描与管理系统的基本原理。
- 掌握使用工业脆弱性扫描与管理系统对在线网络资产扫描的方法。

笔 记

【使用工具】

➢ 测试机：浪潮云洲工业安全仿真实训工具箱——工业脆弱性扫描与管理系统。

➢ 靶机：任意在线设备。

【配置说明】

提前在本地网络中选取用于扫描的靶机，如个人计算机，获取其 IP 地址备用。

【实施步骤】

步骤 1：登录工业脆弱性扫描与管理系统。

在浏览器中输入工业脆弱性扫描与管理系统访问地址 https://192.168.1.254，显示系统登录界面，如图 2-20 所示。输入用户名 admin 及密码 admin123456，单击“登录”按钮。

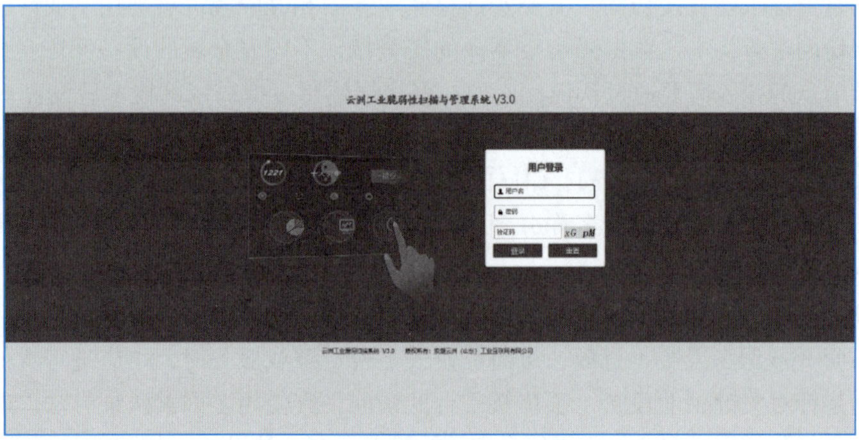

图 2-20 工业脆弱性扫描与管理系统登录界面

步骤 2：添加扫描任务。

成功登录系统后，单击“系统扫描任务”界面中的“添加”按钮，可以添加扫描任务，如图 2-21 所示。系统支持 IPv4 和 IPv6 地址，如果要扫描特定端口或服务，需要先修改或新建“系统扫描模板”，如图 2-22 所示。如果对扫描时间敏感，也可以直接选择“快速扫描模板”项。

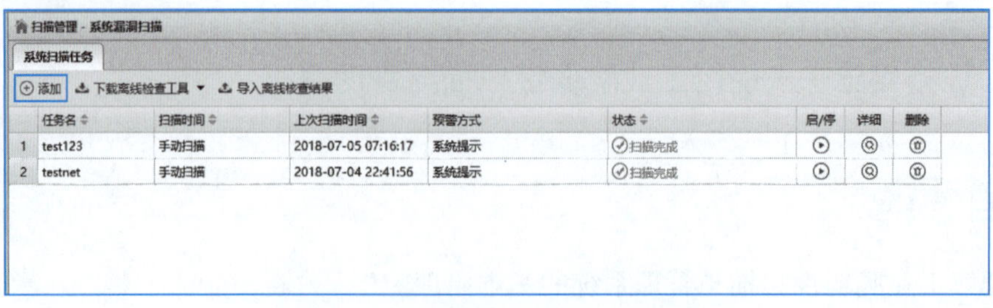

图 2-21 “系统扫描任务”界面

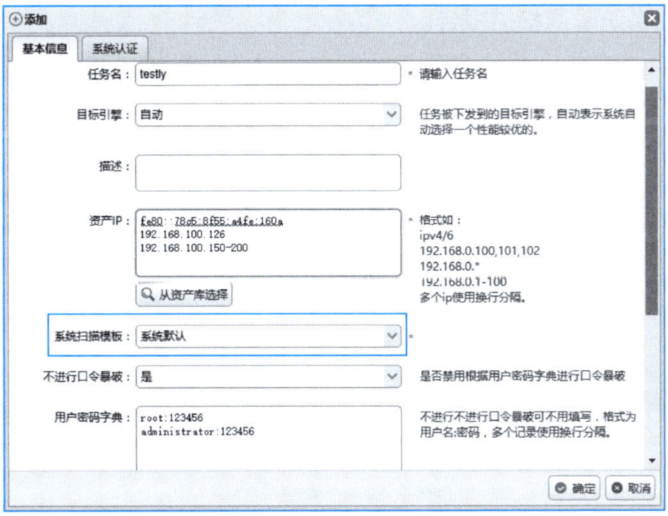

图 2-22　设置系统扫描任务

步骤 3：查看扫描结果。

扫描结果如图 2-23 所示。在扫描过程中也可以单击扫描任务后的“详细”按钮，查看各工控设备的扫描详情，如图 2-24 所示。

图 2-23　查看扫描结果

图 2-24　查看各工控设备的扫描详情

笔 记

笔 记

步骤 4：生成系统漏洞扫描报告。

可以预览、生成或导出系统漏洞扫描报告，支持的生成报告格式包括 DOC、XLSX、PDF、HTML 和 XML 等，如图 2-25 所示。

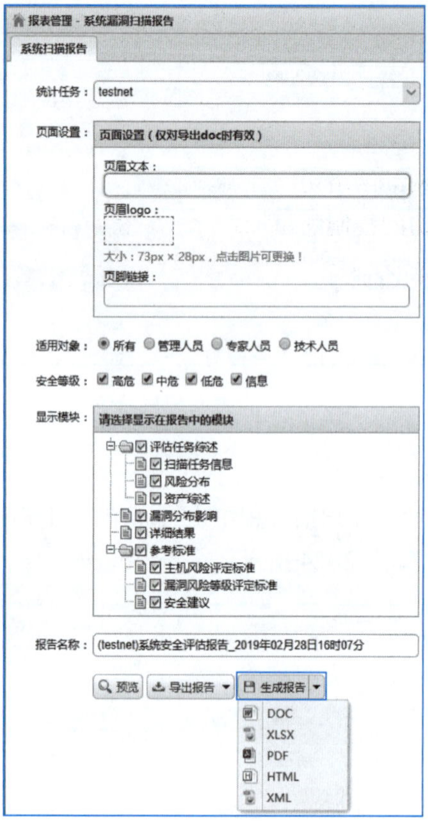

图 2-25 生成系统漏洞扫描报告

2.2.4 任务评价

本任务主要介绍了网络安全边界的划分的相关知识，评价标准如下：

① 了解网络边界的划分与隔离的方法。

② 了解工业互联网的网络访问控制方法。

③ 理解工业脆弱性扫描与管理系统的基本原理。

④ 掌握使用工业脆弱性扫描与管理系统对在线网络资产进行漏洞扫描的方法。

文本：参考答案

2.2.5 任务测验

一、选择题

1. 下列中可对网络的在线设备进行漏洞扫描的是（ ）。

A. 工控安全审计平台　　B. 工控安全加固系统
C. 工业防火墙　　D. 工业脆弱性扫描与管理系统

2.（　　）是对客体赋予一个安全敏感度标签，凭此标签来表征安全分级。

A. 最小特权原则　　B. 最小泄露原则　　C. 多级安全策略　　D. 单级安全策略

3. 工业网络访问控制中最重要的是确定（　　）。

A. 资源授权　　B. 登录控制　　C. 访问权限　　D. 授权核查

二、简答题

1. 简单描述工业互联网的网络访问控制策略。
2. 简单描述工业网络访问控制的目标。
3. 工业网络访问控制的核心是什么?

任务 2.3 网络安全防护措施

PPT：任务 2.3 网络安全防护措施

2.3.1 任务描述

笔 记

工业防火墙是一款集多种智能引擎的工控系统网络安全防护产品，具有对工控网络协议（包括 Modbus、OPC、IEC104、Profinet、Ethernet/IP、DNP3、S7 等）进行深度解析及综合分析，以及针对非法数据、异常行为或 DDoS 攻击等进行报警及阻断功能，可以帮助识别安全性问题，实现终端保护、边界防护及区域隔离，并可以通过多种安全策略的配置，保证工控网络系统安全性和稳定性。

本任务主要讲解如何使用工业防火墙进行工业控制协议防护的方法，另外还将介绍有关网络安全防护的相关知识，使同学们了解工业防火墙，并掌握工业防火墙基础功能的使用方法。

2.3.2 知识导入

1. 工业防火墙的适用范围及作用

从全局整体来构建纵深防御安全体系，重要一环就是部署工业防火墙，作为多层纵深防御体系的重要防线和工业网络安全的重要基础保障措施。工业防火墙（Industrial Firewall, IFW）是适用于工业网络环境的、具有不同操作方法和目标的技术统称，在工业控制系统当中应用的防火墙，又称为工业控制防火墙（Industrial Control Firewall, ICF）。

工业防火墙用于工控网络的分区、分域隔离，可应用于工业网络的计划管理层、制造执行层和工业控制层的网络边界，也可以部署在工业网络的关键节点位置，比如工程

笔 记

师控制台、操作员控制台、PLC、RTU 等处。因作用域不同，工业防火墙大致可以分为安全域间工业防火墙、现场工控防火墙和 Web 应用防火墙等。其中，Web 应用防火墙与通用防火墙的体系结构、技术特征、应用场景等基本一致。

(1) 安全域间工业防火墙的适用范围及作用特征分析

通常使用工业防火墙将工业网络划分为若干区域，通过定义各区域之间的访问控制策略来保证工业网络数据传输安全、抵御网络攻击。同一安全域的系统共享相同的安全策略，其内部都有着基本相同的安全特性，如安全等级、安全威胁、脆弱性、安全风险等。传统防火墙主要实现访问控制机制，并不完全适用于工业环境。需要指出的是，不适用于工业环境，并非是不适用于工业领域。在工业领域中，多用于工控网络的横向隔离。

与传统 IP 网络环境中的防火墙类似，工业防火墙也是用于不同网络安全域之间隔离的物理或虚拟设备。但不同的是，传统 IP 网络中，防火墙多用于阻断不对等信任域的网络入侵及攻击行为，多部署于如外网出口、内外网之间等 IP 网络边界或用于子网隔离。而在工业环境中，工控防火墙主要用于隔离企业管理网与生产网、控制设备层以及工控网络各安全域等边界，核心目标是阻止内外网对于工业生产网络或设备的入侵或攻击。

工业领域安全域隔离中，无状态防火墙、有状态防火墙、透明防火墙、Web 应用防火墙、深度数据包检测（Deep Packet Inspection，DPI）防火墙、限流防火墙等均可应用。

(2) 现场工控防火墙的适用范围及作用特征分析

由于工业网络对实时性和可靠性要求很高，而部署防火墙会占用一定资源，甚至会牺牲一部分实时性，但绝不能认为工业防火墙可有可无，更不能将其视为隐患，而应视为 IT、CT、OT 深度融合形成工业互联网后不可或缺的安全基础防护手段。现场工控防火墙用于核心关键设备防护、分散工控网间互联、现场设备远程运维等，需要支持工业协议、适应工业网络对实时性、可靠性的要求，能够处理从外部威胁到内部网络故障，为工业领域的 SCADA、DCS、PLC、MES、FCS 等工控网络、系统及设备提供“本质安全”防护。

(3) 工业 Web 应用防火墙的适用范围及作用特征分析

工业互联网中 Web 应用广泛，特别是在企业管理层和现场管理层当中。Web 2.0 中 HTTP/HTTPS 应用存在大量安全威胁，面临跨站脚本（Cross Site Script，XSS）、SQL 注入、应用层 DDoS（Distributed Denial of Service）以及 Cookie 篡改等攻击，具有网页挂马、网页篡改、敏感信息泄露等风险，可以采用工业 Web 应用防火墙（Web Application Firewall，WAF）来解决。

WAF 作为特殊的专用防火墙，可部署于 Web 服务器与其客户端之间，尽量靠近 DMZ 或者数据中心服务区等服务器侧，重点是利用应用层特征来监测应用程序通信违反安全策略的行为，为基于 B/S 架构的信息系统提供专门防护。应用于工业互联网领域的 Web 应用防火墙应特别关注针对 HTTP/HTTPS 应用的安全威胁，对其流量进行双向解析，通过“深度包检测”实现更深入的所有应用层信息的过滤。

可在工业互联网平台将 WAF 部署为透明代理、反向代理、路由代理以及端口镜像等。透明、反向及路由等代理模式下的 WAF 均为在线模式，在 Web 服务器前端串行接入以过滤并丢弃异常流量。而端口镜像 WAF 则为离线模式，需旁路接至 Web 服务器上游网络交换设备，只能检测异常流量而无法对其阻断。

检测方法方面，可采用基于规则和基于异常的方法。WAF 还能监测输入数据引入的风险，比如，恶意构造的不当输入、抗入侵规避等。通过双机热备等方式，WAF 还可以支持负载均衡以及应用交付。

2. 工业防火墙的各方面能力需求

（1）工业防火墙对工业环境适应性的能力需求及其解决方案

在现场长期应用的工业防火墙，工作环境较为恶劣，必须具备工业环境适用性。建议采用尺寸紧凑、功耗低、集成度高、可靠性好、电磁兼容能力强的嵌入式工控机或定制工业级计算机作为工业防火墙承载平台，按照 5~10 年生命周期设计。

1）机械侵入能力

很多工业现场是油、水、粉尘、盐雾、有害气体等复杂严苛的环境，有些甚至是人力无法抵达的恶劣环境，工业防火墙需要适应这种严苛复杂的生产环境。应用于工业现场的工业防火墙乃至所有的网络安全设备，均需遵循 IEC 60529 防水防尘标准，主要是防水防尘强度。工业防火墙必须具备机械侵入防护能力，硬件壳体应选用金属隔爆壳，至少要在 IP40 以上（可有效防护直径为 1 mm 以上异物的侵入），辅以内部灌胶，以适应高尘、高污染工业环境。

2）气候适应能力

工业防火墙的气候保护要求包括工作温度、存储温度、湿度以及紫外线，以温湿度保护为主。温湿度保护需要综合考虑防护等级、环境温度、空气湿度、空气湿度盐度以及海拔等因素。防护等级越高，防护能力就越强。不过，对于工业互联网来说，并非防护等级越高越好。防护等级高，必然导致工业防火墙散热性差，进而温度升高，带来一系列可靠性问题。空气湿度和盐度会破坏设备表面绝缘性能，加速老化。海拔越高，空气密度就越低，散热越困难，需要设备降容运行。

建议采用无风扇设计，具备强耐寒暑环境适应能力，工作宽温范围支持 40~70℃，存储宽温范围支持 40~85℃，湿度支持要求 5%~95%无凝结。

3）电磁兼容能力

工业现场常见的工业信号发生器、晶振、电动机、接近开关、工业继电器、焊机、FPGA、逻辑电路、可控硅逆变器、整流器、电晕放电等电磁噪声和电磁脉冲等，容易产生电磁兼容问题。工业防火墙需要具有电磁兼容（Electro Magnetic Compatibility，EMC）能力，包括电磁干扰（Electro Magnetic Interference，EMI）及电磁耐受性（Electro Magnetic Susceptibility，EMS）。普通以太网所用的 Hub、交换设备、接插元器件与线缆等难以适应工业现场恶劣工况需求，抗干扰性能较差，如应用于工业领域的危险场合，不具备本质安全功能。以太网无法利用信号线为现场设备供电，导致其应用受限。

工业防火墙可能面临的电磁干扰，来自内部和外部两个方面。内部干扰主要是电源

笔 记

通过线路分布电容和绝缘电阻产生、信号介质阻抗耦合或导向互感产生、CPU 或电路板发热产生，还有高电压或大功率部件电磁耦合产生等；外部干扰主要来自外在因素，具体包括工业现场高电压、电源因绝缘漏电、电机等大功率设备磁场互感耦合、现场空间电磁波、环境温度变化、工业电网输变电设备等。

因此，在进行工业防火墙设计时，必须整体考虑电磁兼容问题。机箱要尽量发挥完善屏蔽功能，减少双向辐射干扰。同时，要采取必要且有效的接地措施，不同电路回路分开接地，接地电阻越小越好。同时要使用本质安全的红黑滤波等电源，通过选择合适的通道来降低漏电损耗。此外，共廊设备应加大间距，系统频率也要合理避振。元器件选用晶圆电阻等工业级以上高要求验证元器件。CPU、电源、存储、工业以太网口、工业总线接口转换等模块合理布局，工业主板核心板和底板等硬件电路板要求防尘、防潮、防静电（即三防），PCB 表面涂装三防漆。

4）机架规格需求及解决方案

工业防火墙还需满足工业环境中的冲击、振动、拉伸等机械要求。工业防火墙有两种部署方式。一种是部署于生产制造工厂的厂房或车间的机房。此时可采用机架式工业防火墙，无风扇设计、防护等级 IP40 以上即可满足网络隔离防护需求。另一种是导轨式工业防火墙，机架采用无振动设计，并直接卡在导轨上，外壳密闭，内部电路板需要一体化散热及无连线设计，以适应严苛的生产现场环境。部署在工业现场的防火墙建议以导轨式为主，要求无风扇、宽温支持。

（2）工业防火墙的网络层控制能力需求及其解决方案

工控防火墙首先需要防护已知工业网络脆弱性，具备基础防火墙功能，实现基于主体、客体、角色、协议、资产、时间、访问控制列表等多元一体化访问控制。在 IP 网络隔离方面，不仅应具有安全域管理与访问控制、网络地址转换、用户身份认证等传统功能，还应该具有应用层控制、Web 攻击防护、信息泄露防护、恶意代码识别以及 IPS 等新功能，可实现 L2~L7 数据包的细粒度过滤检测，同时具有用户、应用及内容识别能力。

1）安全域管理与访问控制能力

该能力主要涉及工业网络安全域管理、IP 应用层协议访问控制以及 IP 网络应用内容访问控制问题。

2）网络地址转换能力

工业网络中仍大量使用 IPv4 地址，IPv4 地址不足也是工业网络面临的一个重要问题。使用网络地址转换技术可以“减少”IPv4 地址消耗，解决 IP 地址不足问题。此外，为隐藏并保护工业内网的 IT 设备和工业设备，如采用网络地址转换技术，工业内网中的 IT 设备和工业设备使用私网地址，对外显示一个或若干公网地址，内网设备对外网不直接暴露，可降低被扫描探测和直接访问的风险。因此，可为工业防火墙增加 NAT（Network Address Translation）路由功能，将其本地 IP 地址映射为另一侧的相异 IP 地址。

3）用户身份认证能力

如果用户需要通过工业防火墙，可要求防火墙另一侧的被访问资源对其进行认证。工业防火墙应利用身份认证来识别与管控工业互联网内网用户，包括有线通信、无线通信、普通计算机、移动智能终端设备等用户。可采用用户名/密码本地认证、用户/用户组访问控制以及 LDAP（Lightweight Directory Access Protocol）、Radius 等第三方认证方式。

4）加密数据交换能力

笔 记

建议部署工业防火墙时，启用虚拟专用网网关功能，在防火墙和远程主机设备之间建立加密隧道，对工业网络数据传输进行加密和保护，实现安全的数据交换通道，支持基于工业协议的数据加密传输。此外，采用 VPN 功能，还可以将工业防火墙作为远程维护的堡垒设备。远程维护使用 VPN 与防火墙连接，既可实现身份认证，又可对经由公网的远程维护操作提供加密保护，保障远程维护安全。

5）恶意代码、Web 攻击及入侵防御能力

恶意代码查杀是工业防火墙的必备能力，可对各类蠕虫、病毒、木马、僵尸软件等进行查杀，并拦截 HTTP、FTP 等应用层协议夹杂的恶意代码。工业防火墙还需进行 Web 应用攻击防护，既要防范 XSS、注入类等攻击，还应防范 ASP、PHP、JSP、ASPX 等 Web 服务器环境入侵脚本工具的威胁。入侵防御涵盖各类漏洞、扫描、口令破解等。各防御功能需要智能联动。比如，入侵防御探测到恶意流量来自某 IP 地址，可与防火墙联动令其 ACL 自动更新，并将该 IP 地址的后续恶意流量直接阻断；也可以将域控制器用户权限与工业防火墙访问控制策略绑定，以节省后续处理消耗。

6）状态检测能力

采用包过滤方式，防火墙只能按照预设的静态规则来过滤报文，将报文视为无状态的孤立个体，仅检测 IP 报头的相关信息，忽略了报文的因果关联关系，各方向传输的数据包均需使用对应的规则来控制，数据包转发效率低，安全风险大。

工业防火墙在协议栈较低层检测截获的数据包，将有用信息提取出来并存储于内存之中，并按照数学或逻辑运算结果进行数据包放行/拒绝、连接认证、数据加密等后续操作。如果数据包符合安全策略要求，再进行更高协议层分析。这种方式虽然是从协议栈较低层获取数据，但能够实现应用层检测，验证源/目的 IP 地址与端口、协议类型、应用信息等多层标志，以提高安全检测能力。

拓展阅读 2-3 工业防火墙的网络层控制能力需求及其解决方案

状态检测的不足在于无法彻底识别数据包中的木马等恶意代码。

3. 工业互联网安全措施

工业互联网安全是在明确防护对象、设定合理的安全目标后，通过配置网络安全防护策略、制定安全应急处置制度、实时进行网络安全态势分析、定期进行网络安全风险评估、检测网络中存在的安全隐患、完善安全防护策略，提升安全防护能力，并持续此过程，以构建完善的网络安全防护措施。

笔 记

（1）安全目标

工业互联网的安全目标是功能视图中关注的内容，从工业互联网企业自身的安全需求出发，依据自身网络及平台的特点、重点防护的核心业务及资产，建立、健全安全防护体系，以保障工业互联网网络、平台的运行安全可信。

（2）事件分析

工业互联网安全分析以安全事件为核心，从事件的攻击模式、关键路径、关键节点和目标漏洞几个维度进行剖析；从工业互联网的特征出发，通过现实与虚拟结合，综合分析安全事件带来的网络安全威胁，结合安全防护策略，有效降低安全事件的威胁影响。

（3）监测感知

实时对工业互联网中的各安全要素进行监测审计。重点监测工业现场网络及工业互联网平台的各类数据状态，分析来自系统内部、外部的安全威胁。通过数据采集、汇聚存储、特征提取、关联分析等安全技术，为网络异常分析、设备异常维护、业务安全感知提供有效的数据支持，提升工业互联网的主动安全防护能力，形成信息安全数据的监控、分析和预警机制。

（4）风险评估

定期对工业互联网中的各安全要素进行风险评估。优化工业互联网安全目标，持续监测工业互联网的网络和数据，分析资产和网络中存在的威胁及脆弱性，评估安全隐患可能对工业互联网产生的影响，结合资产价值进行合理的风险处置。

（5）防护体系

工业互联网网络安全防护措施是解决企业面临的网络安全威胁的手段。通过安全设计与规划、安全运营等方式，建立安全网络域、强化安全通信、访问和持续感知网络的安全风险，建立快速恢复机制，形成重点防护、持续检测、优化防护的闭环防护体系。针对网络安全运营和实战，重点加强部署主动和被动安全防护措施，建立安全运行环境，定位安全事件，消除潜在的网络安全风险。应建立响应恢复机制，及时发现和处理网络安全事件，并对网络安全措施持续优化。

（6）应急处置

工业互联网应急处置是企业面对网络安全事件的处置能力。为此，应加强平台企业、生产企业和关联企业间的安全事件联动、协调、沟通能力，规范安全事件处置和管理流程，加强网络安全事件管理能力，防止网络安全事件或安全风险扩大化，减少或降低安全事件造成的影响。

微课 2-4
登录并配置工业防火墙

2.3.3 任务实施——使用工业防火墙

【任务目的】

➢ 了解工业防火墙的基本功能。

➢ 掌握使用工业防火墙进行工业控制协议防护的方法。

【使用工具】

➢ 测试服务器：一台 Windows 系统计算机，用于连接模拟 Slave 端。
➢ 测试客户机：一台 Windows 系统计算机，用于连接模拟 Master 端。
➢ 工具软件：浪潮云洲工业安全仿真实训工具箱——工业防火墙。

【实施步骤】

步骤 1：登录工业防火墙管理平台。

在浏览器中输入工业防火墙管理平台访问地址 https://192.168.1.254:8888，打开平台登录界面，如图 2-26 所示，输入用户名 administrator 和密码 administrator123。

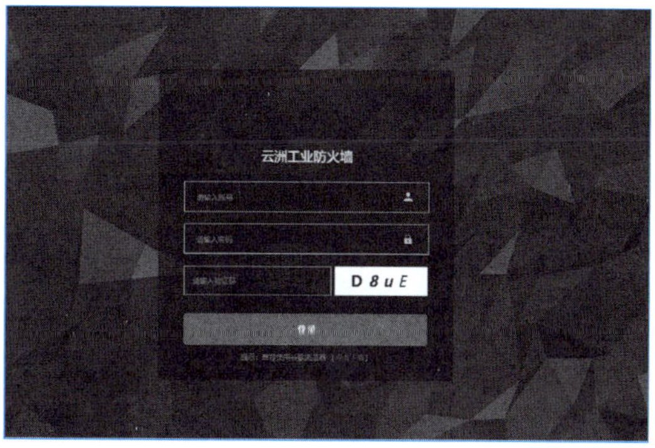

图 2-26 工业防火墙管理平台登录界面

步骤 2：配置工业防火墙。

为了使防火墙设备与其他网络设备正常互通，需要先对其进行网络配置，包括设置网络接口物理特性和 IP 地址。

在菜单栏中执行“网络配置→接口配置→接口属性”命令，在“逻辑桥接口”项下单击“新增”按钮，编辑逻辑桥接口，如图 2-27 所示。

笔 记

为了对经过设备的流量进行方向区分，需要设置线路。线路是逻辑概念，一个线路下包含多个物理接口，从方向上看可以是一入一出，也可以是多入一出，但不能是一入多出或者多入多出。在菜单栏中执行“网络配置→接口配置→线路管理”命令，进行线路配置，如图 2-28 所示。

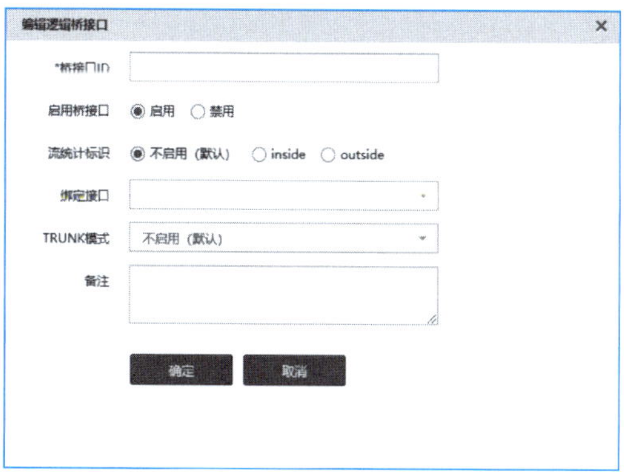

图 2-27 编辑逻辑桥接口

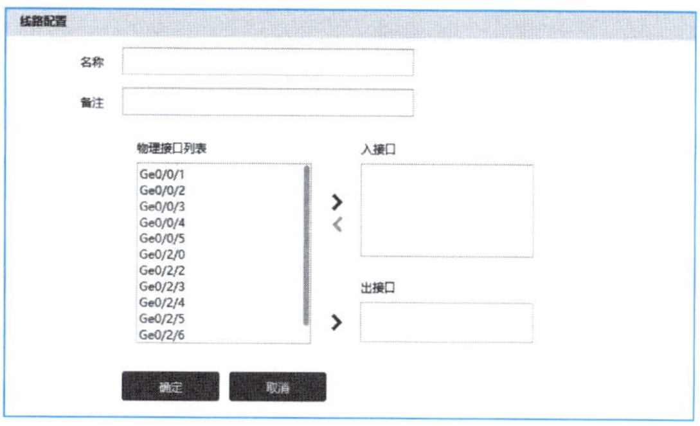

图 2-28 线路配置

笔 记

步骤 3：创建 ACL。

由于组合配置情况较为复杂，需要在 ACL 的配置界面中至少选择“IP 地址”或“网络应用层”中的一项进行填写，否则会导致配置下发失败。

① 在菜单栏中执行“资源定义→ACL 资源→ACL 定义”命令，进入 ACL 管理配置界面，如图 2-29 所示。

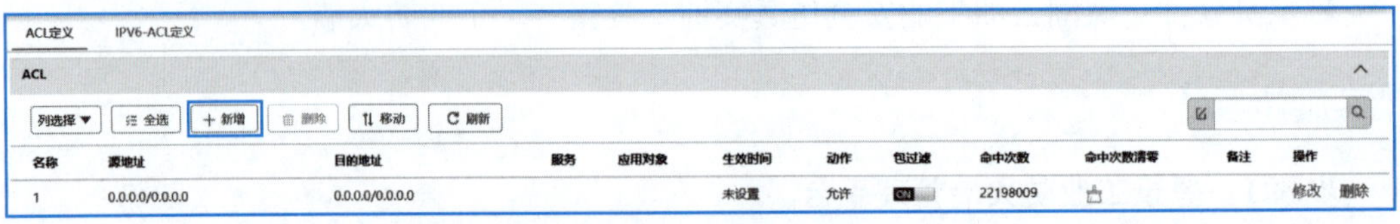

图 2-29 ACL 管理配置界面

② 单击“新增”按钮，在弹出的“ACL”对话框中创建 ACL，如图 2-30 所示。

图 2-30 创建 ACL

步骤 4：配置工业白名单。

工控网络中的数据比较单一，通常都是使用一种标准协议通信，如 Modbus TCP、OPC、IEC104、DNP3 等。工业白名单的意义主要在于通过匹配白名单中的协议规则，对白名单规则外的数据均可进行告警，从而保证工控网络安全。

① 配置工业白名单规则组。在菜单栏中执行“工业白名单→白名单规则”命令，单击“新增”按钮，打开工业白名单规则组配置界面，如图 2-31 所示。

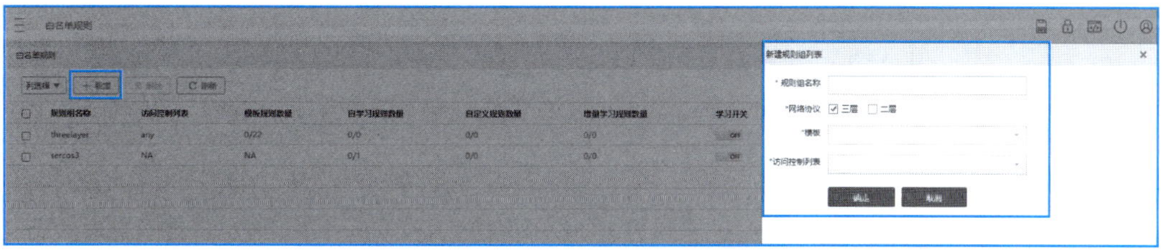

图 2-31　工业白名单规则组配置界面

配置工业白名单规则组，结果如图 2-32 所示。

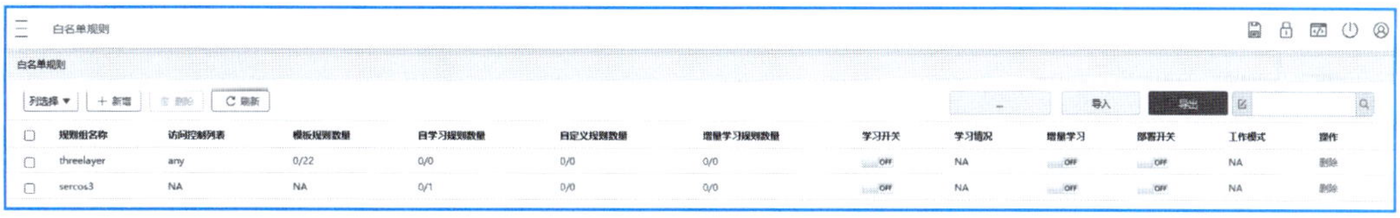

图 2-32　工业白名单规则组配置结果

② 配置工业白名单规则。工业白名单规则可分为模板、自学习、自定义、增量 4 种。下面介绍自学习规则和自定义规则的配置。

• 白名单自学习规则的配置。在菜单栏中执行“工业白名单→白名单规则”命令，进入“白名单规则”界面，如图 2-33 所示。

笔 记

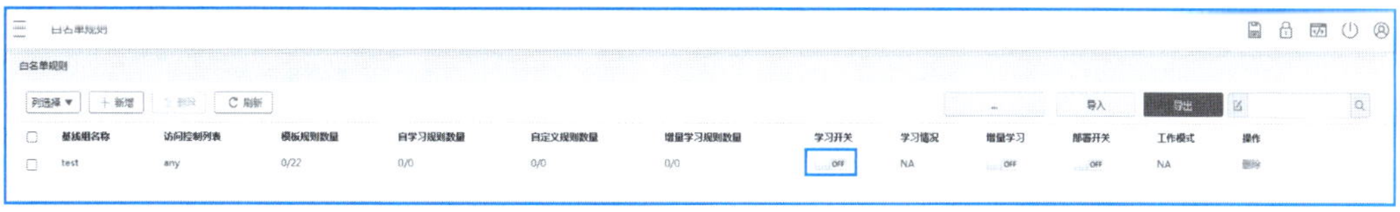

图 2-33　“白名单规则”界面

单击规则组列表中“学习开关”项下的“OFF”按钮，配置自学习规则，如图 2-34 所示。

图 2-34　配置自学习规则

笔 记

学习完成后，单击“白名单规则”界面中的“自学习规则数量”项，可以显示学习到的规则；单击“应用”按钮，可以查看详细的自学习规则信息，如图2-35所示。可查看相关IP地址、协议名称、协议规则等信息，单击“敏感度”下拉框可以选择威胁的等级，分为高、中、低3级，如图2-36所示。

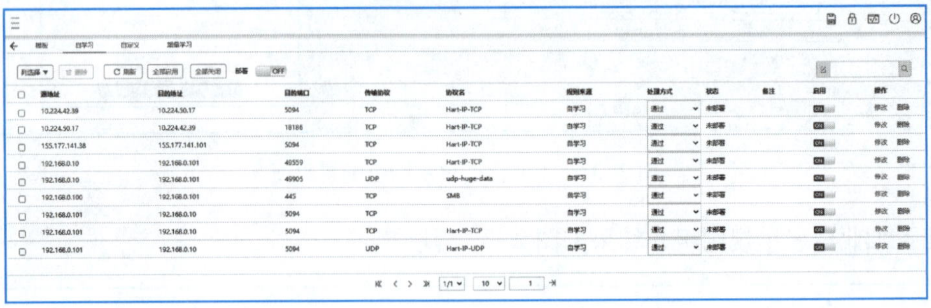

图2-35 自学习规则信息

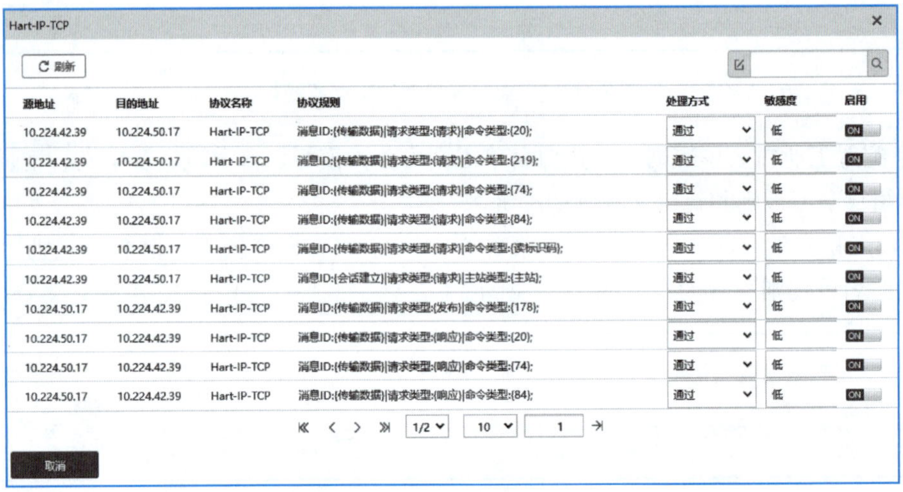

图2-36 规则的详情信息

- 白名单自定义规则的配置。单击“白名单规则”界面中的“自定义规则数量”项，进入“自定义”配置界面，如图2-37所示，对白名单进行自定义配置。

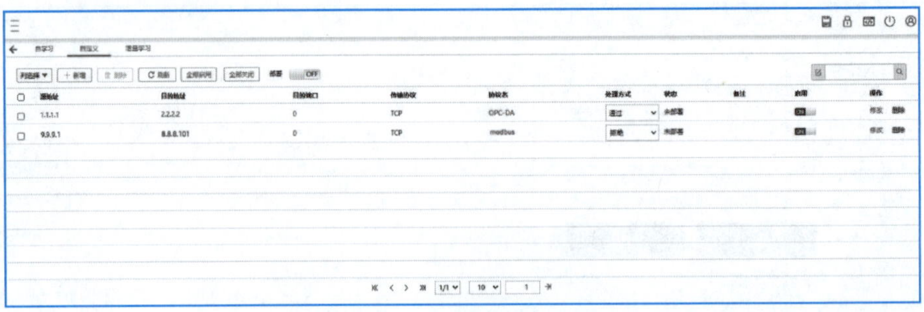

图2-37 白名单自定义配置

步骤 5：模拟工业协议通信 Slave 端。

① 打开 Modbus Slave 模拟终端，如图 2-38 所示。执行“Setup→Slave Definition”命令，弹出“Slave Definition”对话框。

微课 2-5
模拟 Slave 端和 Master 端进行通信测试

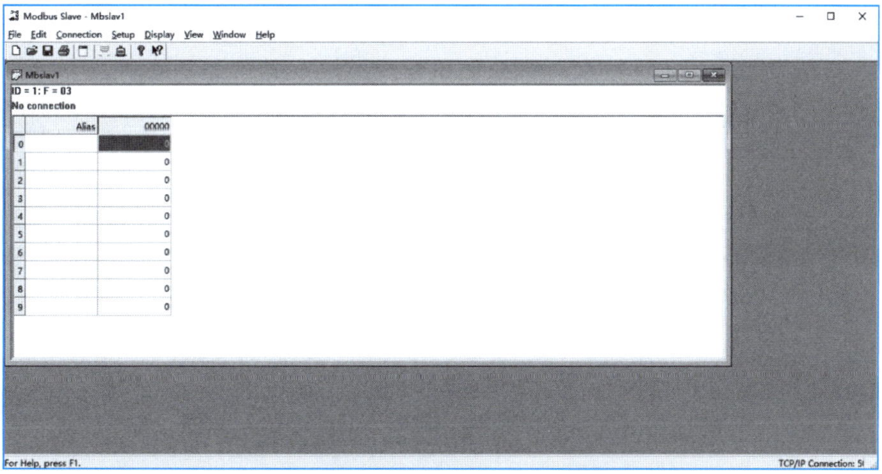

图 2-38　打开 Modbus Slave 模拟终端

② 根据防火墙中的配置规则，设置 Slave ID（设备 ID）为 1，Function（功能码）为 03 Holding Register，Address（地址）为 0，Quantity（长度）为 100，单击“OK”按钮，如图 2-39 所示。

③ 执行“Connection→Connect”命令，弹出“Connection Setup”对话框，Connection 选择 TCP/IP，Port 为 502，单击“OK”按钮，如图 2-40 所示，启动 Slave。

笔 记

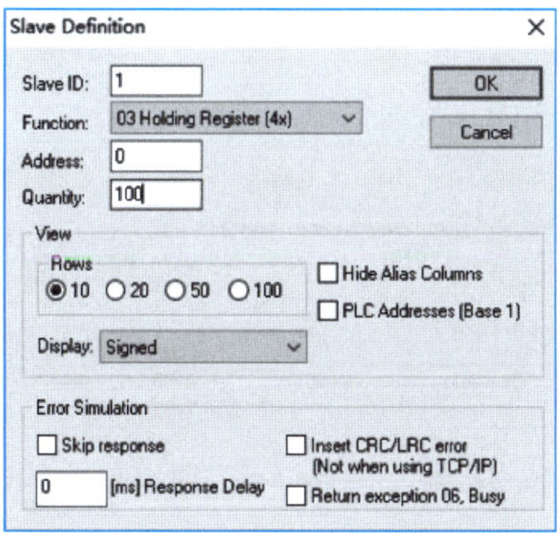

图 2-39　“Slave Definition”对话框设置

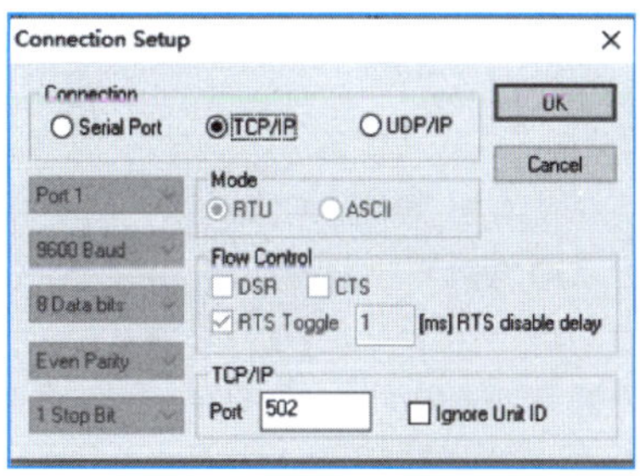

图 2-40　“Connection Setup”对话框设置

步骤 6：模拟工业协议通信 Master 端。

① 打开 Modbus Pool 模拟终端，如图 2-41 所示。执行“Setup→Read/Write Defination”命令，弹出“Read/Write Defination”对话框。

笔 记

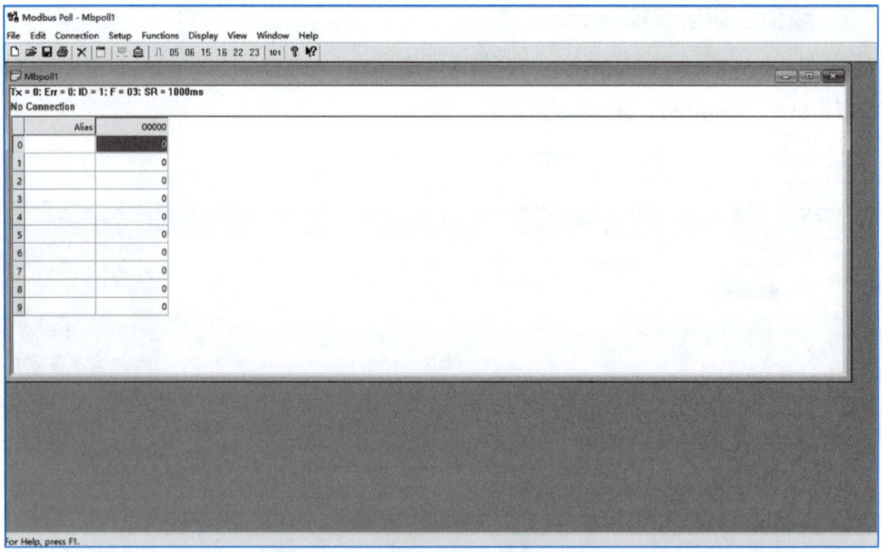

图 2-41 打开 Modbus Pool 模拟终端

② 参照 Slave 端配置，在“Read/Write Defination”对话框中设置 Slave ID、Function、Address 以及 Quantity，单击“OK”按钮，如图 2-42 所示。

③ 在菜单栏中执行“Connection→Connect”命令，弹出“Connection Setup”对话框，Connection 选择 TCP/IP，IP Address 为 Slave 端的 IP 地址，Port 为 502，单击“OK”按钮，如图 2-43 所示。

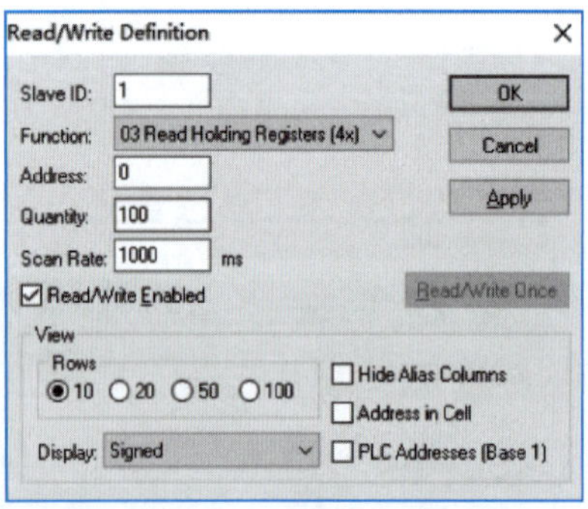

图 2-42 “Read/Write Defination”对话框设置

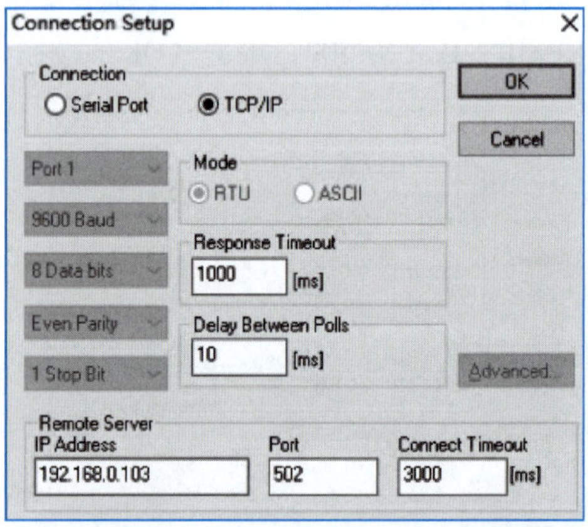

图 2-43 “Connection Setup”对话框设置

步骤 7：测试。

在 Slave 端执行“Concetion→Connect”命令，并单击“OK”按钮。

在 Master 端执行“Connection→Disconnect”命令，再执行“Setup→Read/Write Defination”命令。再次执行“Connection→Connect”命令，单击“OK”按钮，开始通信。

测试发现此时 Modbus 协议通信无法正常连通，如图 2-44 所示。

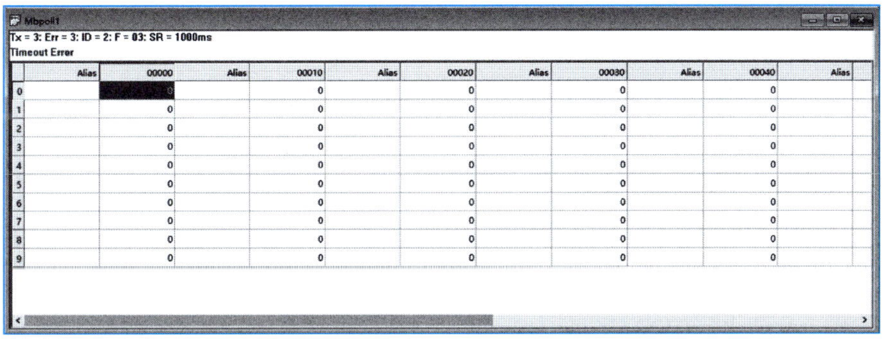

图 2-44　Modbus 协议通信无法正常连通

在工业防火墙管理平台的菜单栏中执行“统计可视→事件监控→工业白名单事件”命令，进入“工业白名单事件”界面，如图 2-45 所示。

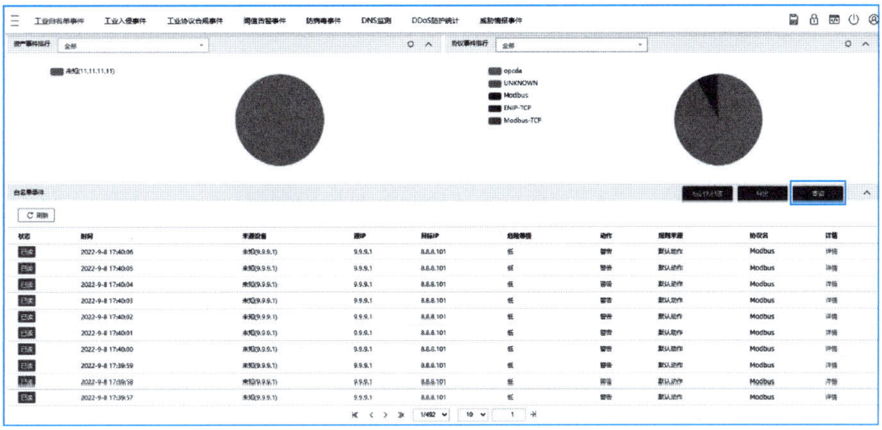

图 2-45　“工业白名单事件”界面

单击“查询”按钮，打开“安全事件查询”对话框，如图 2-46 所示。默认的规则来

图 2-46　安全事件查询

笔 记

源为全部，时间为最近一小时。输入对应的过滤条件，单击“确定”按钮，过滤对应的工业白名单事件并进行查看。

2.3.4 任务评价

本任务介绍了网络安全防护安全措施的相关知识，评价标准如下：

① 了解工业防火墙的适用范围及作用。

② 了解工业防火墙的各方面能力需求。

③ 理解工业互联网安全措施。

④ 了解工业防火墙的基础功能。

⑤ 掌握使用工业防火墙进行工业控制协议防护的方法。

文本：参考答案

2.3.5 任务测验

一、选择题

1. 下列中可对网络中的威胁进行实时拦截并产生告警日志的是（　　）。

A. 工控安全审计平台　　B. 工控安全加固系统

C. 工业防火墙　　D. 工控漏扫平台

2. 下列中部署于Web服务器与其客户端之间的防火墙是（　　）。

A. 安全域间工业防火墙　　B. 现场工控防火墙

C. Web应用防火墙　　D. 工业设备防火墙

3. 下列关于工业互联网安全措施的描述中，错误的是（　　）。

A. 工业互联网网络安全防护措施是解决企业面临的网络安全威胁的手段

B. 定期对工业互联网中的各安全要素进行监测审计

C. 定期对工业互联网中的各安全要素进行风险评估

D. 从工业互联网的特征出发，通过现实与虚拟结合，综合分析安全事件带来的网络安全威胁，结合安全防护策略，有效降低安全事件的威胁影响

二、简答题

1. 简单描述工业防火墙的作用与分类。

2. 工控防火墙在网络层方面具有哪些能力需求？

3. 简单描述工业互联网安全的目标。

【项目总结】

本项目介绍了工业互联网中的网络安全问题的分析方法，重点分析了工业互联网的

网络脆弱性和所面对的挑战，以及网络安全防护措施。完成本项目的学习后，同学们将对工业互联网网络安全问题有初步了解，并理解网络安全的构建、网络安全防护措施，以及网络安全信息的收集和安全漏洞的扫描方法。

【项目评价】

在完成本项目学习任务后，可根据学习达成自我评价表进行综合能力评价，评价表总分 110 分（含附加分 10 分）。学习达成自我评价表积分方式：在达成情况对应的□中打“√”。其中完全达成，可按该项分值 100%计算；基本达成，可按该项分值 60%计算；未能达成，不计分值。项目 2 学习达成自我评价表如表 2-2 所示。

表 2-2 项目 2 学习达成自我评价表

学习目标	学习内容	达成情况
职业道德 （10 分）	① 遵纪守法，爱岗敬业 ② 遵守规程，安全操作 ③ 认真严谨，忠于职守 ④ 精益求精，勇于创新 ⑤ 诚实守信，服务社会	完全达成□ 基本达成□ 未能达成□
知识目标 （30 分）	① 是否了解工业互联网的网络通信及加密安全挑战 ② 是否了解工业互联网的网络脆弱性分析与加固挑战 ③ 是否了解构建工业互联网防御体系的目标和方法 ④ 是否了解网络边界的划分与隔离 ⑤ 是否了解工业互联网的网络访问控制方法 ⑥ 是否理解工业脆弱性扫描与管理系统扫描的基本原理 ⑦ 是否了解工业防火墙的适用范围及作用 ⑧ 是否了解工业防火墙的各方面能力需求 ⑨ 是否理解工业互联网安全措施	完全达成□ 基本达成□ 未能达成□
技能目标 （30 分）	① 是否认识 Kali Linux 环境 ② 是否具备 Kali 的基础使用能力 ③ 是否具备使用工业脆弱性扫描与管理系统对在线网络资产扫描的能力 ④ 是否具备使用工业防火墙进行安全防护的能力	完全达成□ 基本达成□ 未能达成□
素养目标 （20 分）	① 是否具有网络安全保障意识与安全防范建设能力 ② 是否具有较强的团队协作能力和团结奋斗精神	完全达成□ 基本达成□ 未能达成□

笔 记

笔 记

续表

学习目标	学习内容	达成情况
职业技能 等级标准 （10分）	① 是否能使用信息搜索工具进行网络资产信息收集 ② 是否能使用网络服务工具获取基本的服务信息 ③ 是否能使用信息搜索工具对网络安全信息进行收集 ④ 是否能使用安全检测工具对网络安全进行检测 ⑤ 是否能使用安全检测工具分析安全漏洞 ⑥ 是否能具备良好的沟通表达及团队合作能力	完全达成□ 基本达成□ 未能达成□
（附加分） 学习过程 发现问题 （5分）		
（附加分） 学习过程 解决问题 （5分）		

表2-2仅供学习者对照学习任务进行自我评价，以便查漏补缺，强化职业岗位能力，以适应社会新需求。

项目 3　工业互联网控制系统安全配置

【项目情境】

工业控制系统安全是工业互联网安全的核心，一方面工业控制系统广泛适用于在工业生产过程的控制，是工业生产的核心大脑；另一方面，目前 80%以上的国家关键基础设施以及智慧城市业务系统都是依赖于工业控制系统进行控制的。目前工业控制系统安全主要存在如下 4 个方面的安全隐患：

PPT：项目 3 导读

一是工业主机存在的漏洞，成为病毒感染的载体，或作为跳板向下攻击的一个生产系统。

二是工业网络边缘安全防护不足，工业网络成为病毒传播的通道。

三是工业控制设备存在的脆弱性，成为病毒攻击的对象或感染的载体。

四是工业的数据保护不到位，被篡改、被窃取、被加密锁定。

笔 记

本项目将介绍工业互联网控制系统安全的相关知识，帮助同学们对工业互联网控制系统安全有系统的了解和认识。通过 Windows 系统安全加固、Linux 系统安全加固和工控协议安全解析 3 个任务的实施，同学们可以掌握工业互联网控制系统安全的配置方法。

【学习目标】

1. 知识目标

- 了解工控系统的安全影响因素。
- 了解工业传感装置的安全影响因素。
- 了解嵌入式操作系统的应用场景与安全需求。

笔 记

➢ 了解常用的嵌入式操作系统及安全性分析的方法。
➢ 了解工控协议安全测试的方法。
➢ 了解私有协议分析的方法。
➢ 了解工控协议认证方式与突破的方法。

2. 技能目标

➢ 理解 Windows 系统加固主要内容。
➢ 具备对 Windows 系统加固操作的能力。
➢ 具备对 Linux 系统加固操作的能力。
➢ 熟悉主流的 TCP/IP 协议栈通信机制和包结构。
➢ 具备配置工业审计与入侵检测系统和使用系统进行报文分析的能力。

3. 素质目标

➢ 能及时发现、分析和解决工业互联网控制系统安全问题，提升安全事件应对能力与意识。
➢ 面对控制系统安全技术和威胁不断变化的趋势，保持积极学习的态度，不断更新知识储备。

【学习导图】

本项目将聚焦工业互联网控制系统安全配置的职业能力学习，主要包括 Windows 系统安全加固、Linux 系统安全加固、工控协议安全解析 3 个学习任务，共 7 个知识点。图 3-1 所示为项目 3 学习思维导图。

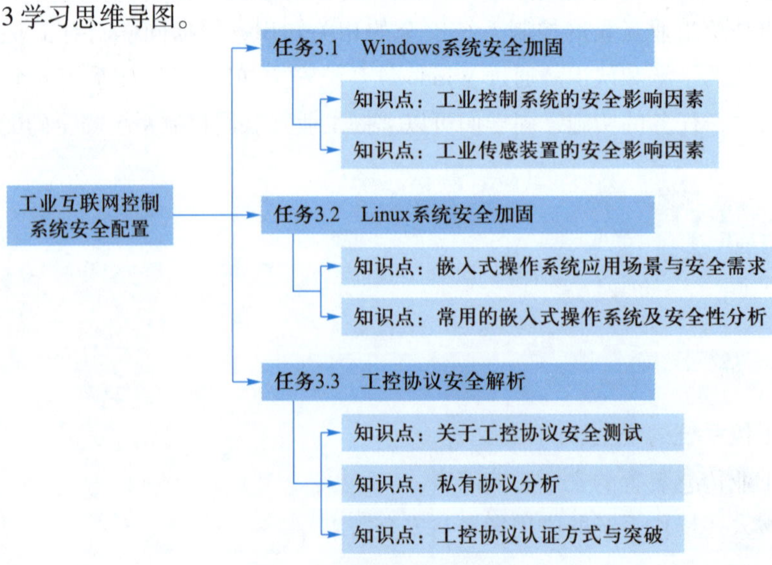

图 3-1 项目 3 学习思维导图

本项目学习内容与“工业互联网安全测评与应急”职业技能等级标准内容的对应关系如表 3-1 所示。

表 3-1　本项目与职业技能等级标准内容对应关系

“工业互联网安全测评与应急”职业技能等级标准			工业互联网控制系统安全配置	
工作任务	职业技能要求	等级	知识点	技能点
工业互联网控制系统安全加固与工控协议安全分析	① 能够对工控系统进行安全加固 ② 能够对工控设备进行安全配置 ③ 能够对工控协议安全进行分析 ④ 能够对工控协议进行安全配置 ⑤ 能具备良好的沟通表达及团队合作能力	初级 中级	① 了解工业控制系统的安全影响因素 ② 了解工业传感装置的安全影响因素 ③ 了解嵌入式操作系统的应用场景与安全需求 ④ 了解常用的嵌入式操作系统及安全性分析方法 ⑤ 了解工控协议安全测试方法 ⑥ 了解私有协议分析的方法 ⑦ 了解工控协议认证方式与突破方法	① 理解 Windows 系统加固主要内容 ② 具备对 Windows 系统加固操作的能力 ③ 具备对 Linux 系统加固操作的能力 ④ 熟悉主流的 TCP/IP 协议栈通信机制和包结构 ⑤ 具备配置工业审计与入侵检测系统和使用系统进行报文分析的能力

PPT：任务 3.1 Windows 系统安全加固

任务 3.1　Windows 系统安全加固

笔 记

3.1.1　任务描述

工业互联网的融合因素有互联网和工业系统，在工业系统中，又以工业控制系统为基础，还存在着大量的现场设备。这些系统和设备对于工业互联网安全的影响，绝不仅是来自运行环节，也来自需求分析、研发设计、生产制造和部署等环节。

Windows Server 2019 操作系统具有高性能、高可靠性和高安全性等特点。Windows Server 2019 在默认安装的时候，基于安全考虑已经实施了很多安全策略，但由于服务器操作系统的特殊性，在默认安装后还需要对其进行安全加固，进一步提升服务器操作系统的安全性。本任务将重点讲解 Windows Server 2019 系统的安全加固操作方法。

3.1.2　知识导入

1. 工业控制系统的安全影响因素

（1）工业控制系统网络的结构与组成

工业控制系统（Industrial Control System，ICS）主要包括 SCADA、DCS、PLC、RTU、

笔记

IED 及传感装置等，此外还有工业自动化和控制系统（Industrial Automation and Control Systems，IACS）、可编程自动化控制器（Programmable Automation Controller，PAC）与工业控制服务器等。

典型的工控系统网络拓扑结构通常分为 5 层：企业资源层、生产管理层、过程监控层、现场控制层、现场设备层。过程监控层、现场控制层和现场设备层属于控制网络，而企业资源层和生产管理层属于上层网络。各层均由不同的网络或现场设备所构成，以完成相应层次的功能。

① 企业资源层。该层用于在业务相关活动中实现某一生产制造企业的管理，包括生产、销售、CRM、财务等 ERP 系统管理功能单元，是企业组织生产调度、经营管理等的关键信息基础组件，为企业决策提供支撑。

② 生产管理层。该层的目标是实现生产过程管理和调度执行，包括生产调度、计划排产、PDM 等制造执行系统功能单元，实现生产过程管控、经营管理过程信息的转换、加工、传递，完成工业数据采集与处理、工业生产制造计划调度与分析、产品成本与品质管控、生产制造装备管控等。

③ 过程监控层。该层用于采集并监控生产过程数据，通过 HMI 进行人机交互，完成过程历史数据收集、过程优化、统计显示、智能调节控制、故障识别诊断与恢复、安全监控以及工业过程模拟仿真与分析等，兼具操作监视与部分管理功能。HMI 包括操作站、工程师站、辅助操作台、移动设备以及打印机等。工程师与操作员利用工作站来实现系统组态、监视与操作处理、智能调节与控制、智能故障识别诊断与恢复、报警处理与工业产品质量管控与评价等。

④ 现场控制层。该层用于工业生产的连续控制、离散控制、顺序控制与批量控制等各种过程数据信息的采集，完成数据转换、处理，监控生产过程，输出控制完成相关控制功能。还能实现对工业现场装备与输入/输出卡的故障识别诊断与修复，同时还能够完成与过程监控层的数据信息通信。该层主要依靠 PLC 等各类现场控制器、一体化智能设备等，对各现场执行设备进行控制。

⑤ 现场设备层。该层主要用于对生产过程进行感知与操作，是工业生产制造行为的物质基础保障，包括各种工业机器人、加工中心、物料输送装置、生产线设备等。现场设备层的核心作用是：实现对上层控制器传送的数据采集与设备控制指令的执行操作，根据上层控制信号来完成现场设备的业务活动。

（2）SCADA 系统构成及安全性

SCADA 用于工业现场的工业数据采集与监控，包括 RTU、PLC、通信基础设施、HMI、监控计算机等，用于完成工业数据采集、现场设备控制、参数测量与控制、现场报警、人机交互等目的。RTU、PLC、PAC 或 DCS 等均可以作为 SCADA 的核心控制器，具体因控制现场工况需求而异。

典型的 SCADA 包括控制中心与远程现场站点等。根据规模，控制中心可分为主控制中心、区域控制中心、冗余控制中心。各中心与全部远程现场站点通过 IP 网络、卫星、微波、有线等远程通信实现点对点连接，而各中心又通过广域网相互连接，并可供工业互联网或者企业访问。SCADA 还能够实现现场站点的故障诊断、修复和系统维护。SCADA 的通信对象可以是内部子系统、输入/输出设备以及外部系统等。Client/Server 间、Server/Server 间通信多采取请求、订阅和广播形式。SCADA 与外界多采用 OPC Client 与 OPC Server 实现通信。当前，SCADA 已逐渐向开放式通用 IP 网络转变。

SCADA 作用范围弹性很大，能构建大、中、小型应用系统，涵盖数十到数千个控制回路。SCADA 可以用于工业流程（连续型、间接型、批量型）、公共基础设施流程（输变电、石化等）以及基于基础设施的流程（水处理、交通控制）等。

SCADA 是重要的工控攻击目标，安全隐患既可能来自其自身软硬件及操作，也可能来自企业 IT 网络和主机系统。部署 SCADA 的工业主机如被攻击，会导致 SCADA 的直接暴露，进而经营决策层、制造执行层与过程控制层均会给 SCADA 遭受攻击带来风险。SCADA 主机遭受控制很可能因 Web 系统而起，主机配置不当、漏洞修复不及时，攻击者就容易以 Web 为入口，渗透进入特定安全域，获取较高权限，控制 SCADA 主机。即便 SCADA 部署于隔离环境中，也会有各种突破隔离的攻击手段。如果辅以 Shodan 等渗透扫描工具，更易于实现攻击目的。

（3）DCS 构成及安全性

DCS 用于控制设备资产位于同一物理空间的规模化生产制造系统，通常体现为控制回路的控制功能较为分散而管理功能较为集中。集中管理与本地控制器（PLC、过程控制器和单回路控制器等）交互，完成生产制造任务，控制策略多采用反馈控制或前馈控制，实现关键产品或过程条件的自动调控。由于需要实时控制工业现场，对实时性和通信速率有较高要求，多采用局域网通信来实现。

笔 记

DCS 通常涵盖过程级、操作级以及管理级 3 级结构。过程级主要负责系统控制与决策的实施部署，包括过程控制站、输入/输出（I/O）单元、执行器及现场仪表等组件。过程控制站负责完成控制程序的执行。控制信号输入/输出通道通过模块化实现，与现场智能仪表、传感装置以及作动装置（机械臂、定位装置等）连接。操作级主要负责系统的操作和组态，由操作员站、工程师站与控制服务器等组件组成。管理级则牵涉生产管理系统等高级应用，多以企业 MIS 形态出现。

DCS 主要用于过程工业，采用反馈控制和前馈控制等策略，调控生产过程的温度、位移、流速、浓度、成分等被控制参量，使之处于给定的阈值范围。“过程”是指工业生产制造设备或系统中实现的物质与能量的相互作用与转换。适用 DCS 的过程工业包括石油炼化、化工品生产、水资源处理以及工业发电等。DCS 采用双冗余控制机制，自身安全性与可靠性较高。

2. 工业传感装置的安全影响因素

（1）工控传感装置类型及特点

传感装置（或广义的传感器）就是能够感受到被测量的物理量、化学量等信息，并将其按照一定规律转换成与之有确定关系的输出的装置，以实现工业现场信息的获取、

笔 记

传输、分析、处理、存储、显示、应用和控制等需求。传感装置感受信息需要敏感元件，而输出信息则需要转换元件。目前，通常将敏感元件、转换元件、转换电路与辅助电源做成一体化器件。敏感元件是整个传感装置的核心元件，用于直接感受各种物理、化学、生物等效应，实现对所测效应的测量，并将测量结果输出为与之有确定关系的物理量。从功能上划分，敏感元件通常分为热敏、光敏、气敏、力敏、磁敏、湿敏、声敏、色敏以及味敏等类型。与此相对应，传统传感装置的形态有热传感器、光传感器、力传感器、湿度传感器、味觉传感器等类型。

（2）传感装置在工业互联网中的作用及安全影响因素

传感装置是工业控制系统的重要组成部分，用于精确、快速、有效、完整地获取工业现场的信息，以完成对工业系统状态的准确、可靠检测，进而为后续的信息处理和控制决策提供基础信息，是整个工控系统和工业智能化的核心支点。

工控网络和物联网的快速发展，也持续拓展了传感装置的应用领域，在工业生产、智能交通、智能楼宇、智能电网、智能医疗、智慧城市、智慧社区、智慧校园等领域获得了广泛应用。传感装置在工业物联网中应用广泛。工业物联网架构包括感知层、传输层与应用层。感知层的基本作用是全面实现对现实世界的智能化感知、数据获取、系统管控，将现实世界的物理实体与物联网网络层、应用层连接，具体功能可以通过感知层的通信接口模块来实现。

拓展阅读 3-1 控制系统安全分析

在工控领域，传感器逐步向低功耗化、数字化、综合化、系统化、智能化、微型化以及网络化方向发展。在很多情况下，工业控制系统的应用环境非常恶劣，尤其是会受到温度、振动、尺寸、电磁干扰、功耗以及其他因素的严重影响。从硬件上来说，感知设备节点大多呈现多源异构性，通常运算速度低、携带能量少，安全保护能力不强。内部节点传输需要预先协商会话密钥，采用安全路由。工业物联网中的传感系统要求使用轻量级密码算法、轻量级密码协议、可设定安全等级的密码技术等。

3.1.3 任务实施——Windows Server 2019 系统加固

【任务目的】

➢ 掌握 Windows 系统加固主要内容和常用操作。

【使用工具】

➢ 运行系统：Windows Server 2019。

微课 3-1 Windows Server 2019 系统加固基础设置

【实施步骤】

步骤 1：了解文件系统要求。

确保 Windows Server 2019 的磁盘卷为 NTFS。

步骤 2：查看补丁更新情况。

在 Windows Server 2019 系统中单击左下角的“开始”按钮，在弹出的系统菜单中执行“控制面板→程序”命令，打开“程序”窗口，如图 3-2 所示。单击“查看已安装的更新”链接，显示系统当前已安装的补丁更新，如图 3-3 所示，及时安装系统补丁。

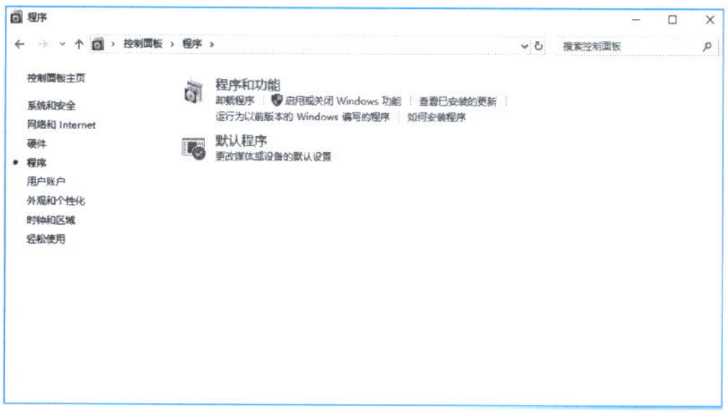

图 3-2　打开“程序”窗口

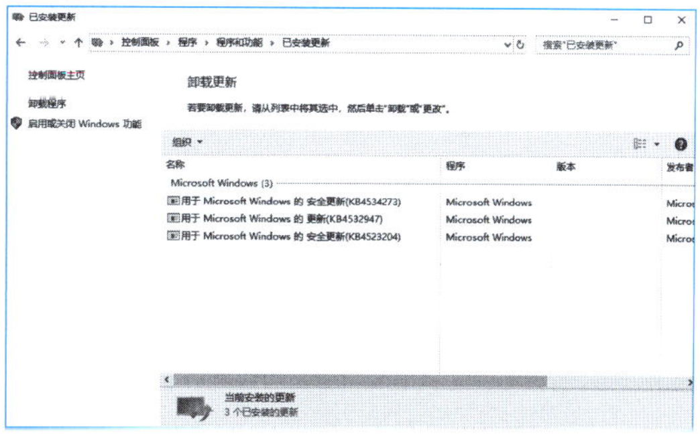

图 3-3　查看已安装系统更新

建议打开补丁自动升级功能，或者使用专用的系统补丁升级工具。

步骤 3：关闭远程协助、远程桌面功能。

单击系统左下角的“开始”按钮，在弹出的系统菜单中执行“Windows 系统”命令，右击“此电脑”项，在弹出的快捷菜单中选择“属性”命令，如图 3-4 所示。弹出“系统属性”对话框，切换到“远程”选项卡，取消“允许远程协助连接这台计算机”复选框的选中状态，在“远程桌面”项目栏中选中“不允许远程连接到此计算机”单选按钮，如图 3-5 所示。单击“确定”按钮，关闭远程协助和远程桌面功能。

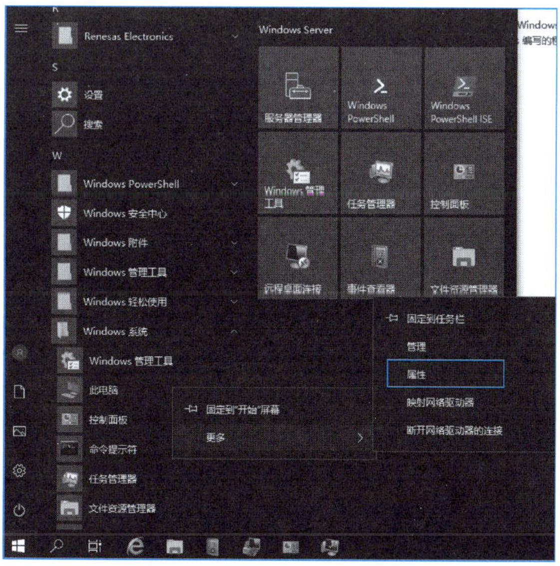

图 3-4　执行“Windows 系统”命令

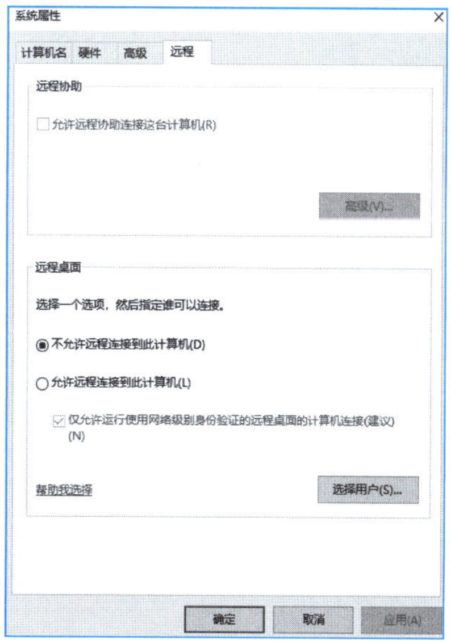

图 3-5　关闭远程协助和远程桌面功能

笔记

步骤 4：防火墙设置。

在 Windows Server 2019 系统的防火墙设置中，除了必须提供的服务，关闭其他所有端口。

步骤 5：设置账户密码策略。

微课 3-2 Windows Server 2019 系统安全策略

在 Windows Server 2019 系统中单击左下角的“开始”按钮，在弹出的系统菜单中执行“管理工具→本地安全策略”命令，如图 3-6 所示。弹出“本地安全策略”窗口，在左侧单击“账户策略”选项中的“密码策略”选项，在右侧可以对账户密码策略进行设置，如图 3-7 所示。

对账户密码做以下设置。

➢ 密码必须符合复杂性要求：已启用。
➢ 密码长度最小值：8 个字符。
➢ 密码最短使用期限：0 天。
➢ 密码最长使用期限：90 天。
➢ 强制密码历史：4 个记住的密码。
➢ 用可还原的加密来储存密码：已禁用。

笔 记

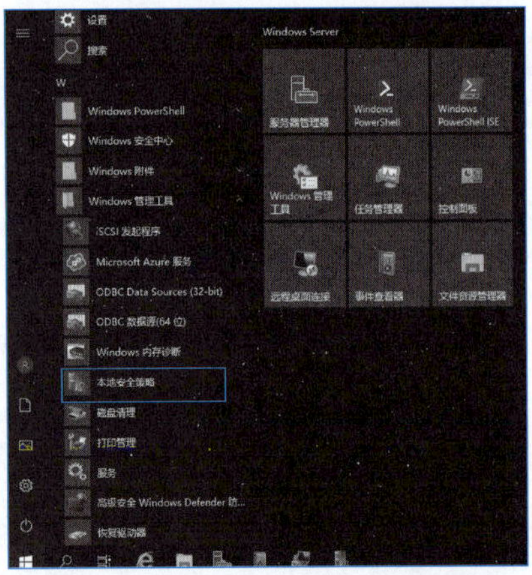

图 3-6 执行“本地安全策略”命令

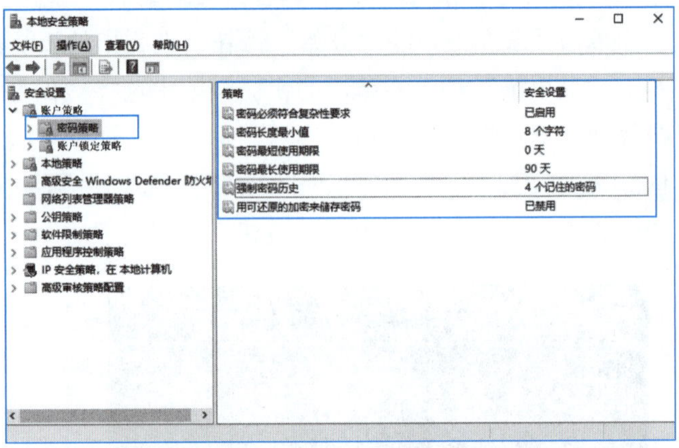

图 3-7 设置账户密码策略

步骤 6：设置账户锁定策略。

单击系统左下角的“开始”按钮，在弹出的系统菜单中执行“管理工具→本地安全策略”命令，弹出“本地安全策略”窗口，在左侧单击“账户策略”选项中的“账户锁定策略”选项，在右侧可以对账户锁定策略进行设置，如图 3-8 所示。

对账户锁定做以下设置。

➢ 账户锁定时间：15 分钟。
➢ 账户锁定阈值：5 次无效登录。
➢ 重置账户锁定计数器：15 分钟之后。

步骤 7：审核策略。

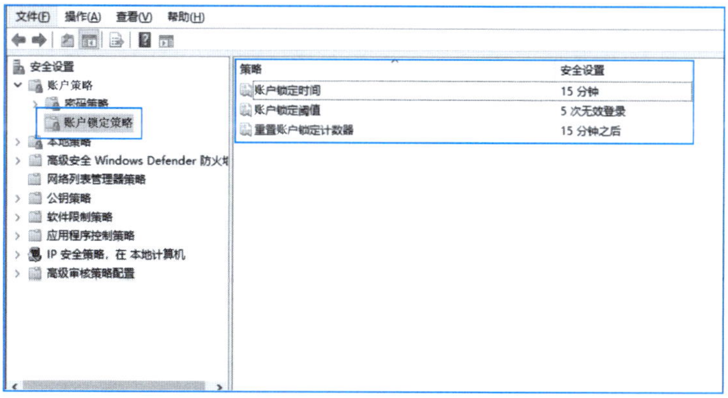

图 3-8　设置账户锁定策略

单击系统左下角的“开始”按钮，在弹出的系统菜单中执行“管理工具→本地安全策略”命令，弹出“本地安全策略”窗口，在左侧单击“本地策略”选项中的“审核策略”选项，在右侧可以对审核策略进行设置，如图 3-9 所示。

对审核策略做以下设置。

➢ 审核策略更改：成功，失败。
➢ 审核登录事件：成功，失败。
➢ 审核对象访问：失败。
➢ 审核进程跟踪：失败。
➢ 审核目录服务访问：失败。
➢ 审核特权使用：失败。
➢ 审核系统事件：成功，失败。
➢ 审核账户登录事件：成功，失败。
➢ 审核账户管理：成功，失败。

笔 记

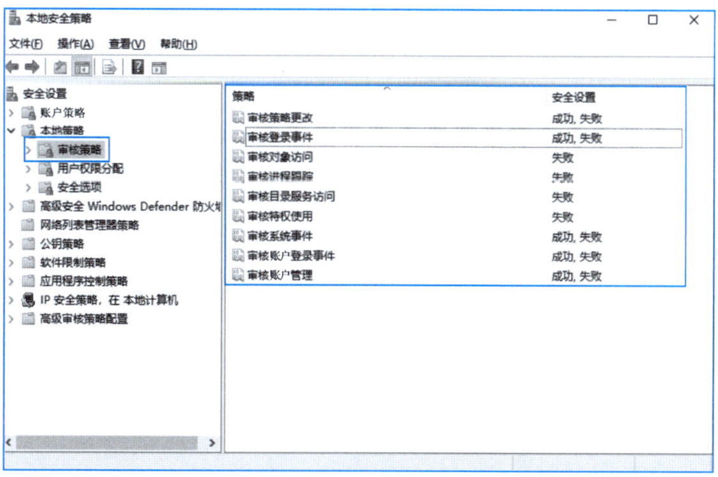

图 3-9　设置审核策略

笔 记

步骤8：设置安全选项。

单击系统左下角的“开始”按钮，在弹出的系统菜单中执行“管理工具→本地安全策略”命令，弹出“本地安全策略”窗口，在左侧单击“安全选项”选项，在右侧可以对安全策略进行设置，如图3-10所示。

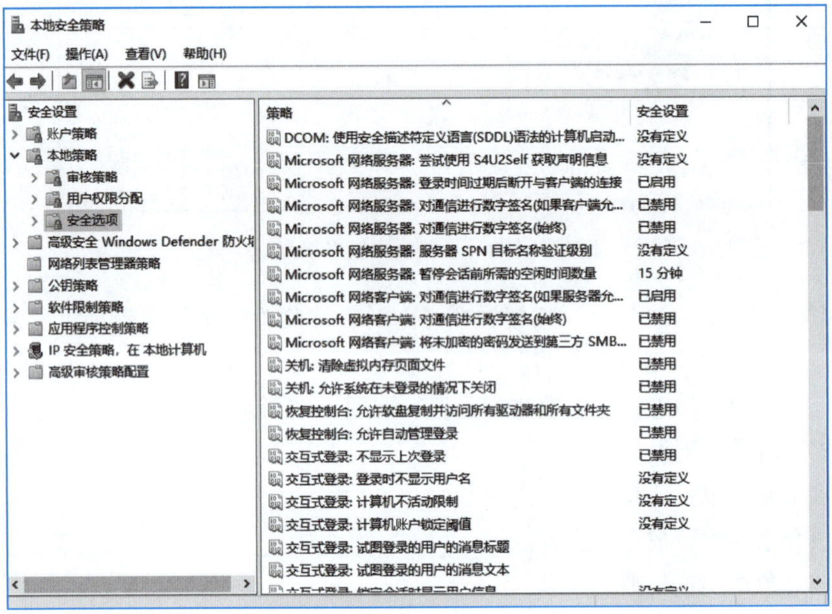

图3-10 设置安全选项

对安全策略做以下设置。

- 账户：重命名系统管理员账户：除“Administrator”外的其他任何名称。
- 账户：重命名来宾账户：除“Guest”外的其他任何名称。
- 域成员：对安全通道数据进行数字加密（如果可能）：已启用。
- 系统对象：增强内部系统对象的默认权限（例如Symbolic Links）：已启用。
- 网络访问：限制匿名访问命名管道和共享：已启用。
- 网络安全：在超过登录时间后强制注销：已启用。
- 网络安全：LAN Manager身份验证级别：仅发送NTLMv2响应。
- 设备：允许在未登录的情况下弹出：已启用。
- 设备：将CD-ROM的访问权限仅限于本地登录的用户：已启用。
- 设备：允许对媒体进行格式化并弹出：管理员。
- 设备：防止用户安装打印机驱动程序：已启用。
- 交互式登录：在密码到期前提示用户更改密码：7天。
- 交互式登录：试图登录的用户的消息文本：This system is for the use of authorized users only。
- 交互式登录：试图登录的用户的消息标题：“Warning:” or custom title。

➢ 交互式登录：要求域控制器身份以解锁工作站：已禁用。
➢ 交互式登录：可被缓存的前次登录个数（在域控制器不可用的情况下）：0 次登录。
➢ 交互式登录：不需要按 CTRL+ALT+DEL：已禁用。
➢ 交互式登录：不显示上次登录：已启用。
➢ 关机：允许系统在未登录的情况下关闭：已禁用。
➢ 关机：清除虚拟内存页面文件：已启用。
➢ 恢复控制台：允许自动管理登录：已禁用。
➢ 恢复控制台：允许软盘复制并访问所有驱动器和所有文件夹：已禁用。
➢ Microsoft 网络客户端：对通信进行数字签名（如果服务器允许）：已启用。
➢ Microsoft 网络客户端：将未加密的密码发送到第三方 SMB 服务器：已禁用。
➢ Microsoft 网络服务器：对通信进行数字签名（如果客户端允许）：已启用。
➢ Microsoft 网络服务器：暂停会话前所需的空闲时间数量：15 分钟。
➢ Microsoft 网络服务器：登录时间过期后断开与客户端的连接：已启用。

步骤 9：注册表安全设置审核。

微课 3-3
Windows Server 2019 系统注册表安全设置

笔记

① 禁止 Dr. Watson 创建 DUMPS 文件：

```
HKLM\Software\Microsoft\DrWatson\CreateCrashDump (REG_DWORD) 0
```

② 禁止系统的自动诊断自动运行：

```
HKLM\Software\Microsoft\Windows NT\CurrentVersion\AEDebug\Auto (REG_DWORD) 0
```

③ 禁止从任何驱动器上自动运行任何应用程序：

```
HKLM\Software\Microsoft\Windows\CurrentVersion\ Policies\Explorer\NoDriveTypeAutoRun (REG_DWORD) 255
```

④ 禁止现在的用户自动运行：

```
HKCU\Software\Microsoft\Windows\CurrentVersion\Policies\Explorer\ NoDriveTypeAutoRun (REG_DWORD) 255
```

⑤ 禁止任何新用户自动运行：

```
HKU.DEFAULT\Software\Microsoft\Windows\CurrentVersion\ Policies\Explorer\NoDriveTypeAutoRun (REG_DWORD) 255
```

⑥ 禁止自动登录：

```
HKLM\Software\Microsoft\Windows NT\CurrentVersion\Winlogon\AutoAdminLogon (REG_SZ) 0
```

⑦ 隐藏键盘输入星号实际字符：

```
HKLM\Software\Microsoft\Windows\CurrentVersion\Policies\Network\ HideSharePwds (REG_DWORD) 1
```

⑧ 禁止拨号访问：

```
HKLM\Software\Microsoft\Windows\CurrentVersion\Policies\Network\ NoDialIn (REG_DWORD) 1
```

⑨ 禁止在蓝屏死机后自动重启：

笔记

HKLM\System\CurrentControlSet\Control\CrashControl\AutoReboot（REG_DWORD）0

⑩ 禁止 CD 自动播放：

HKLM\System\CurrentControlSet\Services\CDrom\Autorun（REG_DWORD）0

⑪ 在服务器上清除管理共享：

HKLM\System\CurrentControlSet\Services\LanmanServer\Parameters\AutoShareServer（REG_DWORD）0

⑫ 保护阻止 Computer Browser Spoofing 攻击：

HKLM\System\CurrentControlSet\Services\MrxSmb\Parameters\ RefuseReset（REG_DWORD）1

⑬ 保护阻止 source-routing spoofing 攻击：

HKLM\System\CurrentControlSet\Services\Tcpip\Parameters\ DisableIPSourceRouting（REG_DWORD）2

⑭ 保护默认网关网络设置：

HKLM\System\CurrentControlSet\Services\Tcpip\Parameters\EnableDeadGWDetect（REG_DWORD）0
Ensure ICMP Routing via shortest path first：HKLM\System\CurrentControlSet\Services\Tcpip\Parameters\ EnableICMPRedirect（REG_DWORD）0

⑮ 帮助阻止包碎片攻击：

HKLM\System\CurrentControlSet\Services\Tcpip\Parameters\ EnablePMTUDiscovery（REG_DWORD）0

⑯ 管理 Keep-alive 时间：

HKLM\System\CurrentControlSet\Services\Tcpip\Parameters\KeepAliveTime（REG_DWORD）300000

⑰ 保护阻止恶意的 Name-Release 攻击：

HKLM\System\CurrentControlSet\Services\Netbt\Parameters\ NoNameReleaseOnDemand（REG_DWORD）1

⑱ 确保路由发现被禁止：

HKLM\System\CurrentControlSet\Services\Tcpip\Parameters\ PerformRouterDiscovery（REG_DWORD）0

⑲ 保护阻止 SYN Flood 攻击：

HKLM\System\CurrentControlSet\Services\Tcpip\Parameters\ SynAttackProtect（REG_DWORD）2

⑳ SYN 攻击保护，管理 TCP 最大 half-open sockets：

HKLM\System\CurrentControlSet\Services\Tcpip\Parameters\TcpMaxHalfOpen（REG_DWORD）100 or 500

㉑ SYN 攻击保护，管理 TCP 最大 half-open 保留 sockets：

HKLM\System\CurrentControlSet\Services\Tcpip\Parameters\TcpMaxHalfOpenRetired（REG_DWORD）80 or 400

㉒ 启用 IPSec 保护 Kerberos RSVP 传输：

```
HKLM\System\CurrentControlSet\Services\IPSEC\ NoDefaultExempt (REG_DWORD) 1 HKEY_LOCAL_MACHINE\ SYSTEM \ CurrentControlSet \ Services \ lanmanserver \ parameters \ AutoShareServer (REG_DWORD) 0
```

㉓ 关闭 admin 共享：

```
HKEY_LOCAL_MACHINE \ SYSTEM \ CurrentControlSet \ Services \ lanmanserver \ parameters \ AutoShareWks (REG_DWORD) 0
```

㉔ 关闭 IPC$默认共享：

```
HKEY_LOCAL_MACHINE\SYSTEM\CurrentControlSet\Control\Lsa\restrictanonymous (REG_DWORD) 1
```

步骤 10：服务审核。

单击系统左下角的“开始”按钮，在弹出的系统菜单中执行“管理工具→计算机管理”命令，弹出“计算机管理”窗口，如图 3-11 所示。在左侧列表中单击“服务和应用程序”选项中的“服务”选项，在右侧可以对服务审核的相关选项进行设置，如图 3-12 所示。

图 3-11 “计算机管理”窗口

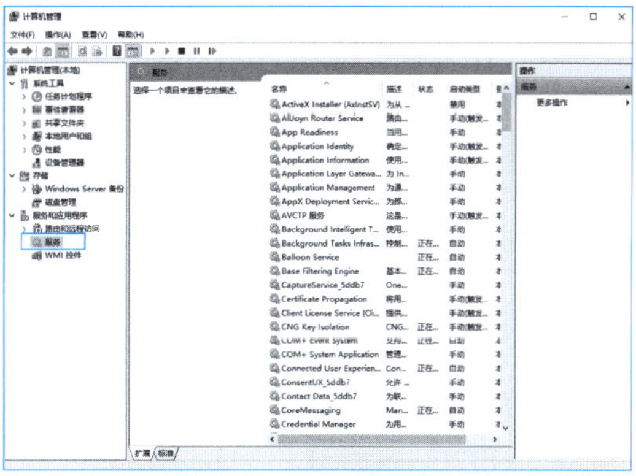

图 3-12 选择“服务”选项

笔记

对服务审核做以下设置：

- Microsoft FTP Service：禁用（警告：将禁止 FTP 服务）。
- IIS 管理服务：禁用（警告：将禁止 IIS 服务）。
- Internet Connection Sharing（ICS）：禁用。
- User Messenger：禁用。
- Remote Registry：禁用。
- SNMP 服务：禁用。
- SNMP 陷阱：禁用。
- World Wide Web 发布服务：禁用。
- Routing and Remote Access：禁用。

笔 记

➢ Background Intelligent Transfer Service：禁用。

步骤 11：设置用户权限。

单击系统左下角的“开始”按钮，在弹出的系统菜单中执行“管理工具→本地安全策略”命令，弹出“本地安全策略”窗口，在左侧单击“本地策略”选项中的“用户权限分配”选项，在右侧可以对用户权限分配的相关选项进行设置，如图 3-13 所示。

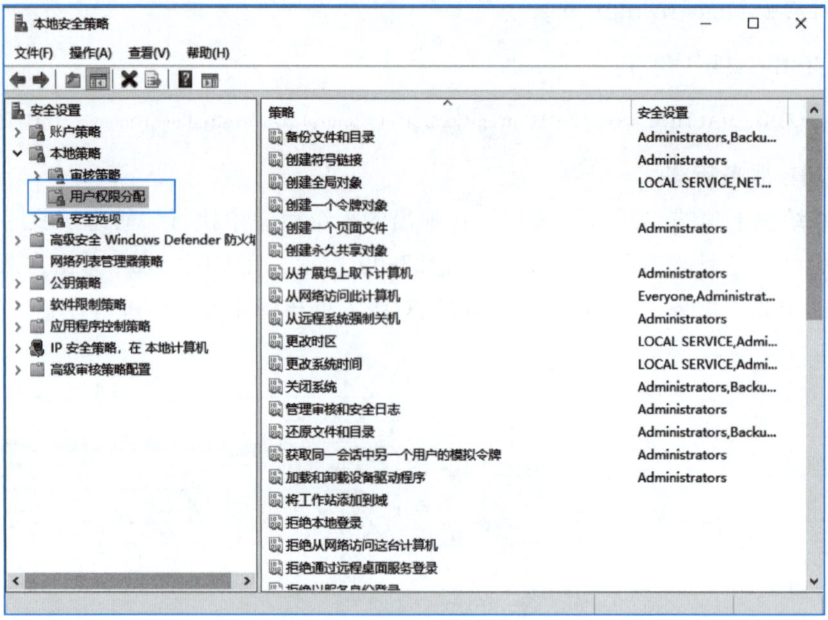

图 3-13 设置用户权限分配

对用户权限分配做以下设置：

➢ 备份文件和目录：Administrators。

➢ 创建全局对象：None。

➢ 创建一个页面文件：Administrators。

➢ 创建永久共享对象：None。

➢ 从扩展坞上取下计算机：Administrators。

➢ 从网络访问此计算机：None。

➢ 从远程系统强制关机：Administrators。

➢ 更改系统时间：Administrators。

➢ 关闭系统：Administrators。

➢ 管理审核和安全日志：Administrators。

➢ 还原文件和目录：Administrators。

➢ 加载和卸载设备驱动程序：Administrators。

➢ 将工作站添加到域：None。

- 拒绝本地登录：None。
- 拒绝从网络访问这台计算机：Guests。
- 拒绝以服务身份登录：None。
- 拒绝作为批处理作业登录：None。
- 配置单一进程：Administrators。
- 配置文件系统性能：Administrators。
- 取得文件或其他对象的所有权：Administrators。
- 绕过遍历检查：Users。
- 锁定内存页：None。
- 提高计划优先级：Administrators。
- 替换进程级令牌：None。
- 调试程序：None。
- 同步目录服务数据：None。
- 为进程调整内存配额：Administrators。
- 修改固件环境值：Administrators。
- 允许在本地登录：Administrators。
- 作为服务登录：None。
- 作为批处理作业登录：None。

笔 记

3.1.4 任务评价

本任务主要介绍了 Windows 系统安全加固的相关知识，评价标准如下：

① 了解工业控制系统的安全影响因素。

② 了解工业传感装置的安全影响因素。

③ 掌握 Windows 系统加固主要内容和常用操作。

3.1.5 任务测验

文本：参考答案

一、选择题

1. 下列中不属于工业控制系统所包含内容的是（　　）。

A. SCADA　　B. PLC　　C. 路由器　　D. 传感装置

2. 下列中不属于工业控制安全分析范畴的是（　　）。

A. 物理安全　　B. 系统安全　　C. 功能安全　　D. 信息安全

3. 下列关于 Windows 系统安全加固的说法中，错误的是（　　）。

A. 确保 Windows Server 2019 的磁盘卷为 NTFS

B. 开启远程协助、远程桌面功能

C. 系统的防火墙设置中，除了必须提供的服务，关闭其他所有端口

D. 及时安装系统补丁

二、简答题

1. 简单说明工控系统网络拓扑结构以及每层的内容。
2. 简单说明 SCADA 系统。
3. 什么是传感装置？传感装置的类型有哪些？

任务 3.2 Linux 系统安全加固

PPT：任务 3.2 Linux 系统安全加固

3.2.1 任务描述

随着网络控制技术的快速发展，工业以太网得到逐步完善，在工业控制领域获得越来越广泛的应用。工业以太网使用了 TCP/IP 协议，便于联网，并具有高速控制网络的优点。随着嵌入式 CPU 价格的下降，性能指标的提高，为嵌入式系统的广泛应用和 Linux 在嵌入式系统中的发展提供了广阔的空间。由于 Linux 的高度灵活性，可以容易地根据应用领域的特点对它进行定制开发，以满足实际应用需要。

笔 记

本任务将主要讲解 Linux 操作系统安全加固的相关内容及具体方法，包括用户管理、身份鉴别、安全审计、入侵防范、系统资源控制、最佳实践经验等。

3.2.2 知识导入

在工控系统中，因主观认识和客观条件导致的重功能安全轻信息安全的现象大量存在，因此建议工控设备与控制系统设计应参照上述步骤，做到功能安全与信息安全两者同步设计、实现、验证和确认。

1. 嵌入式操作系统的应用场景与安全需求

基于工业芯片的工业嵌入式微处理器应用日益成为工业嵌入式系统设计的主流。但是，工业嵌入式微处理器的应用还必须得到运行于嵌入式微处理器上的操作系统的支持。这就要求嵌入式操作系统可移植性良好，可供工业微处理器按需选用，同时，可以实现嵌入式软件的模块化、测试、部署与应用，并提供安全开发实践。

工业用嵌入式操作系统（Embedded Operating System，EOS）是以工业应用为中心、软硬件可裁剪的工业专用计算机操作系统，可满足工业应用在功能、性能、安全、可靠、功耗以及尺寸方面的苛刻要求。在智能制造、自动化装置等工业应用中，EOS 可嵌入至

机器设备、HMI、瘦客户端、控制终端、移动智能终端以及通信组件当中。

嵌入式操作系统的本质仍然是实现 CPU、内存、外设等资源管理，但在工业应用领域，存在任务优先还是资源优先的选择问题。任务优先是保证工业应用的任务得到最优执行，而资源优先则是指嵌入式设备的资源得到最充分利用。通常来说，工业领域应用的嵌入式操作系统是任务优先，需要保证核心关键任务的任务优先、实时地完成。控制器通过工业 EOS，不仅可以实现控制功能，而且还能够以服务的方式对外提供数据展示和服务。

嵌入式系统与工业控制应用的结合，比如工业传感设备、工业通信网关、HMI 等，对任务执行的实时性和安全性都有很高的要求。这又涉及嵌入式操作系统的一个重要分支——嵌入式实时操作系统，能够实时响应外部事件处理要求并在规定时间内来控制生产过程，适用于对系统响应时间要求苛刻的工控场景。嵌入式实时系统分为硬实时与软实时两种，硬实时需要满足不可变刚性时间限制，即不得超出时限，而软实时则提供统计意义上的实时，可以容忍偶然的一定范围内的超时错误。比如，工业互联网中广泛应用的 Android 就是典型的基于 Linux 内核的软实时系统。

在嵌入式操作系统的工业应用中，智能终端和平板设备应用非常广泛。工业领域应用的智能终端和平板设备面临着恶意攻击、隐私泄露、系统宕机等多种威胁，包含危害较大的恶意代码威胁，包括病毒、蠕虫、木马、间谍软件以及僵尸网络等。病毒可在工业嵌入式设备之间传播，破坏系统和数据，其行为难以控制；蠕虫则会消耗工业网络与移动智能终端及平板设备的资源，其行为亦难以控制；木马和间谍软件需要通过外部存储、合法工业 App 捆绑等方式植入，攻击者通过远程指令控制，实现攻击目的；僵尸网络的破坏性最强，攻击者通过远程指令控制大量的工业智能终端和平板设备，实现窃取敏感信息、破坏工业互联网的可用性等目的。

笔 记

2. 工业领域常用的嵌入式操作系统及安全性分析

工业嵌入式操作系统主要包括 Windows CE、VxWorks、Linux 以及基于 Linux 的 Android 等，还有 μClinux、μC/OS-Ⅱ、FreeRTOS 等。

(1) Windows CE 在工业领域的应用安全性

微软 Windows CE（WinCE）是一款开放式嵌入式操作系统，具有模块化、结构化和与处理器无关等特点，基于 Win32 API 和传统的 Windows 图形界面，易于实现 Windows 系列平台软件的移植。在工业应用中，WinCE 因其具有较好的实时性、通信能力以及可伸缩性，并可以兼容多种 CPU，常用于 HMI、工业控制器以及通信 HUB 等工业现场设备当中。

实时性是嵌入式工控系统的重要需求，一旦控制系统的硬件选定，控制系统的实时性能就主要取决于嵌入式操作系统，WinCE 可为响应能力确定的工业 App 提供内建实时支持。基于故障视角，应用中的实时操作系统工作于内核态，应用故障会导致系统立即瘫痪。WinCE 内核能够实现内存管理，可以抛出工业应用导致的系统异常，缓解应用不

笔记

正常带给系统的安全风险，具有较强的实时健壮性。

不过，在稳定性方面，WinCE 的连续运行时间未得到微软保证，源代码也未公开，而且此后 WinCE 也不再得到微软支持。因此，工控系统使用 WinCE 存在一定的安全风险。

（2）VxWorks 在工业领域的应用安全性

VxWorks 属于实时操作系统，可支持各种嵌入式 CPU，包括 x86、MIPS、Intel、SPARC、ARM 与 XScale 等 CPU，具有良好的开放性、模块化和可扩展性，特别是可靠性与实时性优良，可用于实时性要求极高的工控场景，比如，在多任务、多线程的 PLC 控制中，可实现多点位的工业物联网及工控系统的复杂控制功能。VxWorks 堪称业界安全性最高的嵌入式操作系统，但在工业应用中，也暴露出来不少安全问题。

比如，VxWorks 存在加密漏洞，部分版本存在 WDB 远程过程调用（Remote Procedure Call，RPC）代码执行漏洞，利用 WDB 目标代理调试服务的权限许可和访问控制缺陷，访问任意存储单元，执行函数调用，以达到执行任意代码的目的。而且，部分版本默认使用弱哈希函数，存在密码碰撞安全隐患，攻击者如果利用密码字典，即可以实现对 FTP、Telnet、Rlogin 等会话的暴力破解，进而获取控制权限。又如，部分版本存在整形溢出漏洞，通过 RPCBind 服务，监听 TCP 与 UDP 端口（111），并向其发送特殊构造的数据包，造成整数溢出，进而来执行任意代码。

在工业场景中，建议慎重使用或删除安全隐患较高的 WDB RPC 或 RPCBind 服务，及时更新补丁程序，并采用白名单机制等。

（3）Android 在工业领域的应用安全性

Linux 是在工业领域中应用广泛的类 UNIX 嵌入式操作系统。在 Linux 基础上，衍生出了众多嵌入式操作系统（比如 Android、μClinux 等），这些系统内核精练、性能高、稳定性强、可移植性好，支持多种架构的 CPU，可裁剪性强。由于 Android 系统在工业互联网领域应用广泛，它也因此成为工业嵌入式操作系统领域中最主要的攻击目标之一。而工业用 Android 系统的安全防护又跟其系统架构、自身安全机制以及外部防御措施密切相关。

Android 系统采用自底向上的内核、系统运行库、应用程序框架、应用程序分层架构，各层均设置了多种安全机制。Android 系统针对系统组件提供了访问控制、权限机制、沙盒、应用程序签名与加密技术等各种安全机制。Android 为“权限分离”型系统，权限分为定义和声明两种，负责向用户通知应用程序使用各项关键功能等权限情况。Android 系统利用沙盒来实现应用程序之间的权限分离，从而允许或拒绝应用程序对系统资源的访问，保障应用程序的独立性。Android 应用程序必须采用数字证书实现签名认证，4.0 版之后，嵌入式设备存储中的数据均需加密。

Android 自身安全机制相对复杂，而且未必能够被完美遵循，为其在工业设备与控制等应用带来安全隐患。比如，Android 系统内核层自主访问控制（Discretionary Access Control，DAC）本是重要的安全机制，但其内核系统调用可被恶意代码挟持。Android 的权限管理也存在明显缺点：应用程序一旦被授权某权限，此权限就在其生命周期内持续有效，用户无法剥夺该权限；恶意软件通过 Java 本地接口（Java Native Interface，JNI）直接调用C 库文件并获取系统服务，此时权限机制无法阻止。沙盒机制也存在不足：虽然能够防范恶意程序对系统中的其他应用程序进行篡改、访问其他应用程序的私有数据或 Android 内核，但其依然赋予了每个应用程序请求“进入设备中其他子系统”的权限，因此，恶意程序仍然能够实行资源访问或数据窃取等攻击。

Android 系统存在的安全缺陷，使之面临着较大的攻击风险，可以采用 IDS、防火墙、内核加固等措施来防范。

拓展阅读 3-2 控制系统安全与信息安全融合设计

3.2.3　任务实施——Linux 系统加固

微课 3-4 对 Linux 系统进行基础加固

【任务目的】

➢ 掌握 Linux 系统加固方法。

【使用工具】

➢ 主操作系统：CentOS Linux release 7.4.1708（Core）。

➢ 测试机系统：Windows（可选环境，用于测试 CentOS 安全策略是否有效）。

【实施步骤】

步骤 1：用户管理。

笔 记

查看用户列表，应及时删除或停用多余、过期的账户，避免共享账户的存在。删除或禁用临时、可疑的账号，防止被非法利用。

输入命令 cat/etc/shadow，查看有多少账户，如图 3-14 所示。

图 3-14　查看账户

输入命令 userdel <用户名>，删除不必要的账户，如图 3-15 所示。

输入命令 passwd -l <用户名>，锁定不必要的账户，如图 3-16 所示。

输入命令 passwd -u <用户名>，解锁必要的账户，如图 3-17 所示。

```
[root@localhost xsly]# userdel qhh
userdel：用户"qhh"不存在
[root@localhost xsly]#
```

图 3-15 删除不必要的账户

```
[root@localhost xsly]# passwd -l sysy
锁定用户 sysy 的密码 。
passwd: 操作成功
```

图 3-16 锁定不必要的账户

```
[root@localhost xsly]# passwd -u sysy
解锁用户 sysy 的密码。
passwd: 警告：未锁定的密码将是空的。
passwd: 不安全的操作(使用 -f 参数强制进行该操作)
[root@localhost xsly]#
```

图 3-17 解锁必要的账户

步骤 2：身份鉴别。

① 密码安全策略。操作系统和数据库系统管理用户身份鉴别信息应具有不易被冒用的特点，口令应有复杂度要求并定期更换。

设置有效的密码策略，防止攻击者破解出密码。

查看空口令账号并为弱/空口令账号设置强密码，代码如下：

```
awk -F: '($2 == "" ){print$1}' /etc/shadow
```

可用离线破解、暴力字典破解或者密码网站查询出账号密钥的密码是否是弱口令。

修改 vi/etc/login. defs 配置密码周期策略，如图 3-18 所示。此策略只对策略实施后所创建的账号生效，以前的账号还是按 99999 天周期时间来算。

```
PASS_MAX_DAYS   90
PASS_MIN_DAYS   0
PASS_MIN_LEN    8
PASS_WARN_AGE   7
```

图 3-18 配置密码周期策略

输入命令/etc/pam. d/system-auth，配置密码复杂度，在文件中添加如图 3-19 所示的代码。

```
[root@localhost tmp]# more /etc/pam.d/system-auth
#%PAM-1.0
# This file is auto-generated.
# User changes will be destroyed the next time authconfig is run.
auth        required      pam_env.so
auth        sufficient    pam_fprintd.so
auth        sufficient    pam_unix.so nullok try_first_pass
auth        requisite     pam_succeed_if.so uid >= 500 quiet
auth        required      pam_deny.so

account     required      pam_unix.so
account     sufficient    pam_localuser.so
account     sufficient    pam_succeed_if.so uid < 500 quiet
account     required      pam_permit.so

password    requisite     pam_cracklib.so try_first_pass retry=3 type=
password    sufficient    pam_unix.so sha512 shadow nullok try_first_pass use_authtok
password    required      pam_deny.so

session     optional      pam_keyinit.so revoke
session     required      pam_limits.so
session     [success=1 default=ignore] pam_succeed_if.so service in crond quiet use_uid
session     required      pam_unix.so

password        requisite       pam_cracklib.so retry=3 difok=2 minlen=8 lcredit=-1 dcredit=-1
```

图 3-19 添加配置密码复杂度代码

所添加的代码如下：

```
password requisite   pam_cracklib. so retry=3 difok=2 minlen=8 lcredit=-1 dcredit=-1
```

参数含义如下所示：

➢ difok：本次密码与上次密码至少不同字符数。

- minlen：密码最小长度，此配置优先于 login. defs 中的 PASS_MAX_DAYS。
- ucredit：最少大写字母。
- lcredit：最少小写字母。

- dcredit：最少数字。
- retry：重试多少次后返回密码修改错误。
- 注意：用 root 修改其他账号都不受密码周期及复杂度配置的影响。

② 登录失败策略。应启用登录失败处理功能，可采取结束会话、限制非法登录次数和自动退出等措施。

遭遇密码破解时，暂时锁定账号，降低密码被猜解的可能性。

输入命令/etc/pam. d/login，设定控制台。

输入命令/etc/pam. d/sshd，设定 SSH。

输入命令/etc/pam. d/sshd，在第二行添加如图 3-20 所示的信息。

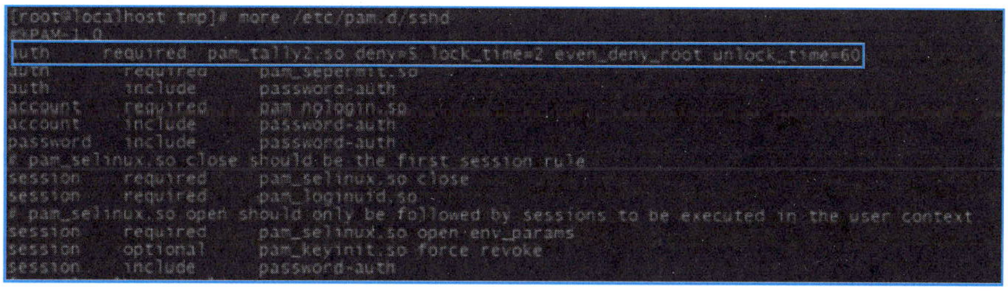

图 3-20　添加登录失败策略设置代码

第二行中所添加的代码如下：

```
auth required pam_tally2. so deny = 5 lock_time = 2 even_deny_root unlock_time = 60
```

参数含义如下所示：

➢ even_deny_root：也限制 root 用户（默认配置就锁定 root 账号）。

- deny：设置普通用户和 root 用户连续错误登录的最大次数，超过最大次数，则锁定该用户。
- unlock_time：设定普通用户锁定后，多少时间后解锁，单位是秒。
- root unlock time：设定 root 用户锁定后，多少时间后解锁，单位是秒。

查看用户登录失败次数的代码如下：

```
pam_tally2 --user root
```

解锁用户的代码如下：

```
pam_tally2 -r -u root
```

③ 安全的远程管理方式

当对服务器进行远程管理时，应采取必要措施，防止鉴别信息在网络传输过程中被窃听。

防止远程管理过程中，密码等敏感信息被窃听。

执行如图 3-21 所示的语句，查看 telnet 服务是否在运行。

笔 记

笔 记

图 3-21 查看 telnet 服务是否在运行

禁止 telnet 运行，禁止开机启动，如图 3-22 所示。

步骤 3：安全审计。

① 审核策略开启。审计范围应覆盖到服务器和重要客户端上的每个操作系统用户和数据库用户。开启审核策略，若日后系统出现故障、安全事故则可以查看系统日志文件，排除故障、追查入侵者的信息等。

查看 rsyslog 与 auditd 服务是否开启，如图 3-23 所示。

图 3-22 禁止 Telnet 服务开机启动

图 3-23 查看 rsyslog 与 auditd 服务是否开启

rsyslog 一般都会开启，auditd 如未开启，执行如下命令：

```
systemctl start auditd
```

auditd 服务开机启动。

② 日志属性设置。应保护审计记录，避免受到未预期的删除、修改或覆盖等。

让日志文件转储 1 个月，保留 6 个月的信息，先查看目前配置，代码如下：

```
more /etc/logrotate. conf | grep -v "^#\|^$"
```

需要修改配置如图 3-24 所示。

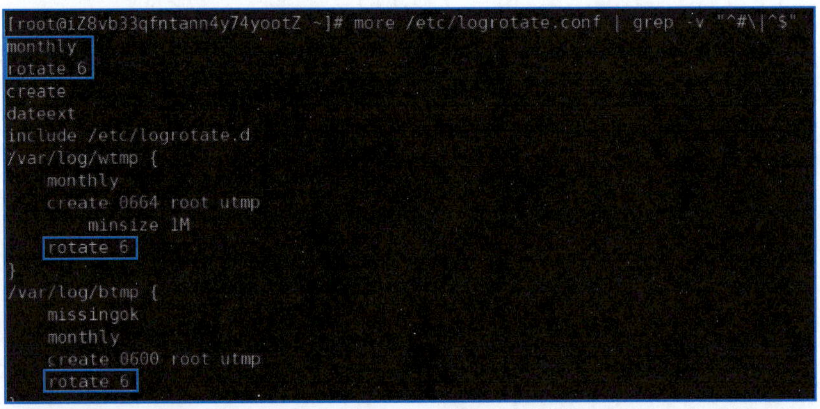

图 3-24 查看并修改日志属性设置

步骤 4：入侵防御。

操作系统遵循最小安装的原则，仅安装需要的组件和应用程序，并通过设置升级服务器等方式保持系统补丁及时得到更新。

关闭与系统业务无关或不必要的服务，减小系统被黑客被攻击、渗透的风险。

禁用蓝牙服务，代码如下：

```
systemctl stop bluetooth
```

禁止蓝牙开机启动，如图 3-25 所示。

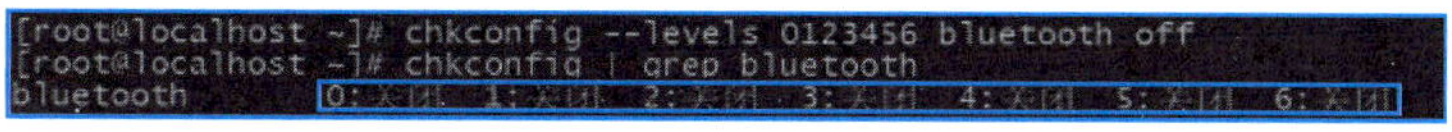

图 3-25 禁止蓝牙开机启动

步骤 5：系统资源控制。

① 访问控制。应通过设定终端接入方式、网络地址范围等条件限制终端登录。对接入服务器的 IP 地址、方式等进行限制，可以阻止非法入侵。

在/etc/hosts. allow 和/etc/hosts. deny 文件中配置接入限制。

最好的策略就是阻止所有的主机在/etc/hosts. deny 文件中加入“ALL：ALL@ ALL, PARANOID”，然后再在/etc/hosts. allow 文件中加入所有允许访问的主机列表。操作如下：

笔 记

编辑 hosts. deny 文件（路径为 vi/etc/hosts. deny），加入以下 2 行代码：

```
# Deny access to everyone.
ALL：ALL@ ALL，PARANOID
```

编辑 hosts. allow 文件（路径为 vi/etc/hosts. allow），加入允许访问的主机列表代码，例如：

```
ftp：202. 54. 15. 99 foo. com
#202. 54. 15. 99 是允许访问 FTP 服务的 IP 地址
#foo. com 是允许访问 FTP 服务的主机名称
```

也可以用 iptables 进行访问控制。

② 超时锁定。应根据安全策略设置登录终端的操作超时锁定。设置登录超时时间，释放系统资源，也能够提高服务器的安全性。

在/etc/profile 中添加如下代码：

```
exprot TMOUT=900    #15min
# source /etc/profile
```

改变该项设置后，必须先注销用户，再用该用户登录才能激活该功能。

如果需要，还可以开启屏幕保护功能。设置屏幕保护方法为“设置→系统设置→屏幕保护程序”，进行屏幕保护设置操作。

步骤 6：最佳经验实践。

以下提供一些 Linux 系统防御和加固实践操作方法，对 Linux 系统的安全性提升有一定帮助。

微课 3-5 Linux 系统安全防御实践

① DoS 攻击防御。防止拒绝服务攻击，TCP SYN 保护机制等设置。

笔 记

打开 syncookie，代码如下：

```
echo"1">/proc/sys/net/ipv4/tcp_syncookies   #/默认为 1,一般不用设置
```

表示开启 SYN Cookies。当出现 SYN 等待队列溢出时，启用 cookies 来处理，可防范少量 SYN 攻击，默认为 0，表示关闭。

防 syn 攻击优化。使用 vi 编辑/etc/sysctl. conf，添加如下代码：

```
net. ipv4. tcp_max_syn_backlog = 2048
```

进入 SYN 包的最大请求队列，默认为 1024，对重负载服务器，增加该值显然是有好处的，可以调整到 2048，如图 3-26 所示。

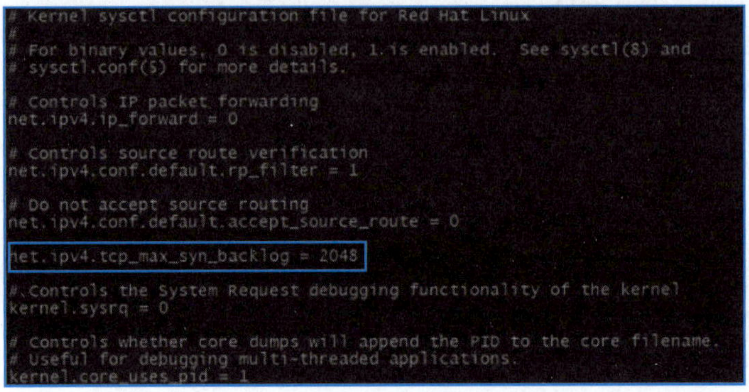

图 3-26 将 SYN 包的最大请求队列设置为 2048

② 历史命令。为历史的命令增加登录的 IP 地址、执行命令时间等。

保存 1 万条命令，命令如下：

```
sed -i 's/^HISTSIZE=1000/HISTSIZE=10000/g' /etc/profile
```

在/etc/profile 的文件尾部添加如下配置信息代码：

```
USER_IP='who -u am i 2>/dev/null| awk '{print $NF}' |sed -e 's/[()]//g''
if [ "$USER_IP" = "" ]
then
USER_IP='hostname'
fi
export HISTTIMEFORMAT="%F %T $USER_IP 'whoami' "
shopt -s histappend
export PROMPT_COMMAND="history -a"
```

输入代码 source /etc/profile 让配置生效，如图 3-27 所示。

笔 记

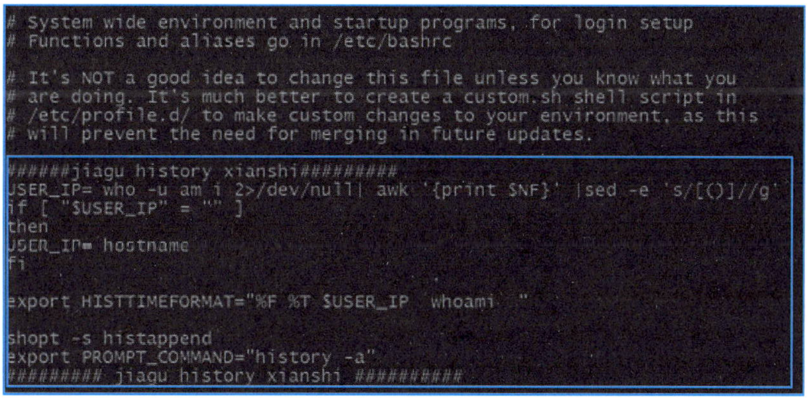

图 3-27　添加配置信息代码

3.2.4　任务评价

本任务主要介绍了 Linux 系统安全加固的相关知识，评价标准如下：

① 了解嵌入式操作系统的应用场景与安全需求。

② 了解常用的嵌入式操作系统及安全性分析。

③ 掌握 Linux 系统加固方法。

3.2.5　任务测验

文本：参考答案

一、选择题

1. 基于工业芯片的工业嵌入式微处理器应用日益成为工业（　　）系统设计的主流。

A. 扩展式　　B. 开放式　　C. 嵌入式　　D. 操作

2. 下列中不属于工业领域常用嵌入式操作系统的是（　　）。

A. VxWorks　　B. Windows Server　　C. Windows CE　　D. Linux

3. 在 Linux 系统中，使用命令（　　），可以删除不必要的账户。

A. passwd -l <用户名>　　B. del <用户名>

C. userdel <用户名>　　D. passwd -u <用户名>

二、简答题

1. 如何将信息安全需求融入功能安全为主的综合安全生命周期中？

2. 简单描述工业用嵌入式操作系统。

3. 简单介绍 Windows CE 操作系统。

任务 3.3 工控协议安全解析

PPT：任务 3.3 工控协议安全解析

3.3.1 任务描述

Modbus TCP 的应用层还是采用 Modbus 协议，简单高效；传输层使用 TCP，并使用 TCP 502 端口，用户使用方便，连接可靠；网络层采用 IP 协议，因为互联网就使用这个协议寻址，因此 Modbus TCP 不但可以在局域网使用，还可以在广域网和因特网上使用。

工业审计与入侵检测系统是一款专为工业控制网络设计的行为监测审计系统，能够对 HTTP、FTP、Telnet 等多种普通协议以及 MMS、IEC104、OPC、S7、Profinet、DNP3 等多种工业协议的分析监测。通过本任务的学习，同学们将熟悉网络流量分析的基础技术原理，并掌握工业审计与入侵检测系统的配置使用以及报文分析的基本方法。

3.3.2 知识导入

1. 关于工控协议安全测试

笔 记

近年来，随着网络技术的进步，工控网络经历了由 RS232 到 RS485、由模拟电信号到数模混合 HART 网络、由现场总线技术到工业以太网的复杂演化过程。工业以太网作为工业 4.0 概念的基石之一，被越来越多的工控厂商所支持，相应地，用于工业以太网的大量工控协议应运而生。由于工控系统中通常使用专业设备，其功能在生产时已经确定，因此工控协议往往用于简单指令和测量数据的传输，不涉及复杂的自定义指令。在这样的使用场景下，使用二进制协议能够让通信内容更为紧凑，因此目前业界使用的工控协议均为二进制协议。其中，比较知名的工控协议有 Modbus/TCP、Ethernet/IP、S7 Comm、BACnet、IEC60870-5-104 等。这些协议均能运行在基于 TCP/IP 模型的工业以太网之上。

以 Modbus/TCP 协议为例，在该协议中，所有的数据均通过明文进行传输，包括寄存器地址、数值、变量类型等敏感数据。一旦攻击者进入网络监听，就可以直接读取这些信息。此外，协议中没有设置 CRC 等校验机制，这意味着攻击者可以轻松地对该网络实施中间人攻击等。事实上，Modbus/TCP 协议存在的安全问题也是目前大部分工控协议所共有的。这些工控协议在设计时并未考虑工控系统与外界网络的交互，因此安全机制薄弱。随着工控系统的开放性日益增加，工控系统内部网络面临着前所未有的巨大考验，来自外部网络的攻击者可以利用工控协议的脆弱性对工控网络发起攻击，造成无法挽回的后果。

业界越来越重视工控系统安全问题，在新的工业互联网协议设计中引入了相关安全机制。例如，西门子公司在 1500 系列 PLC 中应用了新的协议，增强了对中间人攻击等的防御能力。在泛工业互联网协议中，以 OPC UA 规范为例，设计了会话加密、访问控制、信息签名等机制，以确保信息交互的安全性。然而，由于工控系统中设备的更新周期以数十年计，旧的工控协议仍然被广泛应用，新的安全工控协议尚未普及，因此攻击者仍有机可乘。进行工控协议的安全检测，一方面有助于寻找协议中的安全漏洞，进行相应的外部加固，另一方面，能给新的工控协议设计提供更多的思路。

与传统互联网协议相比，工控协议的安全检测具有以下独特之处。

① 私有性：出于系统安全、商业目的等多方面的考虑，大部分工控厂商选择保留协议规约的私有性，即不公开协议的格式等信息。

② 封闭性：工控协议应用于多种工控设备中，而这些设备出于各种原因通常不开放调试端口，导致工控协议具有封闭性。

③ 场景性：工控协议所传递的数据通常来自现实的控制系统，数据在不同的场景下有不同的意义，分析数据背后的工控语义可以获取系统的部分知识。

2. 私有协议分析

工控协议的私有性在一定程度上防止了攻击者分析和利用脆弱性进行攻击，但也给相关的安全研究带来了阻碍。以协议模糊测试为例，需要对协议报文进行变异等操作得到输入测试集，而利用协议规约的相关知识可以减少测试集生成算法的搜索区间，从而大幅提高模糊测试的效率。此外，协议规约对于协议设计的脆弱性分析也有一定的辅助作用。为了获取私有协议的规约，需要对协议进行逆向分析。

笔 记

协议规约包含 3 个要素：协议的语法、语义和时序。其中，语法定义协议报文中各个字段的边界，语义定义各字段对应的功能，时序则定义报文的顺序规范。协议语义和语法构成协议的格式，协议时序定义协议状态机。协议逆向分析就是通过各种手段得到上述要素的过程。

目前，应用层协议逆向主要采用人工方式对协议流量进行观察、分析，结合协议实体程序的逆向分析，逐步推断协议的格式和状态机信息。但是，人工方法存在工作重复、进展缓慢等问题，协议本身的更新也可能导致先前的分析工作前功尽弃。以著名的开源项目 Samba 为例，它对 SMB 协议的逆向分析工作耗时 12 年才完成。因此，业界开始关注协议的自动化逆向分析方法的研究，目前主流的协议自动化逆向方法根据分析对象的不同分为两类：基于网络流量的协议逆向和基于程序分析的协议逆向。

（1）基于网络流量的协议逆向

基于网络流量的协议逆向通过分析大量报文数据集，提取报文的字节变化频率和取值特征进行报文格式的恢复。其原理如下：首先，在传输相同类型的功能信息时，报文的结构具有一定的相似性；其次，在同一个会话（session）中，报文的时序关系相对固定，其中包含协议状态机的格式，也就是协议状态机的子集。利用相关的算法对上述特性进行提取，就可以得到比较理想的结果。

笔记

在流量分析中，常用的技术是序列比对技术，这种技术在生物信息学领域常用于比对DNA序列。根据比对的数目，可以分为双序列比对和多序列比对。

在应用层协议逆向中，大部分研究都通过序列比对方法得到公共子序列，随后使用聚类等方法进行深层次的信息挖掘和分类，最终提取到关键字、分隔符等重要字段，完成协议格式的解析。代表性的方法有Protocol Information（PI）、Discoverer、Netzob等。

除上述研究工作外，还有学者使用N-Gram等自然语言处理领域的主流算法对报文进行分析，但是，序列比对算法的效果更好。不难发现，无论是序列比对算法还是其他方法，依赖的都是文本协议中广泛使用的关键字，类似于HTTP中的属性字段。这些字段通常使用可打印文本进行字段语义的标注和边界分割。因此，通过识别关键字和分隔符进行分析是一种非常直观的思路。

（2）基于程序分析的协议逆向

协议报文在程序内部进行处理时，由不同的程序段处理协议的不同部分，因此可以利用这一特点从程序运行记录中获取协议的格式信息。目前，主流的方法是使用动态污点分析（Dynamic Taint Analysis）进行程序运行记录的分析并获取格式信息。

动态污点分析方法最早用于程序脆弱性分析，其原理是，先将程序输入标记为污点数据（Source），在程序运行过程中通过事先定义的污点传播规则进行污点传播。若发现污点数据作为jmp、call等敏感指令的输入，则标记为异常并进行记录（Sink）。图3-28所示为动态污点分析的流程。

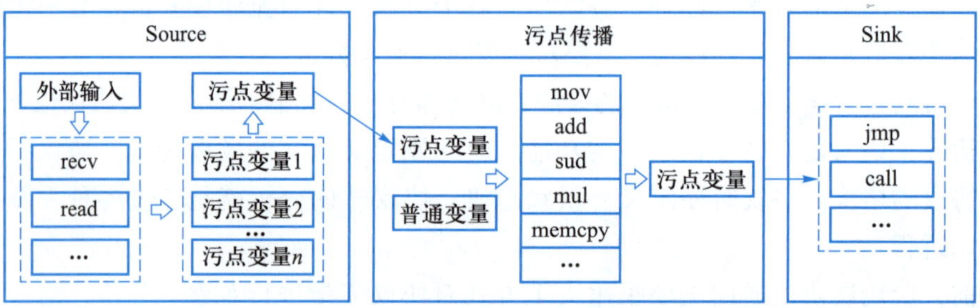

图3-28 动态污点分析的流程

在协议逆向中，程序接收的协议报文数据被标记为初始的污点数据。在程序运行过程中，该数据处理的函数上下文关系等信息被逐一记录。通过记录内存地址与函数调用之间的关系，可以逐步恢复得到协议真正的格式信息。这个过程称为协议字段树构建。

协议字段树构建的算法描述如下：

① 建立字段树的根节点root。通常，这个节点代表调用Socket等套接字函数的函数名，也就是首次出现污点数据的函数。

② 对于函数f_1和f_2，如果f_1调用了f_2，则f_1是f_2的父节点，按照此方式建立函数调用的树结构。

③ 如果函数中使用了污点数据，则关联函数对应的污点数据（其在源数据中的偏移量）。

④ 重复②和③，直至根节点退出。

使用上述算法的代表性研究工作有 Polyglot、AutoFormat、ReFormat 等。Dispatcher 则反其道而行之，通过观察程序在报文前缓冲区中的报文组装过程推导协议的报文结构。

尽管上述方法已提出多年，但相关技术仍未得到实际应用，这与自动化分析手段的精度不理想有一定关系。在已有的研究中，大多数分析对象为互联网协议而非工控协议，工控协议的特殊性导致上述成果无法直接应用于协议规范的逆向分析。工控二进制协议与文本协议不同，其固定位置的字节通常有严格定义，不需要利用关键字和分隔符等要素进行字段分隔，因此基于网络流量的分析效果非常差。工控协议网络数据集获取困难也是另一个难以解决的问题。基于程序分析的逆向方法需要对包含协议栈的应用程序进行分析，这些程序通常封装在工控上位机编程软件和相应的嵌入式设备固件中，存在提取困难、缺少多操作系统/架构程序分析手段等问题。因此，要在工控私有协议的自动化逆向分析方法上有所突破，必须先解决上述问题。

拓展阅读 3-3
工控协议认证机制突破与绕过

3. 工控协议认证方式与突破

工控协议认证机制的工作原理是，用户访问工控设备时，需提供有效的身份标识，设备根据协议规则核验标识，并根据核验结果决定用户是否有操作设备的权限。认证机制在工业互联网安全保护中有非常重要的作用，是工业生产环境中最基本、最关键的防线。

笔记

（1）常用认证方式

工控协议种类繁多，其认证机制也不尽相同。下面总结几种常见的认证方式。

1）无认证

早期的工控设备没有接入网络，以“孤岛”的形式运行，很多旧版本设备没有安全认证。攻击者只要能在网络中访问该设备，并以该设备支持的协议格式向设备发送指令，就能取得设备的控制权，从而影响工业生产的安全性。由于开发者更在意设备的功能实现而非安全保护，因此很多新版本设备也缺乏认证机制。例如，如果机械臂控制器没有设置身份认证，攻击者一旦通过网络与控制器建立连接，就可以发送特定数据包来修改或覆盖控制器的执行程序、修改机械臂运动安全范围甚至直接控制机械臂运动。

2）口令认证

目前，大多数公司都为产品设置了口令认证功能，以防止未经授权的访问和操作。操作人员可以为设备设置访问口令，用户访问设备时必须输入口令。设备或者上位机软件会将输入口令与正确口令进行比较，比较结果无误才能访问设备。按照口令的传输方式，可分为明文传输、加密传输两种方式；按照口令比较的位置，可分为上位机验证（上传验证）、设备端验证（下载验证）两种方式。口令认证机制的类别和复杂程度决定了攻击者突破认证的难度。

3）会话认证

在密码学中，两个用户建立通信时，会将临时交互号（nonce）作为会话的唯一标识，从而保证会话的安全性。类似的认证机制也存在于工控设备的通信中。以 S7comm-plus 协议（V2 版本）为例，设备收到上位机的访问请求后，会随机生成一个名为 SessionID 的会话认证码，并返回一段与 SessionID 相关的会话认证数据。上位机通过一定的加密算法，以会话认证数据为输入计算出 SessionID 并发送给设备进行校验，校验通过后，双方才能建立通信连接。在之后的会话中，通信双方发送的数据包中都会包含 SessionID，以确保本次会话是安全的。如果上位机返回的 SessionID 错误，设备将拒绝通信。通过随机生成的 SessionID 可保证访问者拥有和设备相同的 SessionID 生成机制，增加访问的可信性。

4）信息完整性认证

为了防止上位机与设备之间的通信数据被篡改，部分工控协议中包含完整性验证机制。在传输数据前，利用一定的加密算法，根据数据包中的程序、参数、变量值等重要信息生成摘要值，随数据包一同发送。设备或上位机收到数据包后，重新计算摘要值并与之前计算的摘要值进行比对，若摘要值相同，则说明传输数据没有被篡改。利用该机制可防止中间人攻击。

5）复杂认证机制

部分协议为了提高安全性，设置了独特的认证机制。例如，S7comm 协议在 V3 版本中设置了 4 次握手验证机制和会话密钥生成机制，涉及椭圆曲线加密等复杂的加密算法，大大提高了设备通信的安全性。

笔记

（2）认证突破方式

复杂、严谨的认证机制能够保护设备免受攻击者的恶意操作，并保证设备通信安全可靠。如果设备认证机制简单，甚至没有认证机制，攻击者就可能突破认证，做出停止正在执行的操作、启动设备、读取敏感数据、修改执行程序等危险行为，影响正常的生产工作，甚至造成严重的安全事故。

在对工控设备进行认证突破时，常使用 Wireshark 工具来观察上位机与设备间的流量包。如果协议被 Wireshark 解析，就可以看到数据包的结构、各层次内容，甚至是认证方式。在对协议有一定了解之后，可根据认证方式采用不同方法突破。

1）重放攻击

如果协议没有认证机制，那么可以通过重放攻击对设备进行操作。首先，记录上位机发送给设备的数据包，再根据需要将特定功能的数据包重新发送给设备，这样即可控制设备执行特定功能。例如，针对没有设置认证保护的 PLC，可以记录上位机控制 PLC 启动、停止时发送的数据包，与 PLC 建立 TCP 连接后重放数据包即可控制 PLC 启动和停止。

2）获取会话认证码

只有会话认证的工控协议也可能被攻破。利用 Wireshark 等网络流量嗅探工具，可以

笔 记

找到会话认证码在数据包中的位置。通过观察、比对就可以推算其生成机制，随后向设备发送建立连接的申请。在收到设备发送的数据包后，攻击者识别出会话认证数据的位置并生成会话认证码，即可通过会话认证与设备进行通信。一些早期的工控协议可通过该方式突破认证。会话认证码一般随机生成，如果随机范围较小，则很容易产生相同的随机认证凭据。攻击者可以记录多个会话过程，根据以往的会话认证码预测当前认证码，在此基础上实现重放攻击。

3）“安全时间窗”重放

一些工控设备在进行口令认证后，会产生一个“安全时间窗”，

在该窗口期内进行的操作不需要包含认证信息，都被认为是安全操作。攻击者可以利用这个漏洞，提前记录设备操作的数据包，并在设备的安全时间窗内重放，从而在不知道口令的情况下对设备进行恶意操作。

4）中间人攻击

如果协议没有完整性认证机制，那么可以通过中间人的方式绕过认证，从而实现攻击。攻击者通过 ARP 欺骗，使正在通信的上位机和设备误认为攻击者是当前通信的对象，并向其发送数据包。攻击者截获双方的数据包后，对其中的数据进行修改，再将数据发送给真实的接收者。由于协议没有完整性验证机制，上位机和设备无法判断接收到的数据是否被修改，攻击者的阴谋就会得逞。

5）修改上位机执行流程

如果设备设置了口令保护，但是口令认证过程是在上位机软件中完成的，那么攻击者可以通过修改上位机软件的程序执行流来绕过登录密码的验证过程，然后像合法用户一样对设备进行操作。

6）口令爆破

对于设置了口令认证的设备，如果输入错误口令后没有相应的处理措施（例如输入若干次错误密码后设备被锁定），攻击者就可以利用暴力破解的方式获得设备的密码值。

3.3.3　任务实施——工业审计与入侵检测系统使用方法

微课 3-6
工业审计与入侵检测系统的部署与基本配置

【任务目的】

- 熟悉网络流量分析的基础技术原理。
- 熟悉主流的 TCP/IP 协议栈通信机制和包结构。
- 掌握工业审计与入侵检测系统的配置使用和报文分析基本方法。

【使用工具】

- 上位机：装有 Windows 7 及以上操作系统的计算机，安装 Edge、Chrome 或者 Firefox 等主流浏览器。

笔 记

➢ 硬件设备：浪潮云洲工业安全仿真实训工具——工业审计与入侵检测系统。

【实施步骤】

步骤 1：工业审计与入侵检测系统部署。

① 为工业审计与入侵检测系统接通电源并打开设备电源开关，设备将自行启动并完成开机步骤。

② 在交换机上配置镜像端口，并使用网线连接交换机镜像接口及工业审计与入侵检测系统数据接口，完成将网络数据报文镜像至工业审计与入侵检测系统的步骤。以配置 H3C 交换机的镜像端口为例，展示配置镜像端口的方法。

- 创建本地镜像组 1。输入以下命令：

```
<Device> system-view
[Device] mirroring-group 1 local
```

- 配置本地镜像组 1 的源端口为 GigabitEthernet1/0/1 和 GigabitEthernet1/0/2，目的端口为 GigabitEthernet1/0/3。输入以下命令：

```
[Device] mirroring-group 1 mirroring-port gigabitethernet 1/0/1 gigabitethernet 1/0/2 both
[Device] mirroring-group 1 monitor-port gigabitethernet 1/0/3
```

- 在目的端口 GigabitEthernet1/0/3 上关闭生成树协议。输入以下命令：

```
[Device] interface gigabitethernet 1/0/3
[Device-GigabitEthernet1/0/3] undo stp enable
[Device-GigabitEthernet1/0/3] quit
```

- 显示所有镜像组的配置信息。输入以下命令：

```
[Device] display mirroring-group all
Mirroring group 1:
Type: Local
Status: Active
Mirroring port:
GigabitEthernet1/0/1 Both
GigabitEthernet1/0/2 Both
Monitor port: GigabitEthernet1/0/3
```

步骤 2：配置工业审计与入侵检测系统。

① 打开上位机浏览器，在地址栏中输入工业审计与入侵检测系统 Web 管理地址，如 https://192.168.1.254:8888，其中 192.168.1.254 是设备的默认地址。在弹出的登录界面中输入用户名、密码和验证码，单击“登录”按钮，如图 3-29 所示。

② 登录成功后，在“接口配置”项中对系统的各项网络接口进行配置，注意其中的业务接口配置为 IDS 模式，如图 3-30 所示。

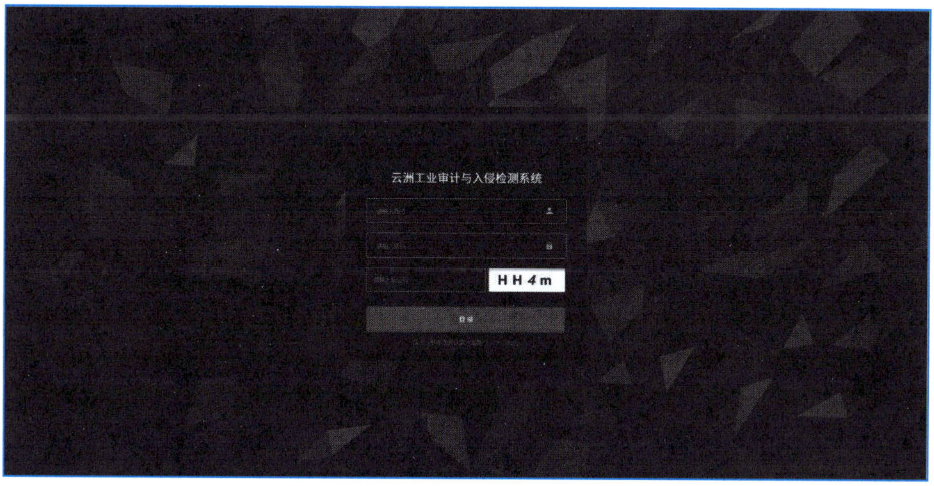

图 3-29　工业审计与入侵检测系统登录界面

图 3-30　以太网接口配置

笔 记

笔记

③ 部署资产规则。资产（设备）上电自学习完成后，会获取相应的资产名称、IP 地址、MAC 地址、厂商、组织、设备类型、型号、版本、操作系统、在线状态、最大和最小速率等信息，即资产对应的基本信息，以及操作指令、访问关系、开放端口、流量阈值等规则。在系统主界面左侧栏中选择“配置规则→学习与部署→学习与部署页签”项，在右侧的“部署”模块中打开基本信息、操作指令、访问关系、开放端口、流量阈值的规则开关，单击“确定”按钮下发配置，即可完成资产规则的部署，如图 3-31 所示。

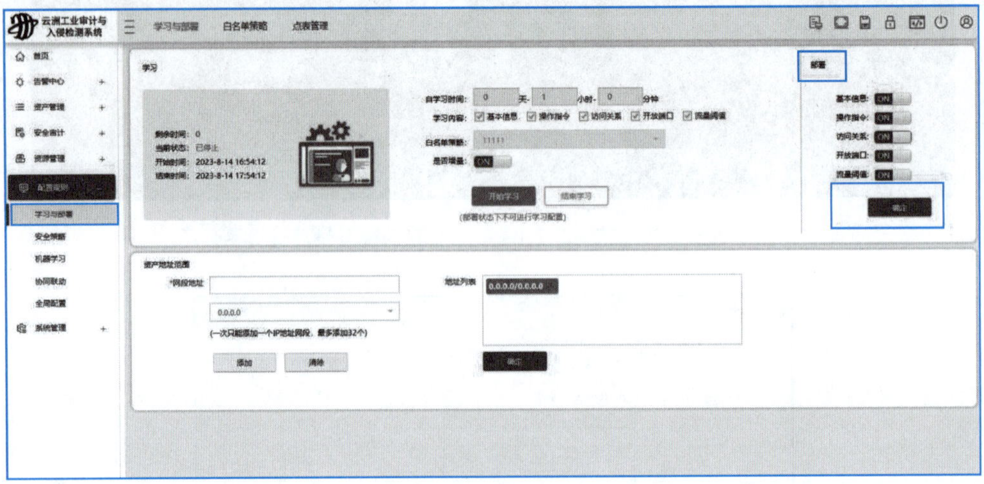

图 3-31 部署资产规则

微课 3-7
工控协议分析

步骤 3：工控协议分析。

① 在“协议审计”界面中主要显示协议的相关信息，包括五元组、时间和应用层协议内容等，并且支持选择某时间段内数据（从下拉框中选取时间段）进行统计，如图 3-32 所示。

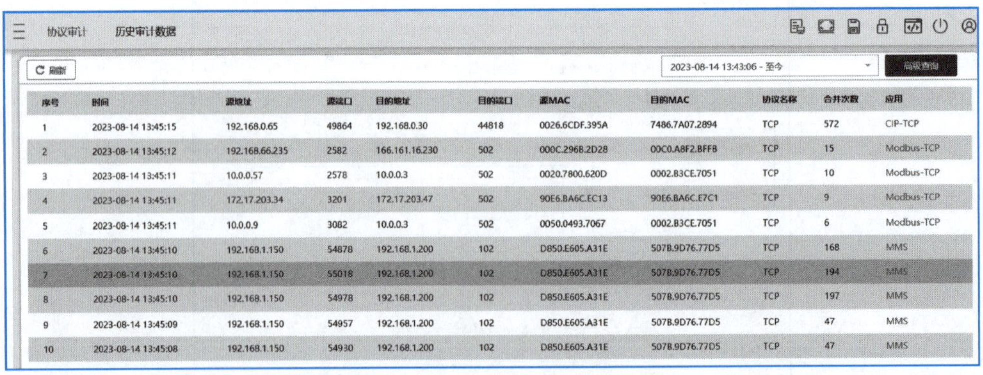

图 3-32 协议审计

② 单击协议右侧相应的“应用”项，可以查看应用协议详情，如图 3-33 所示。

笔 记

图 3-33　应用详情

3.3.4　任务评价

本任务主要介绍了使用工业审计与入侵检测系统进行协议安全解析的相关知识，评价标准如下：

① 了解工控协议安全测试的方法。

② 了解私有协议分析的方法。

③ 了解工控协议认证方式与突破的方法。

④ 熟悉主流的 TCP/IP 协议栈通信机制和包结构。

⑤ 掌握工业审计与入侵检测系统的配置使用和报文分析基本方法。

3.3.5　任务测验

文本：参考答案

一、选择题

1. 在对工控设备进行认证突破时，常使用（　　）工具来观察上位机与设备间的流量包。

A. shodan　　B. Kali　　C. Wireshark　　D. Nmap

2. 下列关于传统的互联网协议和工控协议的认证机制与实现不同之处的说法中，错误的是（　　）。

A. 嵌入层次不同　　B. 加密算法不同

C. 认证场景不同　　D. 保护目标相同

3. 工控协议种类繁多，其认证机制也不尽相同。下列中不属于工控协议认证机制的是（　　）。

A. 简单认证机制　　B. 口令认证

C. 会话认证　　D. 信息完整性认证

二、简答题

1. 简单描述工控协议安全检测的特点。
2. 简单描述工控协议认证机制的工作原理。
3. 简单描述工控协议认证突破的方式。

【项目总结】

本项目介绍了工业互联网中控制系统安全配置的相关方法，重点分析了工业控制系统安全影响因素，以及工业控制协议的安全分析。完成本项目的学习后，同学们应当对工业互联网控制系统安全问题有初步了解，并掌握 Windows 和 Linux 系统安全加固的方法和使用工业审计与入侵检测系统对工控协议进行安全解析的方法。

【项目评价】

笔记

在完成本项目学习任务后，可根据学习达成自我评价表进行综合能力评价，评价表总分 110 分（含附加分 10 分）。学习达成自我评价表积分方式：在达成情况对应的□中打“√”。其中完全达成，可按该项分值 100%计算；基本达成，可按该项分值 60%计算；未能达成，不计分值。项目 3 学习达成自我评价表如表 3-2 所示。

表 3-2　项目 3 学习达成自我评价表

学习目标	学习内容	达成情况
职业道德 （10 分）	① 遵纪守法，爱岗敬业 ② 遵守规程，安全操作 ③ 认真严谨，忠于职守 ④ 精益求精，勇于创新 ⑤ 诚实守信，服务社会	完全达成□ 基本达成□ 未能达成□
知识目标 （30 分）	① 是否了解工业控制系统的安全影响因素 ② 是否了解工业传感装置的安全影响因素 ③ 是否了解嵌入式操作系统的应用场景与安全需求 ④ 是否了解工业用嵌入式操作系统安全 ⑤ 是否了解工控协议安全测试 ⑥ 是否了解私有协议分析的方法 ⑦ 是否了解工控协议认证方式与突破	完全达成□ 基本达成□ 未能达成□

续表

笔 记

学习目标	学习内容	达成情况
技能目标 （30分）	① 是否理解 Windows 系统加固主要内容 ② 是否具备对 Windows 系统加固操作的能力 ③ 是否具备对 Linux 系统加固操作的能力 ④ 是否熟悉主流的 TCP/IP 协议栈通信机制和包结构 ⑤ 是否具备配置工业审计与入侵检测系统和分析网络报文的能力	完全达成□ 基本达成□ 未能达成□
素养目标 （20分）	① 是否能及时发现、分析和解决工业互联网控制系统安全问题，具有较强的安全事件应对能力与意识 ② 是否具有不断更新知识储备的主动学习能力与态度	完全达成□ 基本达成□ 未能达成□
职业技能 等级标准 （10分）	① 是否能够对工控系统进行安全加固 ② 是否能够对工控设备进行安全配置 ③ 是否能够对工控协议安全进行分析 ④ 是否能够对工控协议进行安全配置 ⑤ 是否具备良好的沟通表达及团队合作能力	完全达成□ 基本达成□ 未能达成□
（附加分） 学习过程 发现问题 （5分）		
（附加分） 学习过程 解决问题 （5分）		

本表仅供学习者对照学习任务进行自我评价，以便查漏补缺，强化职业岗位能力，以适应社会新需求。

项目 4　工业互联网数据安全配置

【项目情境】

PPT：项目 4 导读

随着云计算、物联网、移动通信等新一代信息技术的广泛应用，泛在互联、平台汇聚、智能发展等制造业新特征日益凸显。工业互联网数据常态化呈现规模化产生、海量集中、频繁流动交互等特点，工业互联网数据已成为提升企业生产力、竞争力、创新力的关键要素，保障工业互联网数据安全的重要性愈发突出。工业互联网数据具有很高的商业价值，关系企业的生产经营，一旦遭到泄露或篡改，将可能影响生产经营安全、国计民生甚至国家安全。

本项目将主要介绍工业互联网数据安全的相关知识，帮助同学们对工业互联网数据安全有系统的了解和认识。通过工业互联网设备数据采集、工业互联网数据采集安全与监测、工业互联网数据识别处理和工业互联网数据安全配置 4 个任务的实施，同学们可以掌握工业互联网数据安全的配置方法。

【学习目标】

1. 知识目标

- 了解工业数据的形态与特点。
- 了解工业数据的分类与分级。
- 了解工业互联网数据采集安全。

- 了解工业互联网数据传输安全。
- 了解 HTTP 请求方式（post）的测试方式。
- 了解工业数据处理、分析及应用安全的方法。
- 了解工业数据脱敏处理的方法。
- 了解工业互联网数据交换安全。
- 了解工业互联网数据存储安全。

2. 技能目标

- 理解网络通信的基本要求与测试方法。
- 具备工业云平台物理网关配置的能力。
- 具备物理网关设备数据的采集与监测的能力。
- 具备工业监管平台的基本使用能力。
- 具备工业监管平台的基本创建与配置能力。
- 具备工业监管平台的数据采集、安全预警应用能力。
- 具备 PLC 代码上装下装、停机、配置修改等指令的识别和审计能力。
- 具备在 Linux 系统中 MySQL 的安装与基础配置能力。
- 具备 MySQL 数据库的安全配置能力。

3. 素养目标

- 主动学习加密、数据备份和恢复等工业互联网数据安全技术，有效提升数据安全保障能力。
- 面对网络设备数据采集中的安全风险问题能够沉着冷静应对，准确分析并快速解决系统安全问题。

笔记

【学习导图】

本项目将聚焦工业互联网数据安全配置的职业能力，主要包括工业互联网设备数据采集、工业互联网数据采集安全与监测、工业互联网数据识别处理、工业互联网数据安全配置 4 个学习任务，共 9 个知识点。图 4-1 所示为项目 4 学习思维导图。

本项目学习内容与“工业互联网安全测评与应急”职业技能等级标准内容的对应关系如表 4-1 所示。

笔 记

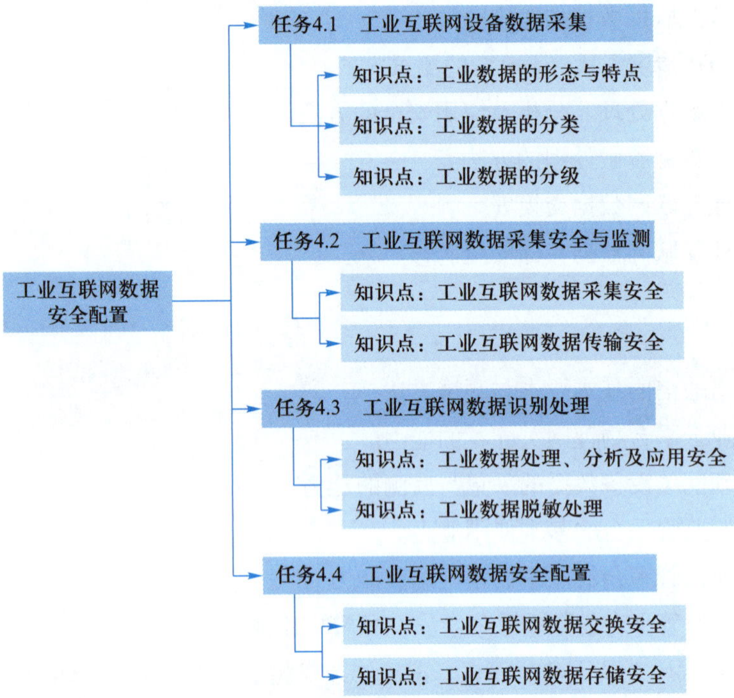

图 4-1 项目 4 学习思维导图

表 4-1 本项目与职业技能等级标准内容对应关系

“工业互联网安全测评与应急”职业技能等级标准			工业互联网数据安全配置	
工作任务	职业技能要求	等级	知 识 点	技 能 点
了解数据	① 能够对工业数据进行分级与分类 ② 能够对网络通信进行测试 ③ 能够在工业云平台中完成工业设备的配置 ④ 能够在工业云平台中实现设备数据的采集 ⑤ 能够实现对工业设备数据的监测 ⑥ 能够独立完成数据库的安装与基础配置 ⑦ 能够独立完成 MySQL 数据库安全配置 ⑧ 具备良好的沟通表达及团队合作能力	初级 中级	① 了解工业数据的形态与特点 ② 了解工业数据的分类与分级 ③ 了解工业互联网数据采集安全 ④ 了解工业互联网数据传输安全 ⑤ 了解 HTTP 请求方式（post）的测试方式 ⑥ 了解工业数据处理、分析及应用安全 ⑦ 了解工业数据脱敏处理 ⑧ 了解工业互联网数据交换安全 ⑨ 了解工业互联网数据存储安全	① 理解网络通信的基本要求与测试方法 ② 具备工业云平台物理网关配置的能力 ③ 具备物理网关设备数据的采集与监测的能力 ④ 具备工业监管平台的基本使用能力 ⑤ 具备工业监管平台的基本创建与配置能力 ⑥ 具备工业监管平台的数据采集、安全预警应用能力 ⑦ 具备 PLC 代码上装下装、停机、配置修改等指令的识别和审计的能力 ⑧ 具备在 Linux 系统中 MySQL 的安装与基础配置能力 ⑨ 具备 MySQL 数据库的安全配置能力

任务 4.1　工业互联网设备数据采集

PPT：任务 4.1 工业互联网设备数据采集

4.1.1　任务描述

工业生产设备种类繁多，部分设备比较老旧或是没有以太网通信接口，可以通过工业物联网网关连接工业生产设备，通过工业物联网网关将工业生产设备的协议转换为一种标准协议，实现对数据的采集，及时获取设备的运行状态。

本任务主要讲解如何将物理网关设备接入工业云平台，实现工业物理网关设备数据的采集和监测，并将介绍工业数据的特点、分类、分级、安全防护等相关知识。

4.1.2　知识导入

1. 工业数据的形态与特点

工业生产牵涉若干环节，随时随地都在生成数据。装配车间的排产，化工反应的成分、压力、流量、温度，工业机器人的路径规划算法、视频信号处理、能量消耗控制，氮化车间的湿度、温度，配送物流运输车的配载、速度、位置，定制客户的参数、订单、支付信息等，均是工业生产流程数据的实例。工业互联网中可能生成海量工业数据，而这些数据及基于数据的模型是构建工业应用的基本前提，并通过工业互联网的各层平台进行计算储存。

笔记

（1）工业数据的形态

智能制造时代的到来，使得工业互联网采集数据在横向、纵向和粒度等方面持续拓展。横向拓展是指可采集及可利用的数据范围不断扩张，既包括工业企业 ERP 系统积聚的生产经营类数据、PDM 系统积聚的工业产品数据、CRM 系统积聚的客户数据、CAX 系统积聚的研发与生产制造数据，还包括营销数据、用户反馈数据、政策环境数据等外部数据。纵向拓展基于时间轴延伸，逐步积聚一段时期内的历史物料数据、生产数据、设备数据、工艺数据、模型数据以及产品数据等。数据粒度不断细分，从单点控制到网络化控制，高速定位精度从 0.1 mm 到 0.01 mm，视频图像从 HDMI、1080 P 到 4 K，从工位级监管到点位级监管，工业生产制造领域的数据采集精细度持续升级。随着大数据与人工智能的应用日益广泛，上述数据采集量不断上升。

工业互联网中的数据与因特网中的数据存在较大区别。工业互联网数据呈现出体量日益增大、类别日益增加、结构日渐复杂、开放程度加速提升、安全要求不断增强，工

笔 记

厂网络内外部双向流动、共享显著增强的发展趋势。

传统互联网主要是信息传递发挥作用，因特网将复杂信息传递到消费互联，渗透到工业领域，形成生产互联（工业物联网），直至智慧互联。工业互联网形态中，WWW、IoT、AI、移动互联网络等在不同层面上相互交融、综合作用、相互支撑，物联网侧重处理人与人、人与机器、机器与机器的交互方式，人工智能关注人与人、人与机器、机器与机器的应用模式，而工业互联网中的工业数据则具有人与人之间、人与机器之间、机器与机器之间等高度交互的内容特征。

（2）工业数据的特点

工业数据涉及工业产品的全生命周期与全业务流程，包括：需求、销售、订单、售后等市场环节；功能设计、性能设计等研发环节；物料、工艺、制造等生产环节；运维、回收等应用环节。上述各环节产生的各类工业数据总和，就构成了工业数据的主要部分。

工业数据的海量、时变、异构、分布等特点，部分继承自传统大数据，部分则是工业数据专属。由传统大数据特性继承而来的特点，包括大容量、多样性、高速度、高价值（特别含工业价值）；而工业大数据专属的特点则体现在置信度高（Accuracy）、顺序性强（Sequence）、关联度高（Relevance）、闭环性强（Closed-loop）等方面。表4-2所示为由传统大数据特性继承而来的工业数据特点。

表4-2 由传统大数据特性继承而来的工业数据特点

特 点	特点描述	技术要素
大容量	含大量智能设备产生的数据，采样周期短，互联网数据持续融入	数据价值及蕴含信息取决于数据规模，可达拍字节（PB）级、艾字节（EB）级
多样性	分布于工业生产的整个全生命周期与全业务流程各个环节，数据来源广泛	①分布及来源多样：来自现场加工机器设备、在制与制成产品、生产管理系统等，数据分散 ②数据结构特征多样性：含结构化、半结构化与非结构化工业数据，且非结构化工业数据占比大
高速度	数据获取与处理速度快，实时性要求高	①生产现场：控制、监测等实时性要求高，达毫秒级 ②生产管理：交互需求高；批量处理要求高
价值高	用户价值驱动和数据自身可用性	①数据挖掘：提升创新能力和生产经营效率 ②人工智能：促进个性化定制、服务化转型

表4-3所示为工业数据的专属特点。

表4-3 工业数据的专属特点

特 点	特点描述	技术要素
置信度高	数据质量要求高：真实、准确、完整和可靠	①基本手段：统计相关性分析 ②因果分析：物理模型与数据模型结合呈因果关系，可解释
顺序性强	工业生产性质决定了工业数据的生成顺序，流程性和时序性强	①在制品：状态数据 ②生产加工机器：状态数据 ③生产环境：传感数据

续表

特　点	特点描述	技术要素
关联度高	与工业领域各行业的关联度较高，同一行业的工业数据在生命周期和流程环节方面天然关联	① 行业特性：机械、石化等行业数据特色鲜明 ② 产品生命周期：围绕产品要素同阶段数据高度关联 ③ 流程环节：需求、研发、生产、运维等环节数据密切关联
闭环性强	闭环场景（感知、分析、反馈、控制等）中动态调整及优化	① 横向过程：全生命周期数据链封闭与关联 ② 纵向过程：智能制造系统所涉及的工业数据采集与处理

拓展阅读 4-1 工业数据的应用场景

2. 工业数据的分类

工业数据的共享是工业互联网应用的基础和灵魂，而工业数据安全及隐私保护又是一切应用的前提，需要精确把握共享与安全二者之间的平衡，而这种平衡把握的基础就是工业数据的分级分类。

由于工业互联网及其应用形态千差万别，需要遵循上述原则结合平台实际进行工业大数据分类。以典型的机械制造业为例，可将其在工业互联网中的数据分为生产经营管理系统域数据、生产操作与设备物联系统域数据、产品应用及维护系统域数据三大类。

（1）生产经营管理系统域数据

生产经营管理数据与工业企业经营密切相关，多来自 ERP、PLM、CRM、SCM 等工业信息化应用传统资产，具体包括企业管理数据（含企业内部管理数据、市场核心经营类数据、公开及上报信息等）、业务运营数据（含重要数据、一般数据、数字内容业务运营数据等）、网络运维数据（含网络设备、IT 系统密码及关联信息，分核心、重要、一般及公开各级）、客户身份数据（含用户身份和标识信息、用户网络身份鉴权信息等）、生产经营管理数据（含客户服务内容数据、客户服务衍生数据等）。

笔 记

（2）生产操作与设备物联系统域数据

生产操作与设备物联数据主要是指工业生产（制造）过程中，物料、研发、生产工艺、在制品、成品、机器装备（尤其是智能装备）、现场工况等需要通过 MES 进行实时获取并传输的数据。生产过程中实时生成的这些数据不仅体量巨大，而且也是工业生产过程中的附加值所在，是决定企业差异性的关键核心。具体包括系统研发数据（含结构设计、原理设计、物理设计、仿真、验证、工艺等研发基础数据等）、计划排产数据（含产品需求、物料保障、产能提供、工序流程、管理制度、员工行为等）、工业模型数据（含电子设计模型、电气设计模型、仿真模型、三维模型等）、生产制造数据（含工艺模型、工艺方法、设备数据等 热处理工艺、PLC 控制参数等）、现场环境数据（含现场供能系统、产线系统、制造系统等）。

（3）产品应用及维护系统域数据

产品应用及维护系统域数据是指工业产品的应用及维护数据，涉及供应商、经销商、

笔记

物流、最终用户等。比如，海尔定制冰箱的定制参数信息、订单、物流等涉及用户的行业数据等。具体包括产品运行数据（含运行状态、运行环境等）、产品维护数据（含产品故障数据、修复数据等）、产品定制数据（含定制需求、定制参数等）。

工业数据以编码形式存在，是工业生产过程、管理过程等工业领域资料的数字化形式。每一个工业领域的设计、生产制造、运行维护及服务数据都高度复杂，而且，离散型与连续型并存、数值型与非数值型并存、结构化与非结构化并存的现象大量存在。因此，可按照格式划分，将上述三大领域数据分为文档数据、接口数据、现场传感数据、信息化数据、图像数据、音频数据以及视频数据等，如表4-4所示。

表4-4 基于数据格式的工业数据分类

特 点	特点描述	实例描述
文档	数据文档化，有独立文件名，格式清晰、固定	排产计划、工程图纸、3D模型、仿真场景
接口	由工控系统、MIS等提供，具备特定接口	安全策略（XML）、系统日志（TXT）、跨平台交互（JSON）
传感	分布式、海量存储，高并发，每条数据量小	现场温度、压力等现场环境及工业设备状态数据
信息化	采用数据库存储的工业信息系统生成数据	ERP数据、CRM系统订单、进销存中的物料
图像	现场采集的图像，有特定的图像格式	AGV路径场景、工件外形图像、装备状态图像
音频	现场生产指令语音、设备运行指示音、噪声	工艺指令、到位提示、故障报警、切削噪声
视频	标准工业视频采集设备采集的各类视频数据	生产监控视频、AGV轨迹视频、危险区域监控

3. 工业数据的分级

按照工业数据敏感程度的区别，可将工业互联网数据分为一般数据、重要数据和敏感数据3种。而且，工业数据的分级与工业生产制造的具体情况高度相关，必须根据具体情况来制定具体的等级标准。以表4-5所示气动元件生产制造企业为例，进行工业数据分级分析。

拓展阅读4-2 工业数据安全防护体系

表4-5 气动元件生产制造企业的工业数据分级

级 别	子类及范围示例
敏感数据	用户身份证明、产品价格、产品专有工艺、企业内部核心管理数据、大客户核心数据、工业网络所涉密钥及关联数据等
重要数据	用户基本资料、服务内容数据、服务记录和日志、生产日志数据、企业或市场重要经营类数据、工业网络设备及IT系统资源类数据
一般数据	工业现场智能终端设备标识等资料、企业内部一般管理数据、市场一般经营类数据、企业公开披露信息、公开网络设备及IT系统资源类数据等

笔 记

4.1.3 任务实施——物理网关数据采集与参数监测

【任务目的】

- 了解 Modbus 协议模拟器的基本应用方式。
- 了解网络通信的基本要求与测试方法。
- 掌握工业云平台的基本创建方式与配置方式。
- 掌握工业云平台的物理网关配置方式。
- 学习通过协议仿真软件完成物理网关的数据上传验证。

【使用工具】

- 工业数采网关。
- 浪潮云洲工业云平台。

【工业协议】

1. Modbus 通信基础

Modbus 有两种通信方式：应答方式和广播方式。

应答方式是主站向某个从站（地址 1~247）发出命令，然后等待从站的应答；从站接到主站命令后，执行命令，并将执行结果返回给主站作为应答，然后等待下一个命令。

广播方式是主站向所有从站发送命令（从站地址为 0），不需要等待从站应答；从站接到广播命令后，执行命令，也不向主站应答。

2. ModbusSim32 工具基础

微课 4-1 搭建工业网关数据采集环境

Modbus 功能说明如表 4-6 所示。

表 4-6 Modbus 功能说明

选　　项	说　　明	地址范围
01:coil status	线圈状态	0+
02:input status	输入状态	10000+
03:holding registers	保持寄存器	4000+
04:input registers	输入寄存器	3000+

【实施步骤】

步骤 1：搭建网络环境。

笔 记

① 访问公网网络配置，参考配置如下：物理网关提供2个以太网接口，分别是Eth0和Eth1。其中，Eth0负责连接设备（Modbus协议模拟器），Eth1负责连接外网，保证与工业云平台连接正常。

可以通过本地计算机A完成搭建Modbus协议模拟器，并将本地网卡的IP地址与Eth0的IP地址配置成同网段，参考IP地址配置如表4-7所示。

表4-7 参考IP地址配置

设　备	网　口	地　址
物理网关	Eth0	192. 168. 200. 1/24
	Eth1	192. 168. 137. 2/24
本地计算机A（模拟器）	有线网口	192. 168. 200. 2/24
网关设备	—	192. 168. 137. 1/24

② 设备接线准备。将规划好的网络拓扑，通过网线相互连通。

③ 验证网络路径。通过Ping指令验证本地计算机A与物理网关Eth0网口的连接状态，如图4-2所示。

通过Ping指令验证物理网关Eth1接口到网络网关、外网的通信状态，如图4-3所示。

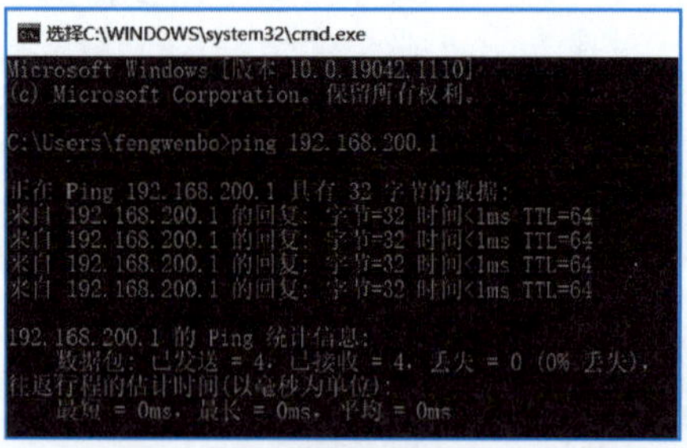

图4-2 验证连接状态

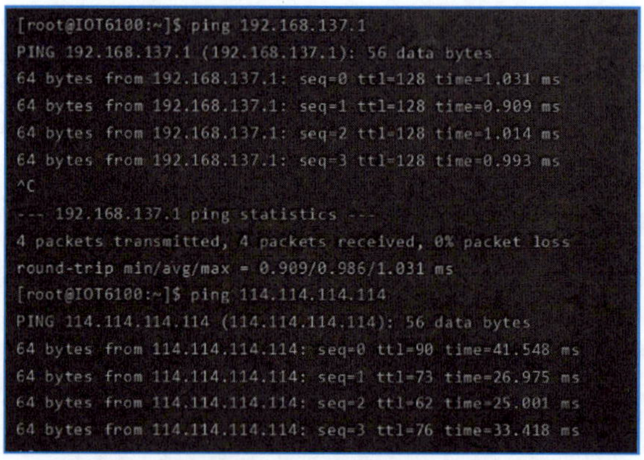

图4-3 验证通信状态

物理网关的验证需要通过SSH访问，账号为root，密码为123456smartiot@HTZZ。使用PuTTY软件，输入Eth0的IP地址，port为22，登录PuTTY，在命令框内输入用户名root及密码123456smartiot@HTZZ。

步骤2：启动仿真工具。

① 新建通信。打开ModbusSim32工具，执行“Connection→Connect→Modbus/TCP”命令，启动通信连接，如图4-4所示。

笔 记

② 配置数据。在 ModbusSim32 工具中执行“File→New”命令，如图 4-5 所示，新建数据通信块。

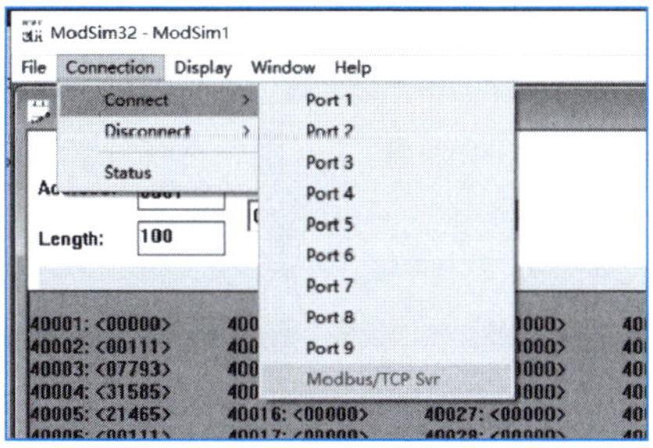

图 4-4　执行 Modbus/TCP 命令

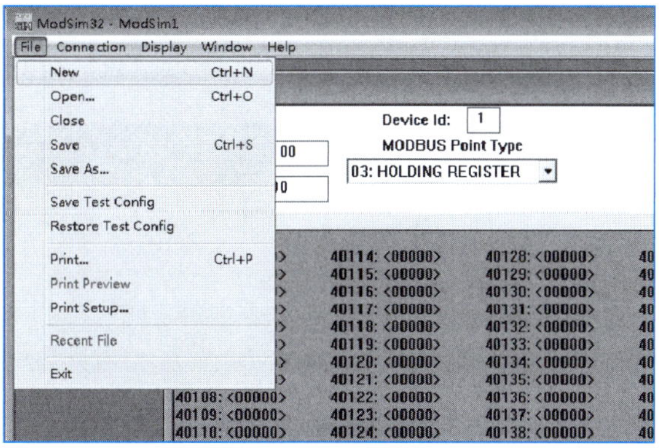

图 4-5　执行 New 命令

需要新建两个地址通信块，一个是 01，另一个是 03，起始地址均为 0001，从站地址均为 1，如图 4-6 所示。每个地址的数据可以通过双击地址在弹出的窗口中进行添加，如图 4-7 所示。

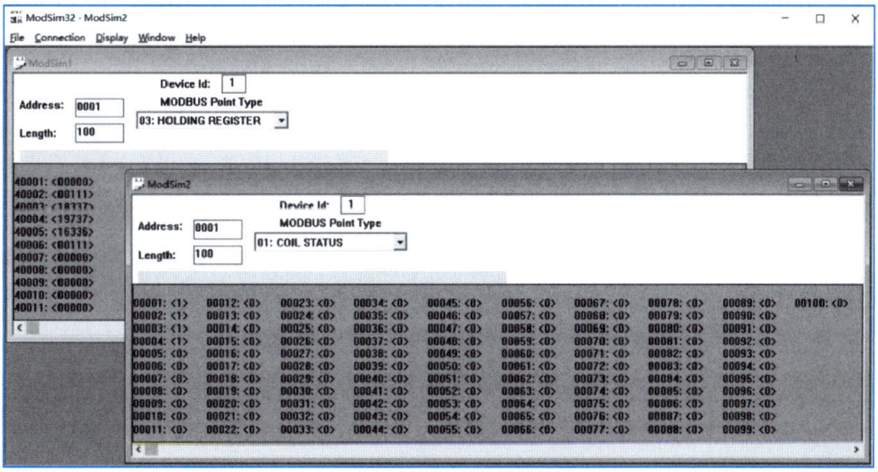

图 4-6　新建两个通信地址块

步骤 3：创建平台参数。

① 添加设备。在工业云平台中创建网关设备，单击页面右上角的“+”按钮，在弹出的菜单中选择“添加新设备”命令，如图 4-8 所示。

弹出“添加新设备”对话框，输入设备名称，选中“是否网关”复选框，单击“添加”按钮，如图 4-9 所示，完成网关设备的添加。

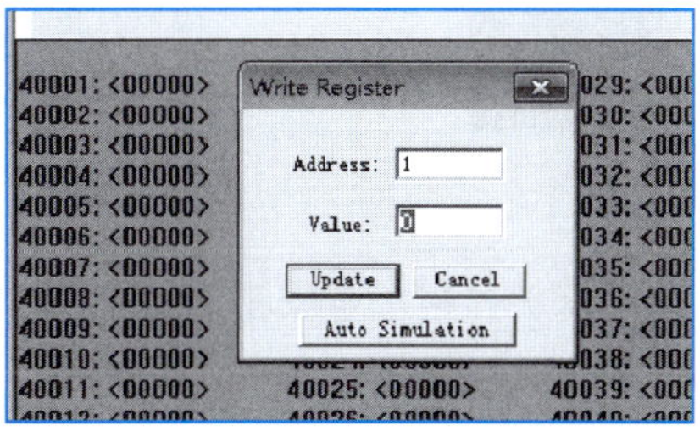

图 4-7　地址数据添加

微课 4-2
在工业云平台中采集工业网关数据

笔 记

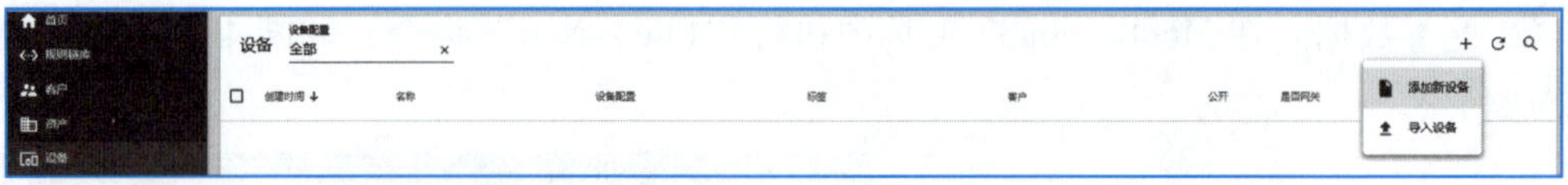

图 4-8 创建设备

图 4-9 添加新设备

② 获取令牌。选择新添加的网关设备，单击“详情”按钮，在弹出的“设备详细信息”对话框中单击“复制访问令牌”按钮，如图 4-10 所示。

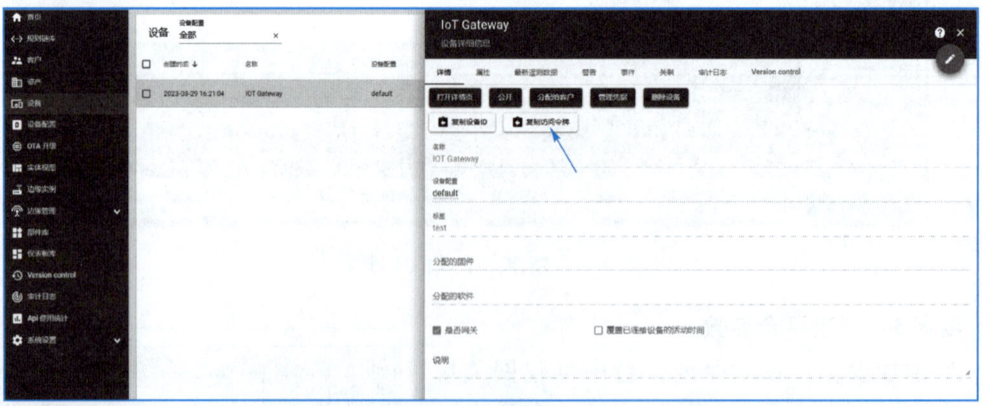

图 4-10 获取令牌

③ 网关连接工业云平台。进入网关设备的 Console 管理台（可通过 VGA 或 SSH 连接），打开 etc 下的 tb_gateway. yaml，修改配置如图 4-11 所示。输入工业云平台的 host 及 port，将复制的令牌粘贴至 accessToken 并开启 Modbus 连接器，如图 4-12 所示，删除 Modbus 连接器前的“#”符号，保存文件。

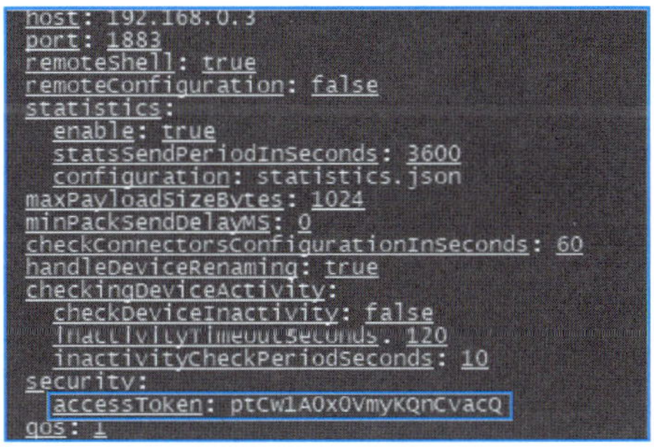

图 4-11 配置云平台信息

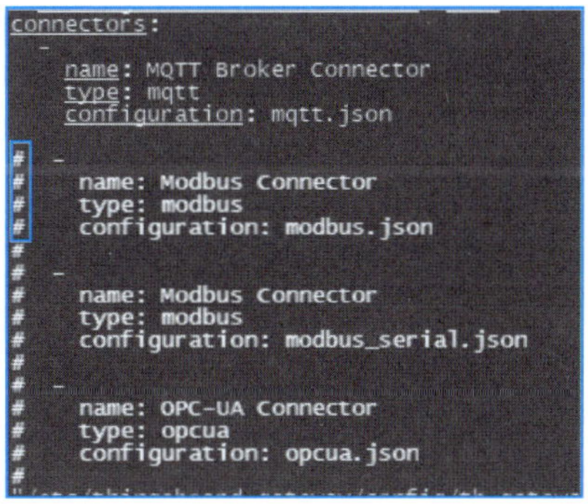

图 4-12 开启 Modbus 连接器

④ 工业虚拟设备接入网关。打开 etc 下的 modbus.json 文件，修改待采集数据的模拟 Slave 端信息，如图 4-13 所示。添加采集属性，如 tag 标签名为温度，type 类型为 16 int，function 功能码为 3，objectCount 数量为 1，address 起始地址为 1，如图 4-14 所示，修改完成后保存。

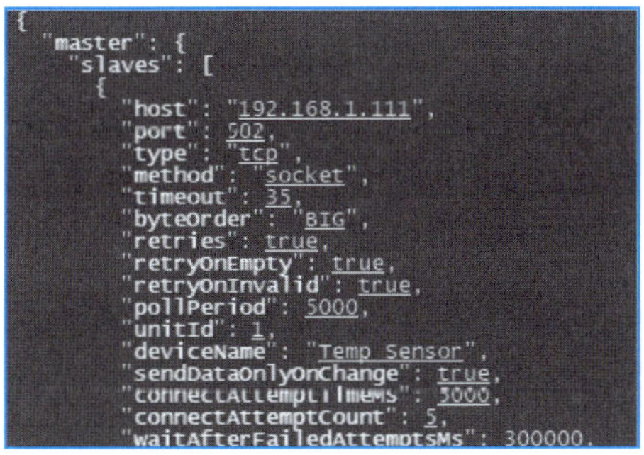

图 4-13 采集服务信息

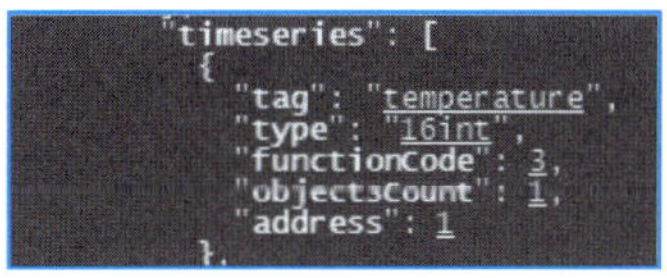

图 4-14 采集点信息

笔 记

步骤 4：验证数据通信。

① 发送数据。通过修改模拟器参数，观察平台参数变化。

② 数据观察。在工业云平台中选择所创建的模拟器设备，可以查看到该设备各数据采集点的数据采集状态，如图 4-15 所示。

图 4-15 数据观察

4.1.4 任务评价

本任务主要介绍了工业互联网设备数据采集的相关知识，评价标准如下：

① 了解工业数据的形态与特点。

② 了解工业数据的分类与分级。

③ 理解网络通信的基本要求与测试方法。

④ 掌握工业云平台的物理网关配置方式。

⑤ 掌握物理网关设备数据的采集与监测方法。

文本：参考答案

4.1.5 任务测验

一、选择题

1. 下列中不属于工业大数据专属特点的是（　　）。

A. 顺序性强　　B. 关联度高　　C. 闭环性强　　D. 多样性

2. 用户身份证明、企业内部核心管理数据、大客户核心数据、工业网络所涉密钥及关联数据等都属于（　　）。

A. 敏感数据　　B. 重要数据　　C. 一般数据　　D. 普通数据

3. 工业数据安全防护体系主要采用（　　）实现数据保护。

A. 技术手段　　B. 管理手段　　C. 技术和管理手段　　D. 管理和安全手段

二、简答题

1. 工业数据有哪些专属特点？

2. 工业互联网中的数据可以分为哪 3 类？

3. 简单描述 Modbus 协议的两种通信方式。

任务 4.2 工业互联网数据采集安全与监测

PPT：任务 4.2 工业互联网数据采集安全与监测

4.2.1 任务描述

工业生产设备数据采集是利用各种通信手段接入不同设备、产品、传感器等，采集工业生产的设备数据，构建工业互联网平台的数据基础。

部分工业生产设备既不能直接进行以太网口通信，又没有 PLC 控制单元，可以通过部署远程 I/O 口，通过 I/O 模块将电气系统的开关量、模拟量转换成网络数据，进行设备运行数据的采集。

本任务主要讲解如何通过工业监管平台创建信息参数并对系统进行配置，通过流量监控分析功能采集工控网内所有资产数据和漏洞数据等，并且还将介绍工业互联网数据采集安全与传输安全的相关知识。

4.2.2　知识导入

1. 工业互联网数据采集安全

工业互联网中，大量运用智能设备、IoT、智能传感装备、工业 App 以及工业企业 MIS 等，工业现场的生产、制造及加工状态、物流信息、生产技术状态管理数据等，都需要实时感知、监控、分析并决策，而这一切的基础都依赖于工业数据的安全采集。

拓展阅读 4-3
工业数据采集范围与面临的问题

（1）工业数据采集安全需求

工业数据采集所涉及的业务场景复杂，数据采集规范要求缺失，待采集数据源、采集类型、采集范围、采集频度、采集渠道、采集方式等都会给安全采集带来风险，尤其是涉及工业用户信息及核心关键工业数据的业务场景面临的安全风险更大。

工业数据采集还需要保证数据的完整性、隐私性以及准确性。

首先是工业数据采集完整性风险。比如，工业 App 采集工业数据，一般不采用同步传输方式，而是先通过缓存实现本地存储，整体压缩、打包后择机统一传输，因本地缓存受限，可能会导致数据丢失。而工业数据采集的隐私保护，需要通过工业数据加密或工业数据脱敏来实现。工业数据采集的准确性问题，一是需要通过现场采集传感设备的准确性来保证，二是要防止存储、传输过程中的篡改或伪造。比如，传输 API 调用的可能是模拟器上运行的工业 App，或者是人工操作真实设备 App，导致服务端获取的数据并非真实的工业生产数据。

笔 记

在工业智能制造领域，很多工业互联网平台的提供商是传统 IT 和 CT 公司，对工业行业的了解存在先天缺陷，不同工业行业、不同机器装备数据接口、不同工业数据的格式存在不一致问题。

（2）工业数据采集安全解决方案

工业互联网与传统互联网不同，工业互联网大数据首先是要求样本全面，数据量的具体大小则取决于应用场景及分析需求。传统的互联网大数据的分析工具技术本质是统计分析及统计学习，而工业互联网大数据的分析则必须借助于工业技术诀窍（Know-how），融合各种工业模型，充分利用工业大数据顺序化的天然关联特点。互联网大数据对数据质量要求不高，但工业互联网大数据分析对数据质量有特殊要求，因为其是来自自身规律性较强的工业现场或工业企业生产经营实践。对于数据属性关联来说，互联网大数据仅需数据自身的关联，重点不在于其目的关联，而工业互联网大数据则要重点关注数据之

笔记

间的目的关联，这恰恰是由工业互联网大数据生成本源的性质所决定的。工业数据的采集必须适应这些特点。

工业现场系统种类繁多，生产商及用户不同，数据格式及接口各异，应以灵活的接口策略实现API多样性和数据格式的统一，用户可定制接口程序来进行数据操作。比如，采用时间戳、采样值与质量码的组合方式，各种数据被统一为一种格式。工业应用领域的时间戳可以精确至毫秒级。采样值可以表征各种工业模拟量和开关量，格式可采用整型、浮点型、字符串型等，还可以通过编目来记录视频、图像等非数字采样值。通过质量码来控制数据采集质量，标定为“好”的数据方可后续使用。

建议重视数据环境对工业数据的采集的特殊要求。首先要处理数据采集与边缘计算的关系。许多现场数据是原始状态数据，需要利用边缘计算提取出特征数据。原始状态数据仅在必要时全部上传。例如在进行设备故障诊断或操作模型训练学习时。边缘端需要采用智能接入的方式，通过传感装置、工业物联网、嵌入式智能设备等在边缘端构建数据生态环境；其次是工业数据采集装置的数据质量保证能力，如传感装置存在故障、标定等问题，可导致数据不准或错误，这将大大降低所采集数据的完整性和可用性，为后续分析、利用带来很大麻烦。此外，还需要关注所采集工业数据的语义定义问题，该数据应能较好地将物理空间中各实体特征、关系映射出来，并提供工业数据在语义层面的互操作性。

现场采集系统还应针对各种常见协议提供接口程序，比如在电力领域常用的OPC协议等。非标准化协议可以提供各种语言的接口编程模板，供用户二次开发使用。采集系统API还应提供本地缓存，可以适应各种不可靠通信链路，以适应网络瘫痪、电力供应中断以及其他恶劣工况。

2. 工业互联网数据传输安全

工业互联网中的数据传输是最为常见的应用需求。

（1）工业数据传输安全能力需求

由于工业行业的特殊性，存在工业现场生产线与中控端的数据平台并不处于同一网络域甚至是处于不同的物理空间的情况，导致数据在不同安全域内双向流动，传输安全隐患严重。全球工业行业通用标准体系不完善，工业现场设备的通信体制、协议、接口与参数各异，尤其是机器设备与MES统一集成机制的缺失，为机器设备之间、机器设备与管理系统之间的安全互联互通互操作带来了极大阻碍。SCADA等工控系统计算能力受限，网络通信带宽不高，数据传输速率较低，而系统实时性和准确性要求却很高，对数据传输及延迟指标较为敏感。

考虑到工业互联网的复杂性，应根据不同的安全域划分，对安全域内、安全域间等不同的工业数据服务涉及的数据传输场景，制定相应的数据传输安全策略和流程。基于工业数据分级分类，给出相关类型、级别的数据传输安全能力需求。表4-8所示为工业互联网中的数据传输安全能力需求分析。

表 4-8　工业互联网中的数据传输安全能力需求分析

能力属性	二级指标	三级指标
传输主体身份	硬件设备	智能终端、工业控制器、智能制造设备
	软件程序	工艺 App、HMI、PLC 控制软件
	配置文件	机床配准文件、产线参数配置文件、安全策略配置文件
传输行为	传输机密性	加密算法：对称加密、公钥加密、无密钥加密等
		加密强度：弱、中、强
		密钥信息
	传输可用性	资源占用率
		带宽占用率
	传输实时性	时间延迟
	传输可靠性	丢包率
		误码率
		故障率
安全保障能力	数据完整性能力	完整性校验：校验码、消息摘要、数字签名等
		通信延时和中断处理功能，配合终端
		恢复或重传：完整性破坏时采用
	数据机密性能力	加密：采用加密算法对鉴别信息及重要业务数据加密
		身份认证：接收双方双向身份认证
		会话验证：建立连接前，初始化会话验证
		协议：专用传输协议或安全传输协议服务
	数据容错能力	数据备份、数据归档、数据冗余
		数据校验或数据纠错
	数据泄露补救能力	通知数据主体
		缓解泄露危害
		追溯泄露责任

工业互联网中的数据传输安全能力，可以用传输主体身份、传输行为以及安全保障能力 3 个属性来标识。传输主体身份属性主要是强调硬件设备、软件程序、配置文件等访问主体身份的完整性。传输行为属性主要包括传输机密性（加密方式、加密强度、密钥信息）、传输可用性（资源占用率、带宽占用率）、传输实时性（时间延迟）、传输可靠性（丢包率、误码率、故障率）等。安全保障能力主要包括数据完整性能力、数据机密性能力、数据容错能力、数据泄露补救能力等。

（2）工业数据传输安全解决方案

工业信息数据传输的安全同工业网络安全密切相关，工业网络通信传输的主体是工业数据，因此工业网络传输中的安全机制自然也适用于工业数据信息传输过程。总体来

笔 记

笔 记

说，工业数据传输应在传输两端主体身份鉴别和认证、传输数据加密、传输链路节点身份鉴别和认证方面进行安全控制。

需要指出的是，可以使用工业级通信网关来完成各子系统的数据采集、清洗、汇聚及预处理，并实现上层调度系统的数据转发。为此，建议采用嵌入式、高性能计算平台来作为工业通信网关内核，在其中运行数据采集规约及转发知识库、高速实时数据处理单元、控制运算单元、I/O 通信单元，利于系统扩展，同时完成分布式数据采集、工业专用协议转换等功能，提供高效吞吐能力。另外需要支持系统在线故障诊断与恢复、Watchdog 管理等功能，以提供高可靠性。网关还需要支持上位机组态软件或实时数据库数据断线缓存，在网络服务中断或阻塞时，不至于数据丢失，也不会导致历史数据完整性缺失。建议大规模、分布式数据处理网关提供通道冗余等多级冗余通信调度功能。

4.2.3　任务实施——工业互联网信息数据采集及安全事件预警

【任务目的】

- 掌握工业互联网主要信息参数。
- 掌握工业互联网数据收集方法。
- 掌握工业互联网中安全事件的发现及预警方法。

【使用工具】

- 浪潮云洲工业安全仿真实训工具箱——工业监管平台。

【实施步骤】

微课 4-3
使用工业监管平台对工业设备数据进行采集

步骤 1：工控设备基础数据收集。

① 登录工业监管平台，在左侧项目栏中选择“资产管理→资产管理”项，该模块主要是对资产分组中各种类型的资产进行管理，如图 4-16 所示。入网资产可以根据资产分组里面的 IP 地址范围自动划分到对应的分组中，也可以将未分配的资产划分到特定的分组中。

② 单击资产名称，如图 4-17 所示，可以打开设备的资产信息界面，查看设备的基础信息、端口信息、SNMP 信息、当前配置、配置历史、设备日志、实时信息、可信验证信息等。

步骤 2：工控设备详细数据收集。

选择“设备类型”选项卡，可以查看设备的分组情况，按类型分为安全设备、工控设备、服务器设备、监控设备、网络设备和终端设备，如图 4-18 所示。在某个分组后单击“查看”按钮，可以查看分组名称、IP 地址范围、责任人、备注等信息；单击“编辑”按钮，可以修改责任人、备注等信息。注意终端设备的分组类型不可编辑。

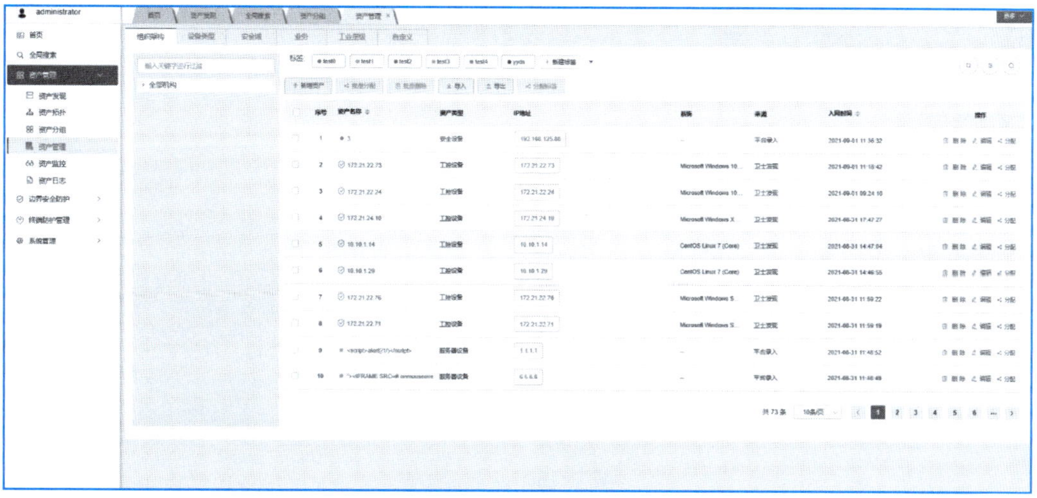

图 4-16　资产管理

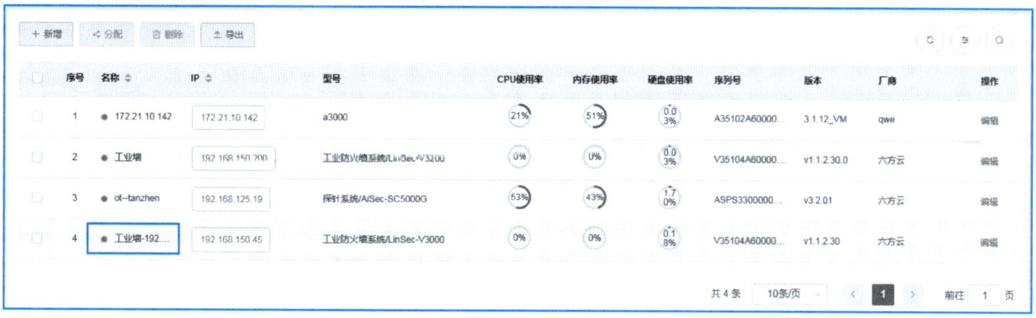

图 4-17　资产信息界面

图 4-18　设备类型分组

步骤 3：工控安全事件数据收集。

在左侧项目栏中选择“边界安全防护→设备日志”项，在该模块中可以查看日志类型、日志趋势、安全日志、受攻击 TOP5、入侵攻击源 TOP5 等信息，如图 4-19 所示。

笔 记

笔 记

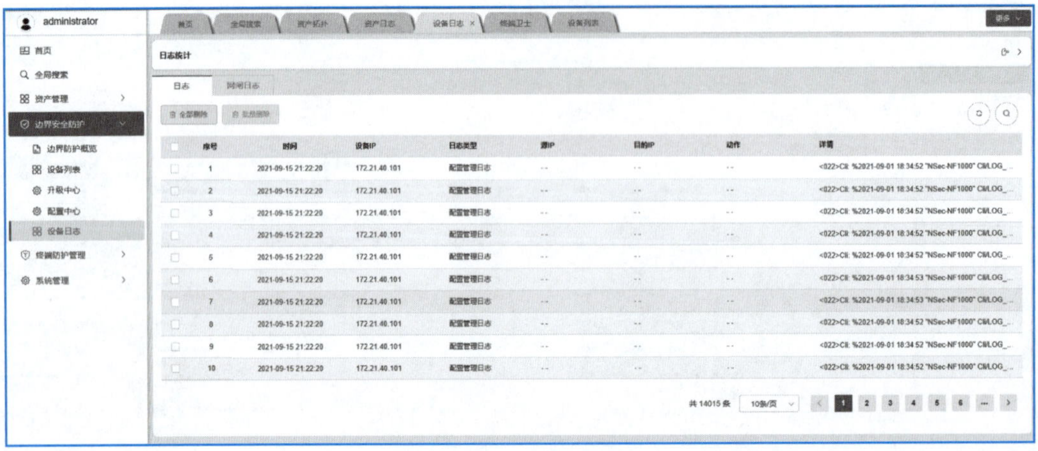

图 4-19 设备日志

4.2.4 任务评价

本任务主要介绍了工业互联网数据采集安全与监测的相关知识，评价标准如下：

① 了解工业互联网数据采集安全。

② 了解工业互联网数据传输安全。

③ 掌握工业监管平台的基本使用方法。

④ 掌握工控安全事件数据应用。

文本：参考答案

4.2.5 任务测验

一、选择题

1. 下列关于工业数据采集所面临问题的说法中，错误的是（ ）。

A. 工业数据采集首先面临的就是海量数据难题

B. 工业数据采集需要保证数据的完整性

C. 工业数据采集需要保证数据的开放性

D. 工业数据采集需要保证数据的准确性

2. 下列中不能用来标识工业互联网中的数据传输安全能力的是（ ）。

A. 传输主体身份　　B. 传输行为　　C. 传输方式　　D. 安全保障能力

3. 下列不属于工业互联网数据传输安全能力中传输主体身份属性的二级指标的是（ ）。

A. 硬件设备　　B. 软件程序　　C. 配置文件　　D. 传输机密性

二、简答题

1. 什么是工业生产设备数据采集？

2. 如何保证工业数据采集的准确性?
3. 简单描述传输主体身份、传输行为以及安全保障能力这 3 个属性。

任务 4.3 工业互联网数据识别处理

PPT：任务 4.3 工业互联网数据识别处理

4.3.1 任务描述

工业控制器（PLC/RTU/DCS）是生产网络中的核心组件，它控制着如传动装置这样的现场设备该如何运转，这些控制信号是由控制器执行内部的逻辑控制代码所生成的，所以任何对逻辑控制代码的变更事件（添加、删除、修改）都应该引起重视。无论该变更是通过网络的方式执行还是直接连接到 PLC 上操作，也无论是计划内变更还是恶意篡改，都应该能够及时发现、产生告警并记录在案。但目前除了使用行政手段要求配置更改前登记记录之外，缺少自动化的方法记录变更时间与变更来源，以及识别变更内容。

使用工业审计与入侵检测系统能够收集网络流量，快速发现 OT 网络中的 PLC、HMI、Server、工程师站等资产，并利用对工业私有协议的解析能力读取工业控制指令的内容，从而对工业设备的运行状况进行监控并对工控指令数据进行审计。工控指令包括逻辑控制代码上传/下载/删除、PLC 硬件配置上传/下载、PLC 固件版本升级/降级（记录固件版本号）、PLC 启动/停止、开启/关闭、标签写入、在线会话、逻辑控制代码变化、控制器 Key 状态改变等。该系统可以很好地发现和回溯对工业控制设备的误操作或误配置，避免由人为失误导致的生产事故。

笔记

本任务将讲解使用工业审计与入侵检测系统及指令对工业互联网数据进行识别处理的方法。

4.3.2 知识导入

1. 工业数据处理、分析及应用安全

工业数据处理、分析及应用的根本目的是将其中蕴涵的潜在价值挖掘并展现出来，具体涵盖工业数据获取、清洗、存储、分析、挖掘以及可视化展示等过程。

（1）工业数据分布式处理安全

工业数据处理安全用于防范工业数据的采集、录入、统计等过程中因软硬件故障、宕机、断电、误操作、恶意代码或恶意攻击等造成的数据丢失、毁坏、窃取、篡改或未授权访问等。工业数据处理安全的难点在于分布式处理安全及密文数据处理安全。

工业互联网中，存在着大量的分布式计算、分布式开发平台、分布式存储等系统，

笔记

需要制定工业数据分布式处理的安全策略，以防范分布式处理中工业数据泄露及非法访问等安全风险。工业数据分布式处理节点的服务组件应保持功能稳定、工作节点无伪装风险、故障用户节点可识别且可自动修复，特别是免受工业云平台或工业虚拟机中的潜在攻击风险威胁等。

（2）工业密文数据处理安全

工业密文数据是指原始工业数据加密后产生的数据，其处理安全性涉及工业密文数据处理的加密及密钥管理安全性、工业密文数据搜索、排序、计算的透明处理等。

工业密文数据破坏了原工业明文数据的顺序性，无法直接采用传统的结构化查询语言搜索，搜索查询效率较低。因此，仍需根据工业数据的分类分级情况，在加密数据机密性与可用性之间达到平衡，既能在一定程度上保证密文数据的安全，又能够保证较高的搜索效率。工业数据库加密可采用库内加密与库外加密两种方法。

工业数据库库内加解密由数据库写入或读出时自行加解密，对用户完全透明。比如，Oracle 10g 支持 DES、3DES 及 AES 等库内加密方式，用户可根据数据的敏感程度选择不同强度和粒度的加密方式。而且，加密数据库可同时供多个工业应用共享。

工业数据库库外加密需要一个专用加解密模块层，放置于工业 App 与 DBMS 之间，无需修改数据库管理系统，表现出极强的通用性。

（3）工业数据分析安全

工业数据的分析安全涉及待分析工业数据的获取方式、数据访问接口、分析授权、分析逻辑与结果、数据使用等方面。在工业数据分析，特别是大数据分析中，不可避免地会遇到多源异构数据派生、数据聚合、数据关联分析等，而这些分析操作均需要明确相关安全权限。工业数据分析结果中不得含有可恢复的用户数据、敏感数据标识等。对用户数据分析时，应采用匿名化处理等方式进行工业用户数据去标识化脱敏。工业数据分析应采用 K 匿名（K-Anonymity）、L 多样性（L-Diversity）、差分隐私保护、安全分析算法等多种措施，来保证工业数据的分析安全。此外，还需要对敏感数据的操作行为进行日志和审计记录。

（4）工业数据使用安全

工业数据的使用安全主要是要求各系统对工业数据用户访问进行访问控制和权限管理，身份及访问管理应遵循最小特权、用所必需及责权分离等原则，建立相应粒度或者强度的工业数据访问控制机制。比如，对重要工业数据进行列级别的细粒度访问控制，对各种权限授予预设有效期。用户身份必须实现唯一标识，关键、重要、敏感的数据服务必须进行可信数字证书、生物识别等多因素身份认证，对工业数据滥用进行有效识别、监控、预警和补救，并对工业数据操作日志进行高效、完整而且可信的记录，以便对违规使用者进行事后识别与追责。

2. 工业数据脱敏处理

工业数据脱敏（Data Masking）是对工业应用场景中的某些敏感工业信息通过脱敏规

则实现工业数据变形，以保护工业敏感隐私数据。数据脱敏是数据防泄露（Data Leakage Prevention，DLP）的有效组成部分。

笔记

工业数据脱敏是工业数据的重要隐私保护手段之一。由于工业数据在工业大数据背景下关联性较强，单个数据集脱敏无法保证若干不敏感数据集聚合后仍为非敏感数据集，因此必须根据具体工业行业和具体应用场景，采用不同的脱敏技术。

工业数据脱敏采用可恢复与不可恢复 2 种方式。可恢复类脱敏就是脱敏过程可逆，能将脱敏处理后的数据经过处理后还原出原数据，通常采用加密算法即可实现。与之相对应，不可恢复性脱敏过程不可逆，脱敏处理后的数据无法还原出原数据，多采用替换类与生成类算法作为工业数据规则。替换类算法使用预定义字符串来替换需脱敏部分的工业数据，生成类算法规则使得脱敏后数据符合逻辑规则，是生成形式上符合逻辑、看起来真实的“假”数据。

工业数据脱敏需要对敏感数据、数据环境以及数据的功能性与非功能性要求进行识别，还需要对工业脱敏数据进行维护。工业互联网中，并非所有数据均为敏感数据。常被列为敏感数据的有：联系方式等用户信息、交易量等商业秘密信息、工业配方等工业企业核心竞争力信息等。数据环境包括开发、测试、外包、数据分析等。

工业数据脱敏维护方面，借鉴数据备份的理念，脱敏也可以采用差分或者增量模式，以提高工业数据脱敏的效率、降低工业数据脱敏的管理难度。建议维护相应的工业数据脱敏数据库，对脱敏数据进行标记，以适应增量和差量脱敏模式的要求。

拓展阅读 4-4 工业数据溯源与安全销毁

4.3.3 任务实施——工控数据审计

【任务目的】

- 掌握常见的工控指令。
- 掌握工控指令的执行效果。
- 掌握工控数据审计在工业互联网当中的应用。

【使用工具】

- 硬件系统：Siemens S7-300 PLC。
- 工具：工业审计与入侵检测系统。

【实施步骤】

步骤 1：连接 PLC。

① 打开 Step7 软件，执行“选项→PG/PC 接口”命令，弹出“设置 PG/PC 接口”对话框，根据实际情况设置相应的接口，如 ISO 或 TCP/IP，如图 4-20 所示。

② 在对话框左侧单击 PLC 站点下方的 CPU 模块，执行“PLC→诊断/设置→工作模

微课 4-4 将系统与 PLC 设备连接

笔 记

式”命令，弹出“工作模式”对话框，如图 4-21 所示。

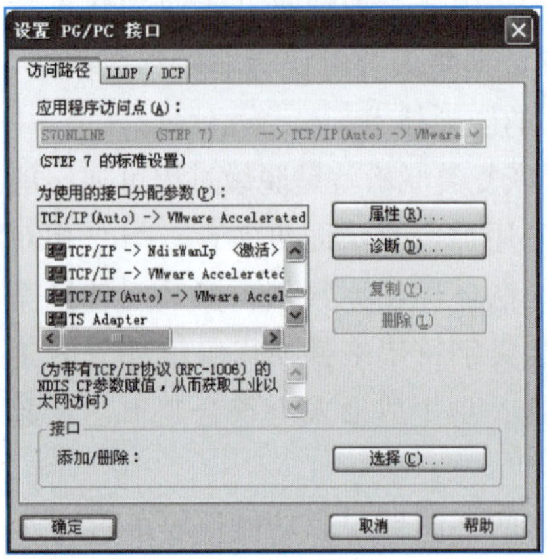

图 4-20 设置 PG/PC 接口

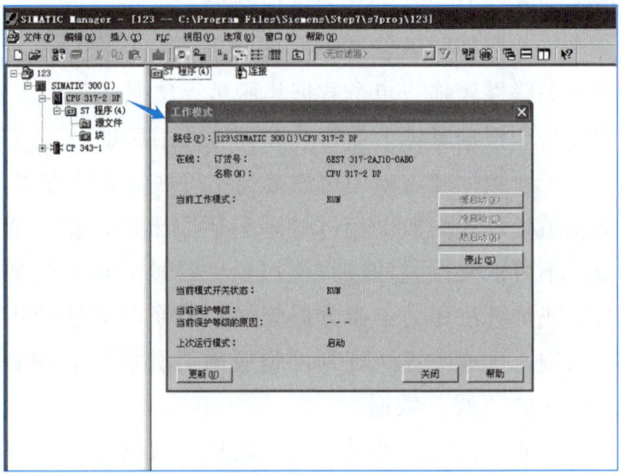

图 4-21 PLC 工作模式

步骤 2：发送工控指令。

本任务以 PLC“停止”和“暖启动”指令的发送为例，具体其他的指令需要参考厂家组态软件使用说明。

① 在弹出的“工作模式”对话框中单击“停止”或“启动”等按钮，可以发送相应的工控指令。例如，单击“停止”按钮，再单击“暖启动”按钮，弹出提示框，如图 4-22 所示。

② 单击“是”按钮，对工控设备进行暖启动，成功后可以在“工作模式”对话框中显示当前的运行状态，如图 4-23 所示。

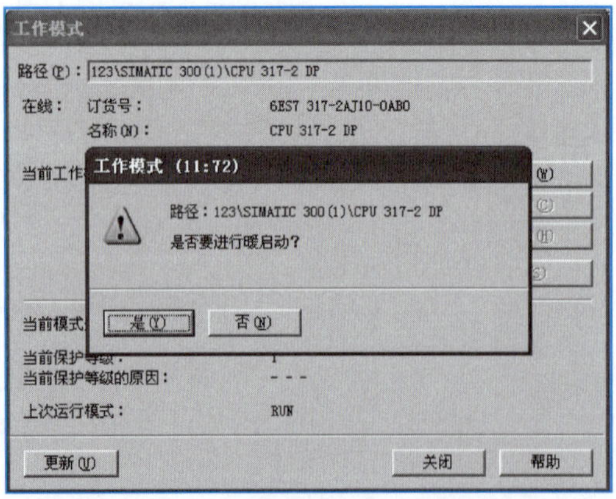

图 4-22 发送启动工控指令

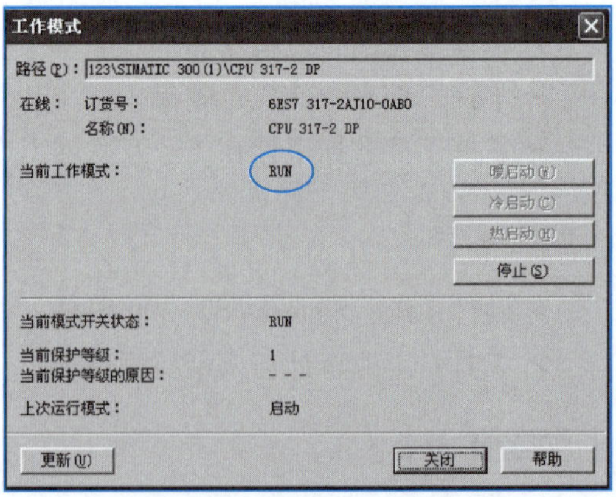

图 4-23 查看当前运行状态

步骤 3：上电自学习配置。

登录工业审计与入侵检测系统，在左侧项目栏中选择“配置规则→全局配置”项，在右侧的“审计开关→上电自学习”模块中可以对上电自学习的相关配置进行查看和修改，如图 4-24 所示。上电自学习在资产偏差检测时间内超过资产偏差比较阈值时，会自主创建一个白名单规则组（asset_learn_default，ACL），将该 ACL 添加到配置文件中，之后系统即可进行资产信息及规则的自学习。

笔 记

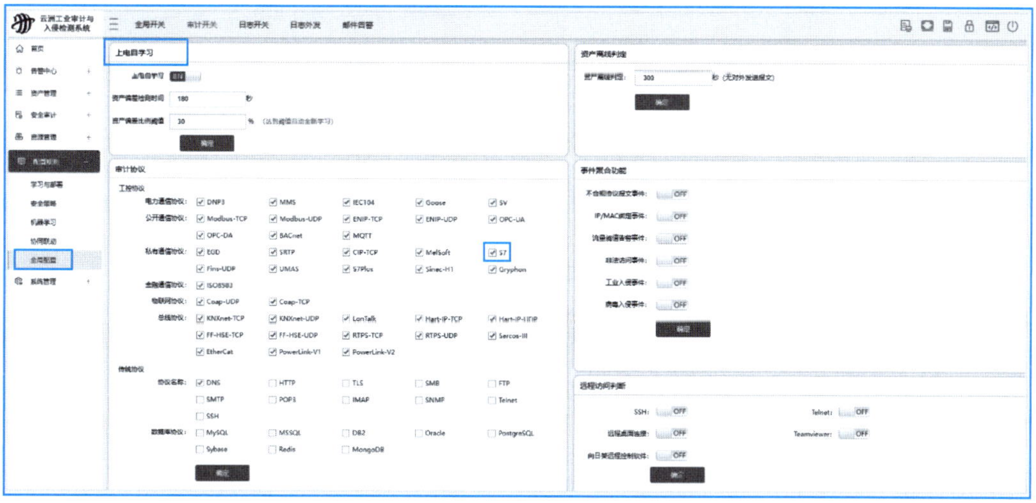

图 4-24　上电自学习配置

步骤 4：检测与审计。

在系统左侧项目栏中选择“安全审计→流量审计”项，选择“实时流量→应用监控”选项卡，进入应用监控界面，可以查看各应用的运行情况，如图 4-25 所示。

微课 4-5
使用工业审计与入侵检测系统对 PLC 设备数据进行检测与审计

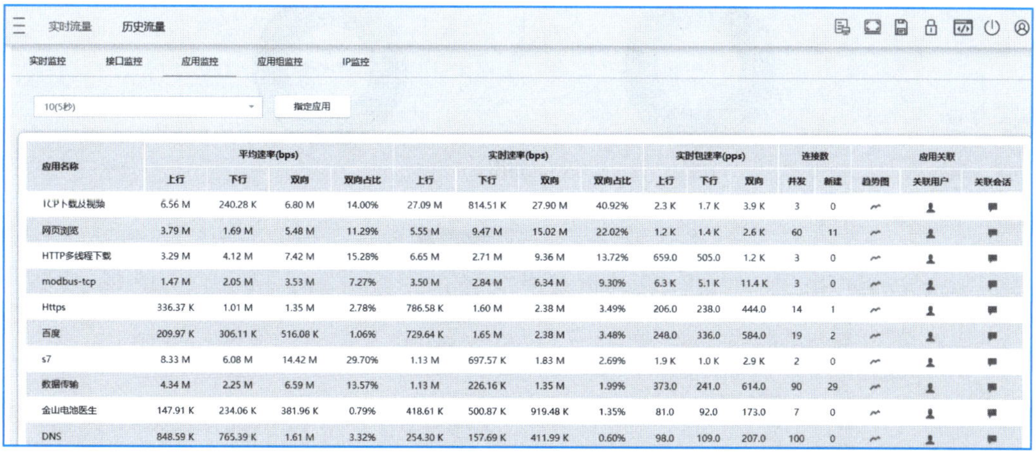

应用名称	平均速率(bps)				实时速率(bps)				实时包速率(pps)			连接数		应用关联		
	上行	下行	双向	双向占比	上行	下行	双向	双向占比	上行	下行	双向	并发	新建	趋势图	关联用户	关联会话
TCP下载及视频	6.56 M	240.28 K	6.80 M	14.00%	27.09 M	814.51 K	27.90 M	40.92%	2.3 K	1.7 K	3.9 K	3	0			
网页浏览	3.79 M	1.69 M	5.48 M	11.29%	5.55 M	9.47 M	15.02 M	22.02%	1.2 K	1.4 K	2.6 K	60	11			
HTTP多线程下载	3.29 M	4.12 M	7.42 M	15.28%	6.65 M	2.71 M	9.36 M	13.72%	659.0	505.0	1.2 K	3	0			
modbus-tcp	1.47 M	2.05 M	3.53 M	7.27%	3.50 M	2.84 M	6.34 M	9.30%	6.3 K	5.1 K	11.4 K	3	0			
Https	336.37 K	1.01 M	1.35 M	2.78%	786.58 K	1.60 M	2.38 M	3.49%	206.0	238.0	444.0	14	1			
百度	209.97 K	306.11 K	516.08 K	1.06%	729.64 K	1.65 M	2.38 M	3.48%	248.0	336.0	584.0	19	2			
s7	8.33 M	6.08 M	14.42 M	29.70%	1.13 M	697.57 K	1.83 M	2.69%	1.9 K	1.0 K	2.9 K	2	0			
数据传输	4.34 M	2.25 M	6.59 M	13.57%	1.13 M	226.16 K	1.35 M	1.99%	373.0	241.0	614.0	90	29			
金山电池医生	147.91 K	234.06 K	381.96 K	0.79%	418.61 K	500.87 K	919.48 K	1.35%	81.0	92.0	173.0	7	0			
DNS	848.59 K	765.39 K	1.61 M	3.32%	254.30 K	157.69 K	411.99 K	0.60%	98.0	109.0	207.0	100	0			

图 4-25　应用监控

选择“应用组监控”选项卡，进入应用组监控界面，可以选择流量趋势图、表格、饼图和柱状图等多种形式对应用组数据进行查看，以便于管理和统计，如图 4-26 所示。

笔 记

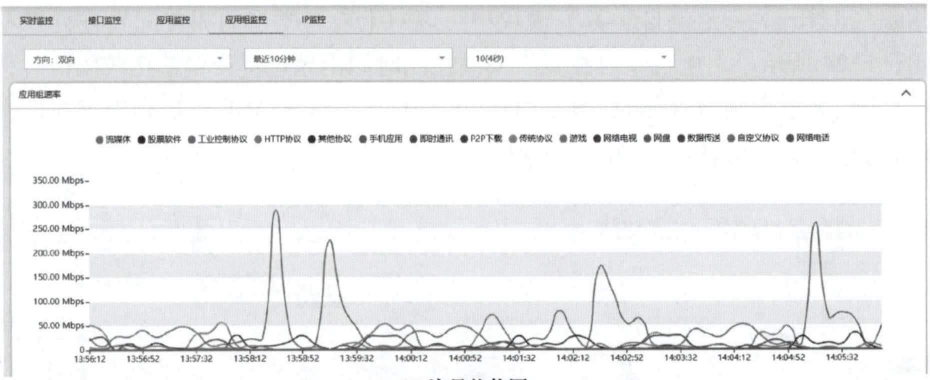

(a) 流量趋势图

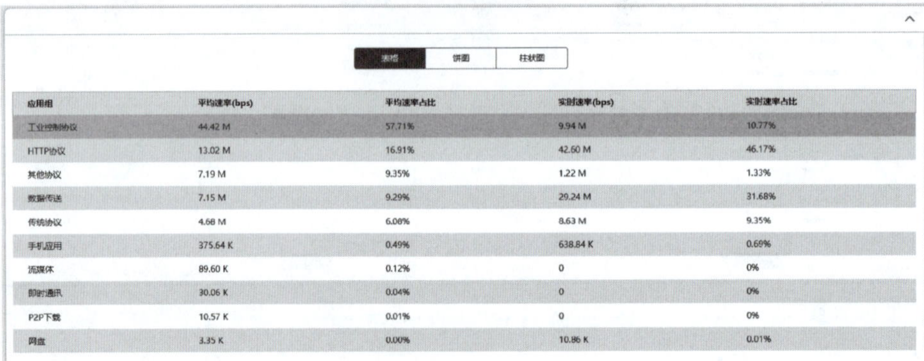

表格 饼图 柱状图

应用组	平均速率(bps)	平均速率占比	实时速率(bps)	实时速率占比
工业控制协议	44.42 M	57.71%	9.94 M	10.77%
HTTP协议	13.02 M	16.91%	42.60 M	46.17%
其他协议	7.19 M	9.35%	1.22 M	1.33%
数据传送	7.15 M	9.29%	29.24 M	31.68%
传统协议	4.68 M	6.08%	8.63 M	9.35%
手机应用	375.64 K	0.49%	638.84 K	0.69%
流媒体	89.60 K	0.12%	0	0%
即时通讯	30.06 K	0.04%	0	0%
P2P下载	10.57 K	0.01%	0	0%
网盘	3.35 K	0.00%	10.86 K	0.01%

(b) 表格

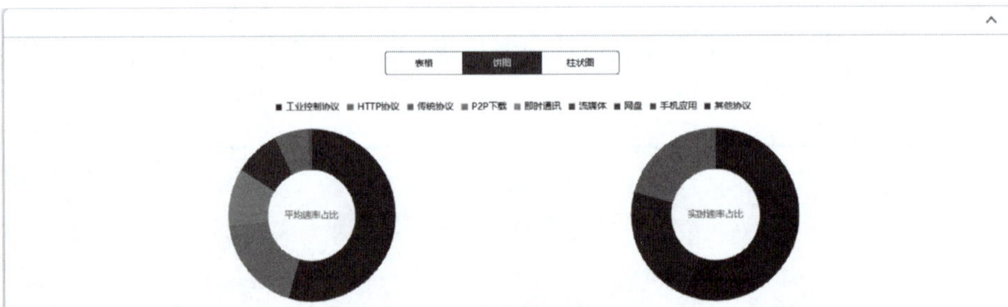

(c) 饼图

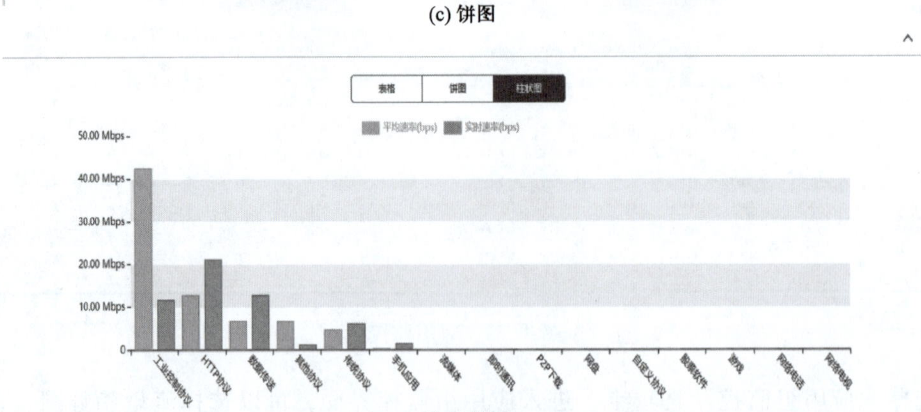

(d) 柱状图

图 4-26 应用组监控

4.3.4 任务评价

本任务主要介绍了工业互联网数据识别处理的相关知识，评价标准如下：

① 了解工业数据处理、分析及应用安全。

② 了解工业数据脱敏处理。

③ 掌握系统、中间件、Web 程序和防火墙指纹识别方法。

④ 了解基本的工控指令及执行效果。

⑤ 了解工控数据审计的相关知识。

4.3.5 任务测验

文本：参考答案

一、选择题

1. 工业数据的使用安全主要是要求各系统对工业数据用户访问进行（　　）。

A. 访问控制和权限管理　　B. 权限控制和用户管理

C. 访问控制和数据管理　　D. 用户限制和权限管理

2.（　　）是为了实现数据处理过程所涉工业数据源的可追溯性，记录工业原始数据在全生命周期中的演变过程信息。

A. 工业数据脱敏　　B. 工业数据溯源　　C. 工业数据销毁　　D. 工业数据演变

3. 下列在线控测网站中，可以在线自动探测目标网站的数据库、开发语言、操作系统、Web 容器、CMS、开发框架等的是（　　）。

A. 百度　　B. 搜狗　　C. Shodan　　D. 云悉

二、简答题

1. 什么是工业密文数据处理？其处理安全性涉及哪些内容？

2. 在工业互联网中，数据溯源的应用形态有哪些？

3. 工业数据销毁的目的是什么？

任务 4.4 工业互联网数据安全配置

PPT：任务 4.4 工业互联网数据安全配置

4.4.1 任务描述

工业数据是工业互联网核心要素，一旦生成、存储和流动，数据就变为一种资产，需要明确其安全能力需求，进而采取相应的安全保护措施，以防范各种安全风险。

本任务将讲解在 Linux 系统中对 MySQL 数据库的安全与基础配置方法，重点是学习

笔记

MySQL 数据库的用户、权限等安全配置方法。

4.4.2 知识导入

1. 工业互联网数据交换安全

数据交换涉及以网闸技术实现的数据传输、页面浏览、数据库同步、文件及邮件发送等功能，此外还包括工业网络的物理隔离、工业通信协议安全分析、工业控制指令实时可靠发送，既需要保证工业场景下的数据隔离，又要实现工业数据的集中采集、工业协议转换、安全防护及过滤。

（1）工业数据导入导出安全

工业数据的导入、导出过程可能会危害数据的可用性与完整性，也存在泄露风险。此时应根据工业数据的分类分级，制定需导入导出数据的安全策略，包括访问控制、一致性保证、审计与日志管理等策略。此外，还应规定导出数据介质的命名规则、标识属性等标识，定期对导出工业数据的完整性与可用性进行验证。工业数据的导入导出终端设备或软件、用户或服务组件应实行访问控制，验证其身份的真实性与合法性，例如，使用多因素认证方法来鉴别工业数据导入导出操作人员的身份。安全级别要求高的核心、关键、敏感工业数据应执行加密导入导出操作。工业数据导入导出通道应具有冗余备份能力，导入导出接口应具有流量过载监控能力，并及时有效清除数据导出通道的缓存数据，以防被恶意恢复。工业数据导入导出应具有日志管理与审计能力，以有效记录导入导出过程相关日志信息，并利用定期审计来识别潜在的安全风险。

（2）工业数据共享与发布安全

工业数据共享是由工业业务系统及相关产品为外部客户提供数据或与第三方合作伙伴交换数据。执行对数据交换过程的安全风险控制，以实现对数据价值保护的有效性、对法律法规的符合性。工业数据使用相关各方应对工业数据共享所涉的工业数据类型、格式、内容以及共享场景等制定相关规范，并使之满足工业数据共享安全策略的要求。安全级别较高的核心、关键、敏感工业数据应采取加密、建立安全通道等手段来保护隐私。

工业数据发布应控制工业数据的格式、适用范围、发布者与使用者的责、权、利，建立工业数据发布接口及格式规范，比如，使用机器可读的可扩展标记语言格式等。

（3）工业数据交换监控

工业数据交换可能存在数据滥用、数据泄露等风险，应对高风险数据交换操作进行监控。例如，对重要工业数据、用户信息等数据的外发行为、数据流量、交换服务接口调用事件等信息进行实时记录。

为实现工业数据交换安全，还可以采用私有协议摆渡对通信信息实现网络信息剥离，只交换应用数据。工业协议转换与工业数据转发通常需要支持 Modbus TCP/RTU/ASCII、OPC、IEC 60870-5-101/103/104、DL 451-91（CDT）、DL/T 645、SNMP v1/v2 等采集与转发协议，还需要网络协议与串口协议相结合。

2. 工业互联网数据存储安全

工业互联网中的数据存储安全需要制定存储安全策略，涉及工业数据可伸缩存储架构、加密存储及密钥管理、逻辑存储环境、云存储安全、数据备份与数据归档、数据新鲜性与时效性控制等内容。工业数据存储安全问题也离不开对数据静态存储和动态传输的风险评估，需要根据情况进行分级分类管理。

（1）工业领域数据库的选择

工业数据存储涉及多种数据库，涵盖关系数据库、分布式数据库、工业实时数据库（时序数据库）、非关系数据库、内存数据库等多种类型。不同类型的工业数据对数据存储所需的数据库也不同。

1）关系数据库的选择

工业数据存储和管理方面，仍可在某些应用领域中采用 Oracle、SQL Server、MySQL、Postgress 等关系数据库。

关系数据库的显著特征之一就是以关系数据模型来组织数据，该模型包括关系数据结构、关系操作集合与关系完整性约束。该模型数据结构比较单一，以关系来表征现实世界实体及其关系。在关系模型中，工业数据的逻辑结构以二维数据表形式来体现，独立存储每个具有相同属性的数据。工业领域应用的关系数据库按存储、访问方式分为本地数据库和远程数据库。本地数据库在工业服务器或工业局域网中部署，冲突预防及消解采用基于文件的锁定策略。本地数据库常与工业应用处于同一文件系统，基于此类数据库的工业应用称为单层应用。远程数据库多非驻留本地工业主机，而是利用 SQL 来访问远程。由于数据库服务器和应用服务器彼此相互独立，因此基于此类数据库的应用为多层应用。在工业领域选用关系数据库，需要综合考虑存储及处理的数据量、并发用户量、响应时间要求等因素。选用本地数据库，可实现较快的访问速度，而远程服务器则适合多用户并发访问，而且存储容量较大。

笔 记

在工业互联网中，当数据量不大时，可选用关系型数据库，通常能够满足增、删、改、查及存储需求。

2）分布式数据库的选择

在工业互联网中，针对海量工业数据、海量工业用户、高可靠、高性能、高并发和可水平扩展性等需求，也可以选用分布式数据库系统（Distributed Database System，DDBS）。

DDBS 由分布式数据库管理系统和分布式数据库所构成。工业 DDBS 中，一个工业 App 可对 DDB 实现透明操作，而不同的工业数据则由不同的本地数据库来进行存储、不同的 DBMS 来进行管理、运行于不同的机器、受不同的操作系统支持、通过不同的工业通信体制实现数据交换。在工业互联网中，可使用两种 DDBS。用途较单一的中小规模数据服务需求可使用物理上分布、逻辑上集中的 DDBS。而大范围内数据库集成则需要使用物理上和逻辑上均分布的联邦式 DDBS。但是从用户使用的体验来看，二者并无区别，这

笔记

也是对用户透明的含义所在。

工业领域中使用的分布式数据库，在完整性、操作性能、工业数据独立性、工业数据共享和冗余保证、并发控制、备份恢复等安全性方面具有显著优势。

3）实时数据库的选择

工业生产过程数据是工业 MES 中最具价值的核心数据资源，需要将生产过程信息实时有效存储、上传，以充分利用并保障 MES 等制造执行层及 ERP 等生产管理层的工业信息系统投资。工业历史数据源自工业现场流程数据采集与存储，而未来的故障诊断、流程控制、工艺优化、产品改进、模型提取等工业大数据分析需要哪些数据，一般无法预知，因此，采集、存储所有流程数据很有必要。这种应用场景可采用实时数据库。工业实时数据库可实时采集、存储并上传工业企业运行的各种过程数据，并处理转化为可供各类业务应用的有效公共数据，以满足工业互联网的企业经营管理、生产执行、现场监控等信息系统的应用需求，并提供工业数据的完整性、一致性及安全共享能力。

实时数据库是工业现场的实时控制、数据采集等系统的核心支撑软件，用于反映现场实时运行状况，是工业现场 SCADA、DCS 等工业网络与企业 ERP 等管理网络相结合、构建二者之间沟通桥梁的关键所在。

工业实时数据库名为数据库，实为一个系统级解决方案，涵盖了工业智能设备的数据采集及传输、现场海量工业数据的压缩与存储等功能，甚至可以根据监测数据的反馈实施实时控制等。工业实时数据库的实时性涵盖了数据实时性与事务实时性两大方面，数据库中各活动、事件、数据均有与之相关的时间限制。工业实时数据库必须同时具备事件触发和定时触发这两种处理能力，以维护系统的实时性和稳定性。

4）时序数据库的选择

严格意义上说，工业时序数据库的本质为工业实时数据库的数据存储部分。工业生产过程中，大量的传感数据及控制数据均具备时序空间特性，即时序数据。工业时序数据库在工控设备状态监控、工业产品制造质量优化等流程工业领域应用优势明显。

必须指出，工业实时数据库与工业时序数据库，并不能完全替代传统的关系型数据库和分布式数据库，上述各种数据库各自适用于不同的工业领域和工业场景，需要将各种数据库相结合，发挥各自优势。

（2）基于 NoSQL 的工业数据可伸缩存储架构

工业互联网的数据堪称海量，工业大数据高并发写入，传统的关系型数据库在工业大数据处理方面彰显出性能瓶颈与不足，存在容量不足、读写瓶颈、数据易失、扩展受限、恢复困难等问题，针对大规模和高并发非结构化数据存储和管理，可选择使用可伸缩存储架构的非关系型数据库（Not Only SQL，NoSQL）。

NoSQL 数据库并没有权威规范及明确定义可供遵循，也没有标准查询语言，因此需要制定数据模型来实现数据库查询，而且这种数据模型是动态的，可在运行过程中添加新的属性记录。适合于不同工业数据存储场景应用的 NoSQL 细分领域也较多，大致分为键值（Key-Value）数据库、列族（列存储）数据库、文档型数据库以及图形（Graph）数据库 4 类。

NoSQL 数据存储的安全性要求分为保密性、完整性、可用性以及一致性等。但是，NoSQL 数据库的最初设计初衷是追求简易扩展和极致效率，对数据库运行的环境安全假设过于理想，很多 NoSQL 数据库存在明显的安全缺陷，而其又主要用于互联网规模的部署，面临着被大量攻击风险。

笔 记

（3）工业数据访问控制及权限管理

工业大数据平台需要建立统一的数据权限管理机制，结合存储访问与控制手段，实现各类工业数据存储系统的访问权限管理，包括各类用户的身份标识与鉴别、工业数据访问控制、数据扩容及复制等内容。表 4-9 所示为工业数据访问控制的权限决定因素。

表 4-9 工业数据访问控制的权限决定因素

<table>
<tr><th>决定因素</th><th>概要说明</th><th colspan="2">详细说明</th></tr>
<tr><td rowspan="3">工业数据用户类型</td><td rowspan="3">根据对工业互联网的使用需求或管理功能，对用户进行分类</td><td>系统管理员</td><td>对各类数据系统拥有最高权限，可访问所有数据资源，具备全部访问操作权限</td></tr>
<tr><td>普通用户</td><td>由系统管理员分配访问操作权限</td></tr>
<tr><td>系统审计员</td><td>负责审计系统安全控制与数据使用情况</td></tr>
<tr><td>工业数据分类</td><td>工业互联网中需要保护的各类工业数据</td><td colspan="2">磁盘、阵列、终端、数据库及处于其中的各类工业数据</td></tr>
<tr><td>工业数据使用</td><td>针对待保护工业数据定义的访问控制包</td><td colspan="2">工业数据名称及其拥有者的标识符、缺省访问权限、用户及用户组的特权明细表等</td></tr>
<tr><td>访问规则</td><td>定义了准许访问某工业数据的条件</td><td colspan="2">访问规则实现了用户与工业数据资源的匹配，指定某类型用户对相应数据资源的操作权限</td></tr>
</table>

拓展阅读 4-5 工业数据逻辑存储环境与云存储安全

4.4.3 任务实施——MySQL 安全配置

【任务目的】

- 学习在 Linux 系统中 MySQL 的安装与基础配置操作。
- 重点学习 MySQL 的安全配置。

【使用工具】

- 主操作平台：CentOS 7.5（64 位），已下载 MySQL 5.7 rpm 安装包。
- 测试机：Windows 7（可选环境，可用于访问 MySQL，验证配置是否有效）。

微课 4-6 在 Linux 系统中安装 MySQL

【实施步骤】

步骤 1：安装 MySQL 5.7 服务器。

① 登录 Linux 服务器，输入以下命令，切换 root 用户。

笔 记

```
sudo -i
```

② 使用 ls 命令查看路径，可以看到 MySQL 的各种安装包，具体含义如表 4-10 所示。

开始安装 MySQL 服务器，在服务器端通常只需要安装 mysql-community-server、mysql-community-client、mysql-community-common、mysql-community-libs 这几个安装包，安装 MySQL 服务器的命令如下：

```
yum install mysql-community-{server,client,common,libs}-*
```

表 4-10 MySQL 各种安装包说明

MySQL 安装包	说　明
mysql-community-server	数据库服务器和相关工具
mysql-community-client	MySQL 客户端应用程序和工具
mysql-community-common	服务器和客户端库的通用文件
mysql-community-devel	为 MySQL 数据库客户端应用程序开发头文件和库
mysql-community-libs	MySQL 数据库客户端应用程序的共享库
mysql-community-libs-compat	以前 MySQL 安装的共享兼容性库
mysql-community-embedded	MySQL 嵌入式库
mysql-community-embedded-devel	将 MySQL 的头文件和库开发为可嵌入库
mysql-community-test	MySQL 服务器测试套件

表 4-11 所示为 MySQL 默认的安装释放路径。

表 4-11 MySQL 安装释放路径

文件和资源	路　径
客户端程序和脚本	/usr/bin
mysqld 服务器	/usr/sbin
配置文件	/etc/my. cnf
数据目录	/var/lib/mysql
错误日志文件	对于 RHEL，Oracle Linux，CentOS 或 Fedora 平台：/var/log/mysqld. log 对于 SLES：/var/log/mysql/mysqld. log
secure_file_priv 的价值	/var/lib/mysql-files
System V init 脚本	对于 RHEL，Oracle Linux，CentOS 或 Fedora 平台：/etc/init. d/mysqld 对于 SLES：/etc/init. d/mysql
系统服务	对于 RHEL，Oracle Linux，CentOS 或 Fedora 平台：mysqld 对于 SLES：mysql
Pid 文件	/var/run/mysql/mysqld. pid
插座	/var/lib/mysql/mysql. sock
密钥环目录	/var/lib/mysql-keyring
UNIX 手册页	/usr/share/man
包含（标题）文件	/usr/include/mysql
图书馆	/usr/lib/mysql
其他支持文件（例如，错误消息和字符集文件）	/usr/share/mysql

③ 完成 MySQL 服务器的安装，执行以下命令，启动 MySQL 服务器。

```
systemctl start mysqld
```

步骤 2：查看服务运行情况。

输入以下命令：

```
ss -lntp | grep 3306
```

查看是否成功启动 MySQL 服务，如图 4-27 所示。

图 4-27 查看是否成功启动 MySQL 服务

可以看到在 CentOS7 中，rpm 安装 MySQL 后，MySQL 监听所有 IP 地址的 3306 端口，以 mysqld 用户在运行 MySQL。

也可以通过以下代码，查看进程的运行详细情况。

```
ps -ef | grep mysqld
```

步骤 3：修改默认口令，登录 MySQL。

微课 4-7
MySQL的基础配置

① 为了避免旧版本 MySQL 默认空口令的问题，完成 MySQL 数据库的安装后，密码都会输出到安装日志中，查看安装日志，可以找到 MySQL 数据库的默认口令。

输入以下命令，查看 MySQL 安装日志中 MySQL 数据库的默认口令。

```
cat /var/log/mysqld.log | grep password
```

通过查询安装日志，可以看到 MySQL 数据库的默认口令，如图 4-28 所示。

笔记

图 4-28 查看安装日志中 MySQL 数据库的默认口令

② 输入以下命令，登录 MySQL。

```
mysql -u root -p
```

根据命令提示，输入 MySQL 数据库密码，并按 Enter 键，登录 MySQL 数据库，如图 4-29 所示。

因为没有更改 MySQL 数据库密码，这时数据库做不了任何操作。

③ 输入以下命令，更改 MySQL 数据库密码，例如这里将 MySQL 数据库密码修改为 P@ssw0rd。

```
alter user root@localhost identified by 'P@ssw0rd';
```

④ 完成 MySQL 数据库密码的修改，输入 quit 命令，退出 MySQL 数据库。使用修改后的新密码再次登录 MySQL 数据库，输入命令 show databases，可以查看 MySQL 数据库中的数据表，如图 4-30 所示。

笔 记

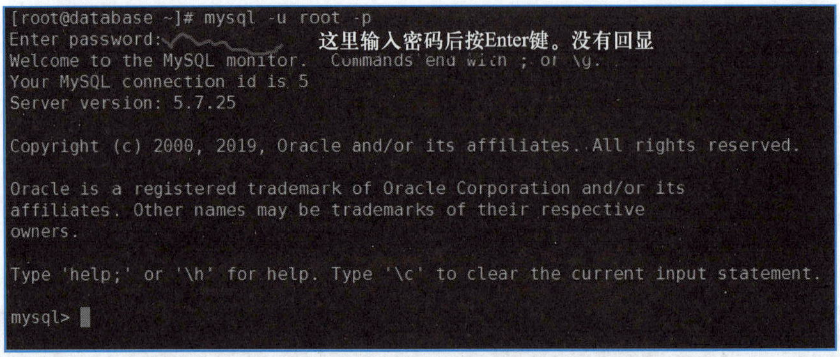

图 4-29 登录 MySQL 数据库

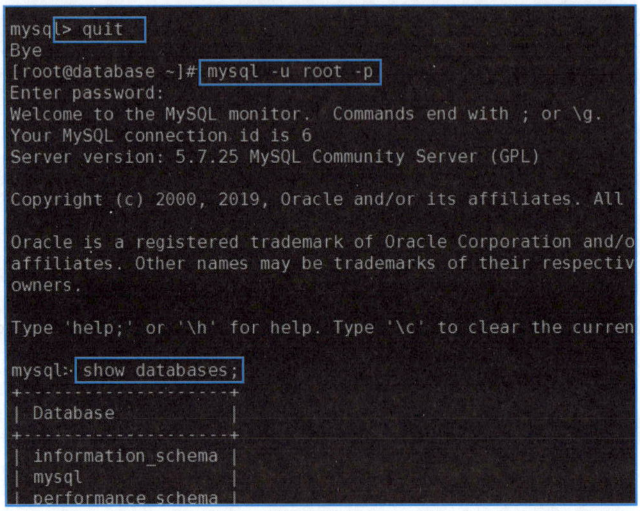

图 4-30 退出并重新登录 MySQL 数据库

步骤 4：检查 MySQL 数据库版本。

输入以下命令：

```
select version();
```

查看 MySQL 数据库的版本，如图 4-31 所示。

步骤 5：检查是否有不需要的用户。

输入以下命令：

```
use mysql;
select user from mysql.user;
```

查看 MySQL 数据库的用户，如图 4-32 所示。

如果存在不需要的用户，可以使用以下的命令将不需要的用户删除。

```
DROP USER 'username'@'host';
```

```
mysql> select version();
+-----------+
| version() |
+-----------+
| 5.7.25    |
+-----------+
1 row in set (0.00 sec)
```

图 4-31　查看 MySQL 数据库的版本

```
mysql> use mysql;
Database changed
mysql> select user from mysql.user;
+---------------+
| user          |
+---------------+
| mysql.session |
| mysql.sys     |
| root          |
+---------------+
3 rows in set (0.00 sec)
```

图 4-32　查看 MySQL 数据库的用户

步骤 6：查看密码安全策略。

输入以下命令：

```
SHOW VARIABLES LIKE 'validate_password%';
```

查看 MySQL 数据库的密码安全策略，如图 4-33 所示。

```
mysql> SHOW VARIABLES LIKE 'validate_password%';
+--------------------------------------+--------+
| Variable_name                        | Value  |
+--------------------------------------+--------+
| validate_password_check_user_name    | OFF    |
| validate_password_dictionary_file    |        |
| validate_password_length             | 8      |
| validate_password_mixed_case_count   | 1      |
| validate_password_number_count       | 1      |
| validate_password_policy             | MEDIUM |
| validate_password_special_char_count | 1      |
+--------------------------------------+--------+
7 rows in set (0.02 sec)
```

图 4-33　查看 MySQL 数据库的密码安全策略

笔记

步骤 7：检查用户权限。

① 新建数据库，输入以下命令：

```
create database testDB default charset utf8 collate utf8_general_ci;
```

② 新建数据表，输入以下命令：

```
use testDB;
create table testDB_TABLE01(id int,name varchar(20));
create table testDB_TABLE02(id int,name varchar(20));
```

③ 新建用户，输入以下命令：

```
CREATE USER 'test'@'localhost' IDENTIFIED BY 'P@ssw0rd';
```

④ 给用户授权，输入以下命令：

```
GRANT SELECT ON testDB.* TO test@localhost;
GRANT UPDATE ON testDB.testDB_TABLE01 TO test@localhost;
GRANT SELECT,DELETE ON mysql.user TO test@localhost;
```

⑤ 查看用户权限，输入以下命令：

```
show grants for test@locahost;
```

可以看到所查询用户的权限列表，如图 4-34 所示。

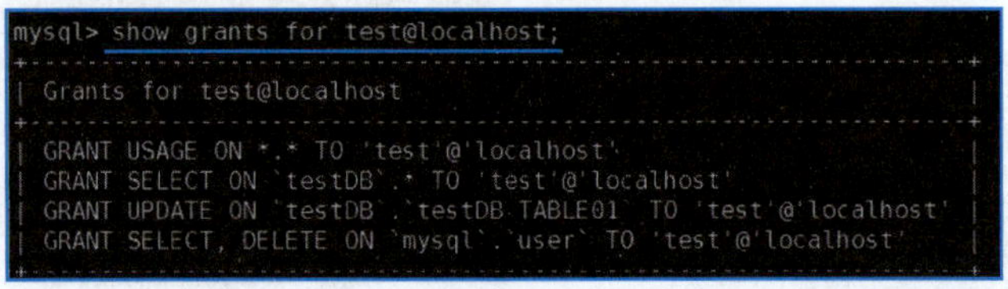

图 4-34 查看指定用户的权限

⑥ 撤销用户权限，输入以下命令：

```
REVOKE ALL privilege ON databasename. tablename FROM username@ host;
```

微课 4-8 MySQL 的安全配置

步骤 8：配置 IP 访问数据库。

① 查看用户能登录的主机，输入以下命令：

```
select user,host from mysql. user where user='test';
```

② 登录另一台计算机，安装 MySQL 客户端，远程登录。输入以下命令：

```
yum install mysql-community-{server,client,common,libs}-*
```

③ 登录服务器，输入以下命令：

```
mysql -h 192. 168. 0. 15 -u test -p
```

④ 登录服务器，输入以下命令：

```
mysql -h 192. 168. 0. 15 -u test -p
```

笔 记

提示不允许登录。

⑤ 在服务器端操作，登录 MySQL，设置允许 test 用户从 192. 168. 0. 40 登录，并刷新权限。输入以下命令：

```
update mysql. user set host = '192. 168. 0. 40' where user = 'test';
flush privileges;
```

⑥ 输入以下命令，再次尝试从客户端登录 MySQL，登录成功。

```
mysql -h 192. 168. 0. 15 -u test -p
```

步骤 9：限制数据库读取文件。

① 生成一个任意文件，输入以下命令：

```
echo 11111111 > /var/lib/mysql-files/1. txt echo 22222222 > /tmp/2. txt
```

查看是否允许 load_file( ) 函数。

② 查看当前是否允许使用 load data infile( ) 读取文件，输入以下命令：

```
show variables where variable_name = "local_infile";
```

③ 查看当前安全路径，输入以下命令：

```
show global variables like "%secure%";
```

④ 创建 temp 数据库，输入以下命令：

```
create database temp;
```

⑤ 在 temp 数据库中创建 user 数据表，输入以下命令：

```
use temp;
create table user(cmd text);
```

⑥ 输入以下命令：

```
insert into user(cmd) values (load_file('/tmp/2.txt'));
```

从/temp 读入，报错。

⑦ 输入以下命令：

```
insert into user(cmd) values (load_file('/var/lib/mysql-files/1.txt'));
```

从/var/lib/mysql-files 读入，成功。

⑧ 使用另一种方式读取文件。输入以下命令：

```
load data infile '/tmp/2.txt' into table user;
```

从/temp 读入，报错。

⑨ 输入以下命令：

```
load data infile '/var/lib/mysql-files/1.txt' into table user;
```

从/var/lib/mysql-files 读入，成功。

⑩ 输入以下命令：

```
select * from user;
```

查看数据库，如图 4-35 所示。

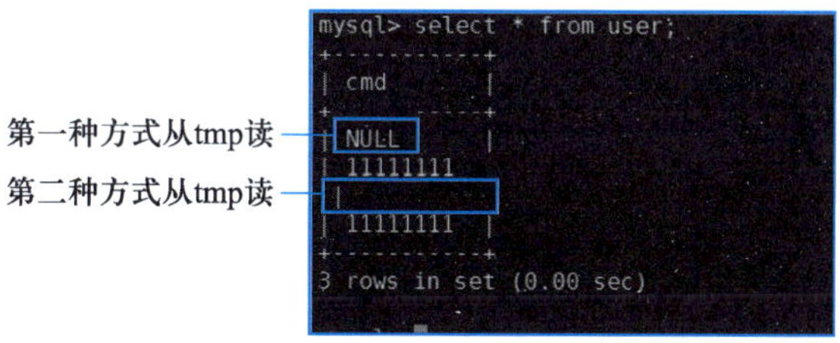

图 4-35 查看数据库

因为有安全路径设置，无法从其他目录读取文件，现在设置安全目录为 NULL。

⑪ 修改 MySQL 配置文件，输入以下命令：

```
vim /etc/my.cnf
```

⑫ 在 MySQL 配置文件中加入以下命令：

```
secure_file_priv=NULL
```

⑬ 重启 MySQL 数据库服务，输入以下命令：

```
show global variables like "%secure%";
```

笔记

笔 记

发现值为 NULL，如图 4-36 所示。

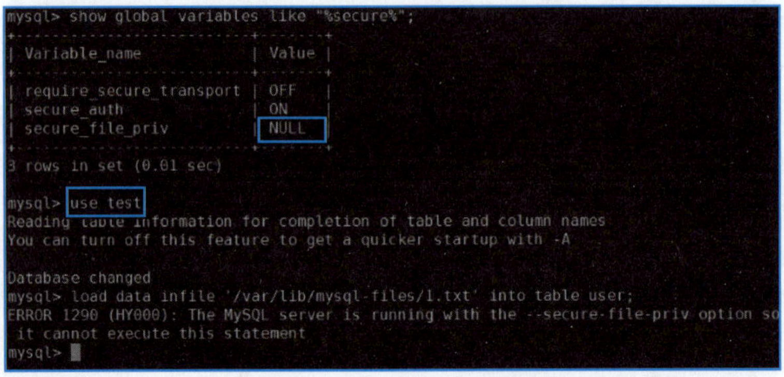

图 4-36 设置安全目录为 NULL

再使用前面的方法，重新尝试读取文件。

4.4.4 任务评价

本任务主要介绍了工业互联网数据安全配置的相关知识，评价标准如下：

① 了解工业互联网数据交换安全。

② 了解工业互联网数据存储安全。

③ 掌握 Linux 下的 MySQL 的安装与基础配置方法。

④ 掌握 MySQL 数据库的安全配置方法。

4.4.5 任务测验

文本：参考答案

一、选择题

1. 下列中属于可伸缩存储架构的非关系数据库是（　　）。

A. Oracle　　B. SQL Server　　C. MySQL　　D. NoSQL

2. 工业时序数据库的本质为（　　）的数据存储部分，是为了实现数据处理过程所涉工业数据源的可追溯性，记录工业原始数据在全生命周期中的演变过程信息。

A. 工业关系数据库　　B. 工业分布式数据库

C. 工业实时数据库　　D. 普通数据库

3. 登录 Linux 服务器，输入命令（　　），切换 root 用户。

A. root　　B. user root　　C. sudo root　　D. sudo -i

二、简答题

1. 在工业领域使用的分布式数据库具有哪些优势？

2. 简单描述工业数据加密存储的方式及特点。

3. 简单描述 NoSQL 数据库的特点。

【项目总结】

本项目介绍了工业互联网中数据安全配置的相关方法，重点介绍了工业数据分类分级、安全风险以及数据安全能力需求等相关内容。完成本项目的学习后，同学们应当对工业互联网数据安全问题有初步了解，并掌握物理网关设备与虚拟网关设备数据采集与监测方法、指纹识别检测与 MySQL 数据库的安全配置方法。

【项目评价】

在完成本项目学习任务后，可根据学习达成自我评价表进行综合能力评价，评价表总分 110 分（含附加分 10 分）。学习达成自我评价表积分方式：在达成情况对应的□中打“√”。其中完全达成，可按该项分值 100%计算；基本达成，可按该项分值 60%计算；未能达成，不计分值。项目 4 学习达成自我评价表如表 4-12 所示。

表 4-12　项目 4 学习达成自我评价表

学习目标	学习内容	达成情况
职业道德 （10 分）	① 遵纪守法，爱岗敬业 ② 遵守规程，安全操作 ③ 认真严谨，忠于职守 ④ 精益求精，勇于创新 ⑤ 诚实守信，服务社会	完全达成□ 基本达成□ 未能达成□
知识目标 （30 分）	① 是否了解工业数据的形态与特点及应用场景 ② 是否了解工业数据的分类与分级 ③ 是否了解工业互联网数据采集安全 ④ 是否了解工业互联网数据传输安全 ⑤ 是否了解 HTTP 请求方式（post）的测试方式 ⑥ 是否了解工业数据处理、分析及应用安全 ⑦ 是否了解工业数据脱敏处理 ⑧ 是否了解工业互联网数据交换安全 ⑨ 是否了解工业互联网数据存储安全	完全达成□ 基本达成□ 未能达成□
技能目标 （30 分）	① 是否理解网络通信基本要求与测试方法 ② 是否具备工业云平台物理网关配置的能力 ③ 是否具备物理网关设备数据的采集与监测的能力 ④ 是否具备工业监管平台的基本使用能力 ⑤ 是否具备工业监管平台的基本创建与配置能力 ⑥ 是否具备工业监管平台的数据采集、安全预警应用能力 ⑦ 是否具备 PLC 代码上装下装、停机、配置修改等指令的识别和审计的能力 ⑧ 是否具备 Linux 下的 MySQL 的安装与基础配置能力 ⑨ 是否具备 MySQL 数据库的安全配置能力	完全达成□ 基本达成□ 未能达成□

笔记

笔记

续表

学习目标	学习内容	达成情况
素养目标（20分）	① 是否具有主动学习工业互联网数据安全技术的积极态度 ② 是否具有准确分析和快速处理数据安全威胁的良好心态和主动意识	完全达成□ 基本达成□ 未能达成□
职业技能等级标准（10分）	① 是否能够对工业数据进行分级与分类 ② 是否能够对网络通信进行测试 ③ 是否能够在工业云平台中完成工业设备的配置 ④ 是否能够在工业云平台中实现设备数据的采集 ⑤ 是否能够实现对工业设备数据的监测 ⑥ 是否能够独立完成数据库的安装与基础配置 ⑦ 是否能够独立完成 MySQL 数据库安全配置 ⑧ 是否具备良好的沟通表达及团队合作能力	完全达成□ 基本达成□ 未能达成□
（附加分）学习过程发现问题（5分）		
（附加分）学习过程解决问题（5分）		

本表仅供学习者对照学习任务进行自我评价，以便查漏补缺，强化职业岗位能力，以适应社会新需求。

项目 5　工业互联网应用安全配置

【项目情境】

PPT：项目 5 导读

笔 记

工业互联网的应用安全涵盖支撑工业互联网业务运行的平台安全及应用程序安全等。应用安全的研究对象为工业互联网平台中面向不同工业领域、满足不同工业场景需求的工业应用软件、工业云软件或工业 App。

对于工业互联网平台，可采取的安全措施包括安全审计、认证授权和 DDoS 攻击防护等。对于软件，建议采用全生命周期的安全防护，在软件的开发过程中进行代码审计，并对开发人员进行培训，以减少漏洞的引入；对运行中的软件定期进行漏洞排查，对其内部流程进行审核和测试，并对公开漏洞和后门加以修补；对软件的行为进行实时监测，以发现可疑行为并进行阻止，从而降低未公开漏洞带来的危害。

本项目将主要介绍工业互联网应用安全的相关知识，帮助同学们对工业互联网应用安全有系统的了解和认识。通过工业互联网应用固件程序测试、工业互联网应用漏洞利用和工业互联网应用组态编程 3 个任务的实施，同学们可以掌握工业互联网应用安全的测试与安全分析方法。

【学习目标】

1. 知识目标

- 了解工业应用软件安全性的内涵。
- 了解工业应用软件的功能安全与失效原理。
- 了解 VxWorks 固件分析过程。

笔 记

➢ 了解工业应用软件的信息安全脆弱性。
➢ 了解工业应用软件的信息攻击防范。
➢ 了解工业服务架构的安全设计与安全保障。
➢ 了解工业微服务架构的容错机制及其应用。

2. 技能目标

➢ 具备对固件安全漏洞分析的能力。
➢ 具备 IDA 工具的使用能力。
➢ 理解 phpMyAdmin 文件包含漏洞利用的思想。
➢ 具备利用和防范文件上传漏洞的能力。
➢ 具备在 EasyBuilder Pro 中绘制 HMI 界面的能力。
➢ 具备在 EasyBuilder Pro 中编译下载 HMI 界面的能力。
➢ 具备在 TIA Portal 中进行 PLC 配置和编程的能力。

3. 素养目标

➢ 通过制定和实施有效的应用安全策略，提升安全思维，扩展信息视野。
➢ 培养良好的信息素养，提升信息检索、信息分析和信息处理能力，并能够通过快速获取和利用相关信息资源来保障应用安全。

【学习导图】

本项目将聚焦工业互联网应用安全配置的职业能力学习，主要包括工业互联网应用固件程序测试、工业互联网应用漏洞利用、工业互联网应用组态编程 3 个学习任务，共 7 个知识点，图 5-1 所示为项目 5 学习思维导图。

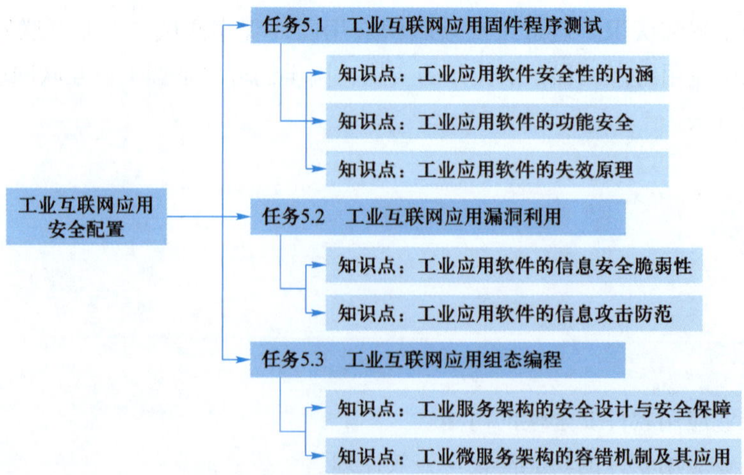

图 5-1　项目 5 学习思维导图

本项目学习内容与“工业互联网安全测评与应急”职业技能等级标准内容的对应关系如表 5-1 所示。

笔 记

表 5-1　本项目与职业技能等级标准内容对应关系

“工业互联网安全测评与应急”职业技能等级标准			工业互联网应用安全配置	
工 作 任 务	职业技能要求	等级	知 识 点	技 能 点
掌握工业互联网应用安全的测试与安全分析方法	① 能够对固件程序漏洞进行分析 ② 能够对文件包含漏洞进行处理 ③ 能防范文件上传漏洞 ④ 能利用相应的工具实现组态编程 ⑤ 能具备良好的沟通表达及团队合作能力	初级 中级	① 了解工业应用软件安全性的内涵 ② 了解工业应用软件的功能安全与失效原理 ③ 了解 VxWorks 固件分析过程 ④ 了解工业应用软件的信息安全脆弱性 ⑤ 了解工业应用软件的信息攻击防范 ⑥ 了解工业服务架构的安全设计与安全保障 ⑦ 了解工业微服务架构的容错机制及其应用	① 具备对固件安全漏洞分析的能力 ② 具备 IDA 工具的使用能力 ③ 理解 phpMyAdmin 文件包含漏洞利用的思想 ④ 具备利用和防范文件上传漏洞的能力 ⑤ 具备在 EasyBuilder Pro 中绘制 HMI 界面的能力 ⑥ 具备在 EasyBuilder Pro 中编译下载 HMI 界面的能力 ⑦ 具备在 TIA Portal 中进行 PLC 配置和编程的能力

拓展阅读 5-1 工业互联网应用安全测试

任务 5.1　工业互联网应用固件程序测试

5.1.1　任务描述

PPT：任务 5.1 工业互联网应用固件程序测试

无论是工业互联网的内网还是外网，固件都是控制嵌入式设备的核心。通过固件，操作系统才能按照标准的程序实现特定机器的运行动作。因此，必须要了解工业互联网应用固件程序测试的方法以及固件程序漏洞的分析。

本任务主要讲解以太网模块固件程序分析测试的方法，通过对固件程序进行分析测试，可以对固件程序安全漏洞进行分析，从而提升应用固件程序的安全性。此外，还将介绍工业应用软件安全性的内涵和功能安全等相关知识。

笔记

5.1.2 知识导入

1. 工业应用软件安全性的内涵

工业应用软件安全性已经成为工业信息系统安全极为重要的组成部分。软件安全性是在其全生命周期内，应按照系统安全工程方法来确保软件采用可提高其系统安全性的有效措施，并确保可能导致系统安全性降低的错误均已被排除或控制在可接受的风险水平。很多原因（包括操作人员失误、软件错误、硬件故障、接口或设计缺陷等）都可能会对系统整体功能的执行造成影响，从而导致系统进入危险状态，因此，软件安全性工作自顶至下涉及各个层次与环节。

工业互联网的安全分为物理安全、功能安全与信息安全。工业应用软件的安全性则主要由功能安全与信息安全两部分组成。也就是说，工业应用软件的安全性有两层含义，一是基于自然属性的功能安全，二是与信息数据相关的信息安全，二者既有紧密联系，又有明显区别。功能安全提供的是在环境异常、外部攻击和系统出错等情况下有效防止系统出现灾难性后果的能力，而信息安全则主要提供有效防范漏洞利用或攻击等安全威胁的能力。

工业软件安全性并不像可靠性那样强调系统功能，而是关注系统遭受危害的影响。而工业应用软件预期行为与实际运行之间的差异，导致了“可信性”问题的出现。工业应用软件可信性可描述为软件的操作与结果总符合预期；在环境苛刻、遭受攻击或发生意外干扰时，仍可持续提供服务。可信性本质上是一种综合质量属性，涵盖了可靠性、可维护性、可生存性等传统质量属性的许多方面。

2. 工业应用软件的功能安全

一方面，工业应用软件规模越来越大，研发、集成与演化的复杂度越来越高，另一方面，工业应用软件中的潜在脆弱性与缺陷也日趋隐蔽和复杂，加之其开发运行环境由传统的静态封闭迅速转换为动态开放状态，工业领域计算实体行为的不可控性与不确定性显著增强，软件缺陷导致的故障和事故层出不穷，加之工业应用领域的功能安全与信息安全问题交织在一起，为工业安全保障带来了极大挑战。

工业应用软件功能安全是指软件中任何随机故障、系统故障或共因失效均不会引起安全系统的故障，进而导致人员伤亡、环境破坏或财产损失等危害发生，即软件安全功能无论在何种工况下均应被正确实施。功能安全取决于软件对输入的正确处理，而这又需要其满足特定的安全完整性等级要求。

功能安全需要给工业应用软件、工业数据流、工业通信装置、工业数据库等划定安全等级，并进行模块化设计研发。工业应用软件功能安全评估涉及软件自身、研发流程与应用场景的安全功能合规性。对工业应用软件提出功能安全要求，可以指导其安全编码，满足核心功能目标，并符合相应标准规范认证要求，如工业领域通用的 IEC 61508 标准、铁路行业专用的 EN 50128 标准、汽车行业专用的 ISO 26262 标准、SIS 行业专用的 IEC 61511 标准以及航空行业专用的 DO 178C 标准等。同时，安全等级还可以用于应用层软件集成，并满足已认证部分输出的安全约束。这就涉及安全软件研发全流程，比如安全编码规则的使用、实验验证的覆盖、面向攻击防范的编码等。

3. 工业应用软件的失效原理

导致工业应用软件不安全的主要因素为软件错误、缺陷、故障和失效。失效是软件不安全的最终表现形式，失效机理就是对软件失效产生过程的揭示。

（1）工业应用软件错误

工业应用软件错误是软件开发中，由人为有意或无意不正确或遗漏行为造成的软件运行失效的因素，即人为导致软件架构或其具体实现与期望不符，是造成安全性破坏的初始原因。例如，机械切削加工 App 的需求规格说明出现了公制与英制单位混淆，进而导致编码实现错误，使用该 App 进行零件加工时，可能导致输出参数与机床的行程限制相冲突，从而引发 App 失效。

（2）工业应用软件缺陷

工业应用软件缺陷是软件文档、数据、程序当中存在的不希望出现或不可接受的偏差，会在软件运行的某一特定场景下被激活，转化为软件故障。缺陷与漏洞并不等同，前者是指对导致软件未满足用户需求或出现故障的诱因，仅属于功能安全问题；而后者则主要是指导致软件出现安全性问题的内在根源，既可能是功能安全问题，也可能是信息安全问题。例如，机械零件切削加工 App 在需求说明中明确指明采用公制单位，但编程人员误将其实现为英制单位，这就造成了该工业 App 需求规格说明与编码实现之间的差异，构成了该工业 App 的软件安全缺陷。

笔 记

（3）工业应用软件故障

工业应用软件故障是软件运行过程中出现的一种不希望或不可接受的内部状态，在 ISO14958 软件产品评价标准中被定义为：软件中不正确的步骤、过程或数据定义。软件故障体现为动态行为，在设计与编码时，需采取措施以确保其能从各种故障导致的失效中恢复。例如，机械零件切削加工 App 执行一个多余的刀具进给循环时，即为该 App 软件出现了故障。此时需要能够采取容错等措施及时处理。

（4）工业应用软件失效

工业应用软件失效是指其实际输出与期望输出不符，偏离了用户要求，无法完成既定功能。在工业控制领域，可表现为：控制软件停止输出导致现场设备死机；工业控制指令等数据输入或输出速度与被控对象的需求不匹配；计算出的加工或控制精度不合要求；控制软件在工控设备停机时输出了刀具进给指令等。

工业应用软件失效机理可描述为：错误→缺陷→故障→失效。若软件错误被固化于软件中，则会导致一个或多个软件缺陷。软件缺陷属于软件静态属性，在被消除之前持续存在。软件运行时，某个缺陷如被运行条件等环境因素激活，便会导致软件故障。故

笔 记

障是会以一定的概率导致软件失效的动态因素，如未被及时诊断并修复，最终会发生软件失效现象。软件错误与缺陷是软件安全性被破坏的根源，外在表现为故障乃至失效。工业应用软件失效是其错误、缺陷与故障逐级积累并对其安全性产生破坏的最终体现。

5.1.3 任务实施——以太网模块固件程序分析测试

【任务目的】

- 了解 VxWorks 固件分析过程。
- 掌握固件漏洞分析手段。
- 熟悉 BinWalk 命令。
- 掌握 IDA 工具的使用。

【使用工具】

- 工具：育安教育云平台。

【实施步骤】

微课 5-1
获取并分析以太网固件

步骤 1：固件获取。

① 解压固件。140NOE77101 的固件通过使用 WinRAR 或者 Linux 系统中使用以下命令，进行解压缩。

```
unzip noe77101_OS. bin_. zip;
```

通过解压缩获取一个 commandlist 文件和 FLASH0 文件夹，其中 FLASH0 的文件夹如图 5-2 所示。

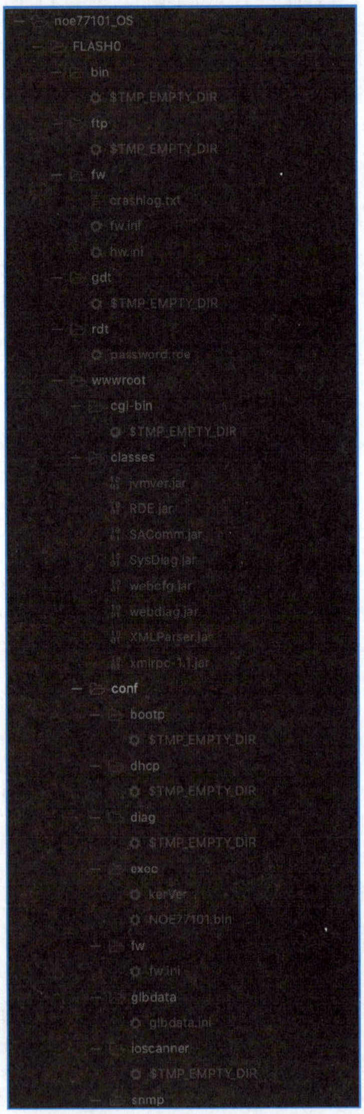

图 5-2 FLASH0 文件夹

通过 FLASH0 文件结构，发现在/flash0/wwwroot/conf/exex/目录下，存在一个 NOE77101. bin 文件，这个应该就是需要找的目标固件。

② 分析目标固件。使用 BinWalk 对目标固件进行分析，代码如下：

```
binwalk NOE77101. bin;
```

分析结果如图 5-3 所示。

③ 提取 NOE77101. bin 中的文件。使用 BinWalk 提取 NOE77101. bin 中的文件，代码如下：

```
binwalk -e NOE77101. bin;
```

得到 217 和 217. lib 两个文件，使用 BinWalk 分析 217，分析结果如图 5-4 所示。可以看到此固件使用

VxWorks 内核，BinWalk 还在固件中识别出了符号表。

```
root@kali:~/Document# binwalk NOE77101.bin

DECIMAL       HEXADECIMAL     DESCRIPTION
--------------------------------------------------------------------------------
535           0x217           Zlib compressed data, default compression
```

图 5-3　NOE77101.bin 固件解析内容

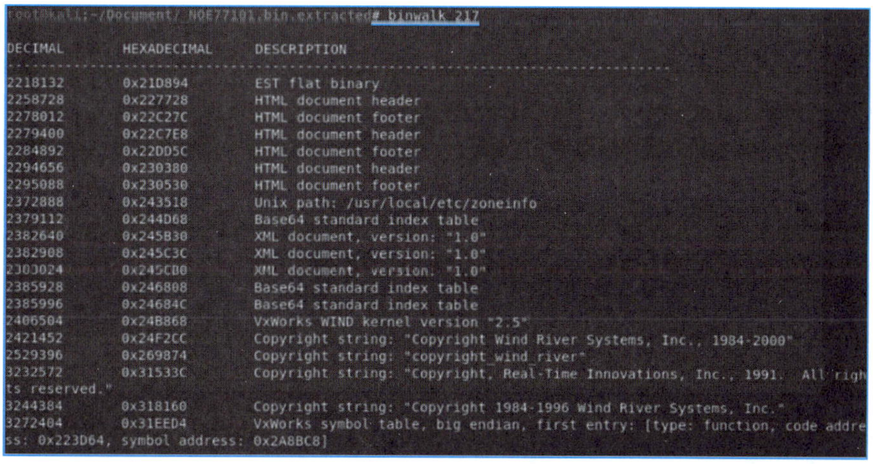

```
root@kali:~/Document/_NOE77101.bin.extracted# binwalk 217

DECIMAL       HEXADECIMAL     DESCRIPTION
--------------------------------------------------------------------------------
2218132       0x21D894        EST flat binary
2258728       0x227728        HTML document header
2278012       0x22C27C        HTML document footer
2279400       0x22C7E8        HTML document header
2284892       0x22DD5C        HTML document footer
2294656       0x230380        HTML document header
2295088       0x230530        HTML document footer
2372888       0x243518        Unix path: /usr/local/etc/zoneinfo
2379112       0x244D68        Base64 standard index table
2382640       0x245B30        XML document, version: "1.0"
2382908       0x245C3C        XML document, version: "1.0"
2383024       0x245CB0        XML document, version: "1.0"
2385928       0x246808        Base64 standard index table
2385996       0x24684C        Base64 standard index table
2406504       0x24B868        VxWorks WIND kernel version "2.5"
2421452       0x24F2CC        Copyright string: "Copyright Wind River Systems, Inc., 1984-2000"
2529396       0x269874        Copyright string: "copyright_wind_river"
3232572       0x31533C        Copyright string: "Copyright, Real-Time Innovations, Inc., 1991.  All righ
ts reserved."
3244384       0x318160        Copyright string: "Copyright 1984-1996 Wind River Systems, Inc."
3272404       0x31EED4        VxWorks symbol table, big endian, first entry: [type: function, code addre
ss: 0x223D64, symbol address: 0x2A8BC8]
```

图 5-4　进一步固件解析内容

步骤 2：固件分析。

① 首先需要确定固件的 CPU 架构、大小端格式和固件加载地址，才能使用 IDA Pro 进行反编译。

笔记

使用 binwalk -A 分析 217 文件，命令如下：

```
binwalk -A 217
```

217 文件的分析结果如图 5-5 所示，可知固件使用 PowerPC 架构，大端格式。

```
root@kali:~/Document/_NOE77101.bin.extracted# binwalk -A 217

DECIMAL       HEXADECIMAL     DESCRIPTION
--------------------------------------------------------------------------------
160           0xA0            PowerPC big endian instructions, function epilogue
400           0x190           PowerPC big endian instructions, function epilogue
408           0x198           PowerPC big endian instructions, function prologue
460           0x1CC           PowerPC big endian instructions, function epilogue
468           0x1D4           PowerPC big endian instructions, function prologue
516           0x204           PowerPC big endian instructions, function epilogue
524           0x20C           PowerPC big endian instructions, function prologue
616           0x268           PowerPC big endian instructions, function epilogue
624           0x270           PowerPC big endian instructions, function prologue
676           0x2A4           PowerPC big endian instructions, function epilogue
684           0x2AC           PowerPC big endian instructions, function prologue
740           0x2E4           PowerPC big endian instructions, function epilogue
748           0x2EC           PowerPC big endian instructions, function prologue
788           0x314           PowerPC big endian instructions, function epilogue
796           0x31C           PowerPC big endian instructions, function prologue
844           0x34C           PowerPC big endian instructions, function epilogue
```

图 5-5　使用 binwalk -A 分析 217 文件的结果

笔 记

② 接下来，需要分析固件的加载地址，VxWorks 固件的常见加载地址是 0x10000，但最好还是验证一下。

通过 strings 217 命令搜索固件中的字符表，确定字符表中的最后一个字符串应该是 APP_STASTON_MODBUS。命令执行结果如图 5-6 所示。

使用十六进制编辑器，搜索字符串 APP_STASTON_MODBUS，可知字符串表中的最后一个字符串的地址为 0x298BD8，如图 5-7 所示。

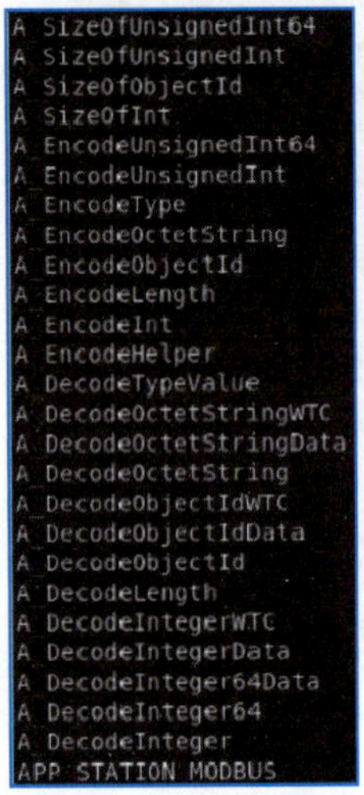

图 5-6 固件字符串分析结果

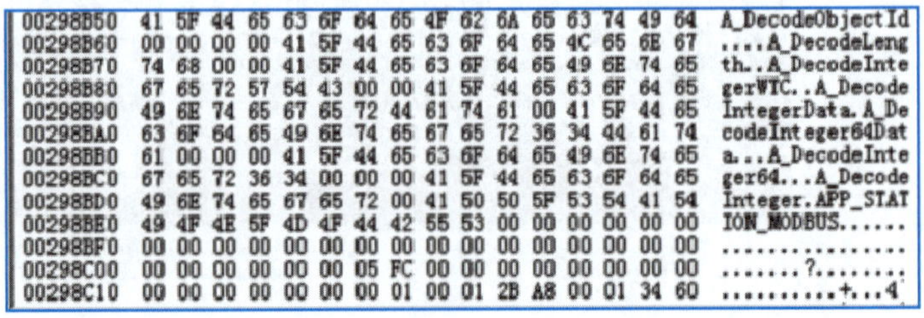

图 5-7 字符串地址位置

通过 BinWalk 查找到符号表地址后，再次使用十六进制编辑器，查找字符表的开始位置，如图 5-8 所示。

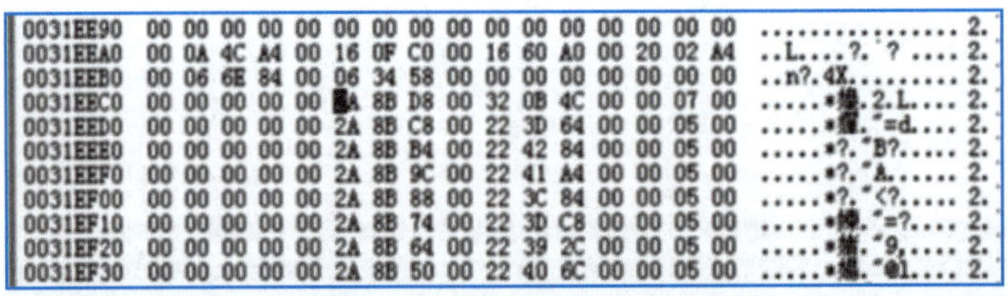

图 5-8 字符串地址位置

可以看到，第一个字符串的加载地址为 0x2A8BD8，因此所需要的固件地址是 Addr = 0x2A8BD8 - 0x298BD8 = 0x010000。

步骤 3：函数名修复。

① 使用 IDA Pro 工具加载 217 文件，处理器选择 PowerPC big endian（PPC），固件加载地址填写 0x10000，如图 5-9 所示。

微课 5-2
以太网固件
函数名修复

② 此时的 IDA Pro 并没有识别到函数。需要编写脚本修复函数名，但是目前只知道符号表的起始地址，并不知道结束地址。因此需要再次使用十六进制编辑器，寻找结束地址（0x348114），如图 5-10 所示。

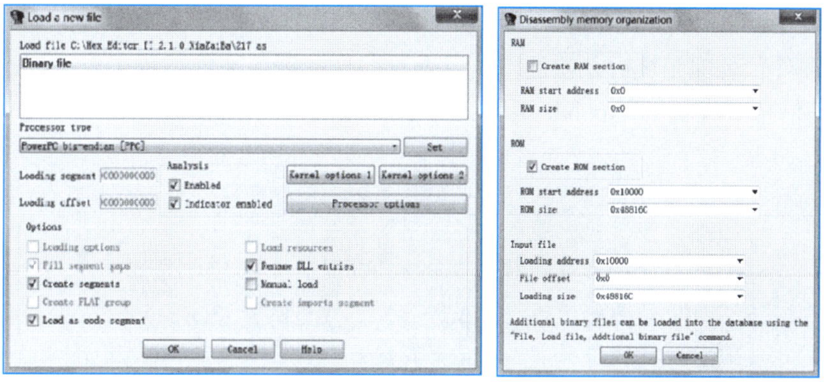

图 5-9　IDA 文件加载

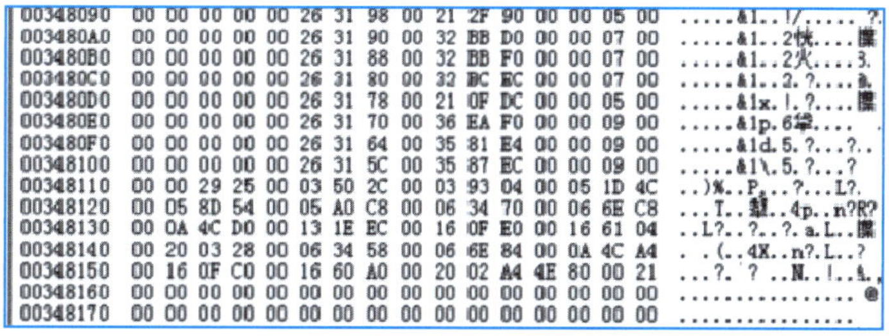

图 5-10　符号表结束地址

③ 编辑修复脚本，如图 5-11 所示。

④ 加装修复脚本。在 IDA Pro 中执行“View→Recent scripts”命令，在弹出的窗口中右击，在弹出菜单中执行 ins 命令，选择编辑好的修复脚本，双击执行修复脚本，如图 5-12 所示。

笔 记

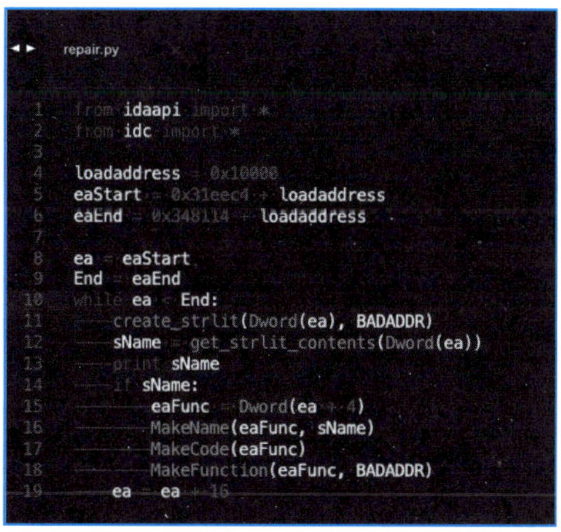

图 5-11　函数修复脚本

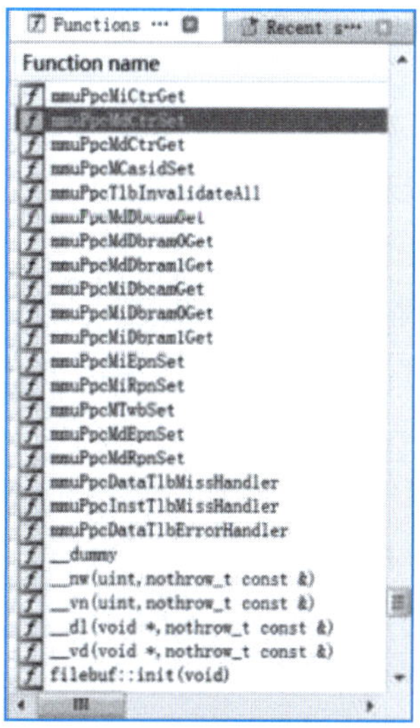

图 5-12　函数修复后

微课 5-3 以太网固件漏洞分析与信息获取

笔记

步骤 4：漏洞分析。

① 在固件预处理完成后，就可以通过查看固件的服务加载过程来查看初始化时所添加的账号等信息。查看 usrAppinit 函数，可以发现大量的 loginUserAdd 调用，如图 5-13 所示。

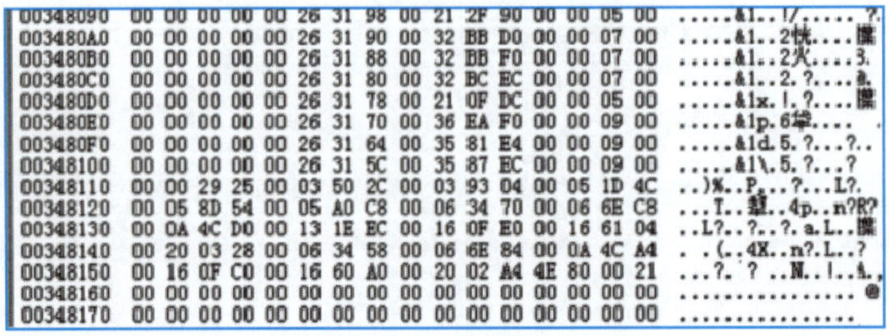

图 5-13 频繁调用账号接口

② 而密码则是经过 loginDefaultEncrypt 函数哈希加密，结合 VxWorks5 的源码，再看汇编就非常清晰了。

③ 加密过程如下：

- 在第一个 for 循环中密码字符串逐字节与位置下标相乘再按位进行异或操作，然后将每一字符的运算结果累加起来计算出 passwdLnt。
- passwdLnt 值与 magic 相乘再转换为 String 类型。
- 字符串逐字符与 3、7、9 进行比较，加相应的值。

可以通过随机生成密码来构建一个序列化的输入密码和 passwdLnt 的对应表，同时 passwdLnt 与输出密码之间也可以构建对应表，这样输入密码和输出密码将通过长度有限的 Int 类型 passwdLnt 打通，这样就能通过查表的方式由输出密码得到输入密码了。相比于 MD5、SHA1 等加密算法，vxencrypt 加密算法由于加密方式问题导致密文长度受限，以至于存在弱点。

步骤 5：信息获取。

找到隐藏在固件中的账号信息。

步骤 6：任务补充。

① 固件加载地址。按照所运行的操作系统区分，嵌入式设备可以大致上分为基于 Linux 和基于 VxWorks 两类。VxWorks 支持几乎所有现代市场上的嵌入式 CPU 架构，包括 x86、MIPS、PowerPC、Freescale ColdFire、Intel i960、SPARC、SH-4、ARM、StrongARM 等。

使用 IDA Pro、Ghidra 等反汇编工具进行分析时，需要了解固件的加载地址，否则无法正确地分析固件。确定了固件加载地址之后函数的识别度更高。

- 通过 swtich 语句的 jumptable 定位基地址。
- 通过 LDR XX，=语句进行判断。
- F5 后通过 JUMPOUT 语句定位基地址。
- 在固件中，与函数字符串相关的有两个地址，一个是在固件中字符串的存储地址；另一个是固件中保存的函数字符串的内存地址。这两个地址相减，就能得出固件的加载地址。

② 文件头判断。ELF（Excutable and Linking Format）是可执行与链接格式的缩写，是 Linux 下最重要的一种可执行文件格式。如果想深入了解 Linux 下的程序运行原理，对 ELF 文件组织格式的了解是必不可少的。

ELF 格式介绍：ELF 文件头结构定义在 usr/include/elf. h 头文件下，ELF 文件有 32 位版本和 64 位版本，故其头文件结构也有 32 位结构和 64 位结构，分别定义为 Elf32_Ehdr 和 Elf64_Ehdr。两种版本文件内容一样，只是有些成员的大小不一样。以下是 32 位版本的文件头结构 Elf32_Ehdr。

```
typedef struct{
    unsigned char e_ident[EI_NIDENT];
    Elf32_Half e_type;
    Elf32_Half e_machine;
    Elf32_Word e_version;
    Elf32_Addr e_entry;
    Elf32_Off e_phoff;
    Elf32_Off e_shoff;
    Elf32_Word e_flags;
    Elf32_Half e_ehsize;
    Elf32_Half e_phentsize;
    Elf32_Half e_phnum;
    Elf32_Half e_shentsize;
    Elf32_Half e_shnum;
    Elf32_Half e_shstrndx;
}Elf32_Ehdr;
```

在 Linux 下，可以使用 readelf -h test. o，可以得到如下输出：

```
ELF 头：
  Magic：  7f 45 4c 46 01 01 01 00 00 00 00 00 00 00 00 00
  类别：                     ELF32
  数据：                     2 补码，小端序（little endian）
  版本：                     1（current）
  OS/ABI：                   UNIX - System V
  ABI 版本：                 0
  类型：                     REL（可重定位文件）
  系统架构：                 Intel 80386
  版本：                     0x1
  入口点地址：               0x0
  程序头起点：               0（bytes into file）
  Start of section headers： 916（bytes into file）
  标志：                     0x0
```

笔 记

笔 记

本头的大小：	52（字节）
程序头大小：	0（字节）
Number of program headers：	0
节头大小：	40（字节）
节头数量：	14
字符串表索引节头：	11

③ BSS内存分析。根据UsrInit( )的描述，第一个跳转的函数就是负责初始化BBS区的函数，因此可以寻找第一个跳转的指令的位置；还有另外一个方法确定初始化BBS区的位置：由于在系统启动过程中VxWorks会使用bzero函数对BSS区的数据进行清零，所以可以在固件中用命令grep -r bzero查找bzero字符串出现的位置，此方法可以作为加载地址的验证。

5.1.4 任务评价

本任务主要介绍了工业互联网应用固件程序测试的相关知识，评价标准如下：

① 了解工业应用软件安全性的内涵。

② 了解工业应用软件的功能安全与失效原理。

③ 了解VxWorks固件分析过程。

④ 掌握固件漏洞分析手段。

⑤ 熟悉BinWalk命令。

⑥ 掌握IDA工具的使用。

文本：参考答案

5.1.5 任务测验

一、选择题

1.（　　）主要提供有效防范漏洞利用或攻击等安全威胁的能力。

A. 物理安全　　B. 功能安全　　C. 信息安全　　D. 网络安全

2. 下列中不是导致工业应用软件不安全的主要因素是（　　）。

A. 软件错误　　B. 软件缺陷　　C. 软件升级　　D. 软件失效

3.（　　）是指其实际输出与期望输出不符，偏离了用户要求，无法完成既定功能。

A. 工业应用软件错误　　B. 工业应用软件缺陷

C. 工业应用软件故障　　D. 工业应用软件失效

二、简答题

1. 简单描述工业应用软件的安全性的组成。

2. 什么是工业应用软件功能安全？

3. 简单描述工业应用软件的失效机理。

任务 5.2　工业互联网应用漏洞利用

5.2.1　任务描述

PPT：任务 5.2 工业互联网应用漏洞利用

文件包含漏洞是由攻击者向 Web 服务器发送请求时，在 URL 中添加非法参数，Web 服务器端程序变量过滤不严，把非法的文件名作为参数处理。这些非法的文件名可以是服务器本地的某个文件，也可以是远端的某个恶意文件。由于这种漏洞是由 PHP 变量过滤不严导致的，所以以只有基于 PHP 开发的 Web 应用程序才有可能存在文件包含漏洞。

通过本任务，将实现利用 phpMyAdmin 文件包含漏洞，远程访问了网站目录下的某文件，掌握文件包含漏洞的攻击方法以及防御措施。

5.2.2　知识导入

1. 工业应用软件的信息安全脆弱性

笔 记

开放式 Web 应用程序安全项目（Open Web Application Security Project，OWASP）源于 10 万量级的应用程序与应用程序接口，给出的应用程序安全性建议，对工业应用软件的安全性保障仍有较强的指导意义。参照 OWASP 建议，工业应用软件也应在设计阶段实施风险分析和威胁建模。

OWASP Top10 按严重程度依次包括注入攻击、身份认证失效、敏感数据泄露、XML 外部实体（XML External Entity，XXE）、访问控制失效、安全配置错误、跨站脚本（XSS）攻击、不安全的反序列化、使用含有已知漏洞的组件以及日志记录和监控欠缺等。这些也是工业应用软件出现可能性最大、出现频率最高、危害最为严重的十大脆弱性。

① 工业应用软件的注入攻击，除了传统的 SQL、OS 与 LDAP 注入之外，应特别关注 NoSQL 注入以及专用工业通信协议的注入。攻击者可将恶意数据或者不受信任的数据或指令，注入到控制命令或者查询指令当中，诱使解析系统在未授权或者不当授权的情况下，执行非预期访问或者命令。

② 身份认证失效问题，比如在工业微服务中就采用了多种解决身份认证及会话管理的方法，这些方法显然对工业应用软件仍适用。

③ 敏感数据泄露问题，多由应用程序及 API 产生，应从工业数据自身及使用各环节来保证安全。

④ 攻击者能够引用 XML 文件的外部实体，盗用统一资源标识符（Uniform Resource Identifier，URI）文件处理器内部文件与共享文件、监听内部扫描端口、执行远程代码并

笔记

进行 DoS 攻击。

⑤ 访问控制不当也是工业应用软件面临的主要威胁之一，可以根据具体情况选用 RBAC、RAAC 等细粒度访问控制机制来解决。

⑥ 安全配置错误在工业应用中较为常见，许多工控设备采取缺省配置、临时配置，而这些配置通常安全性较差，在工业云存储中体现得也较为明显。

⑦ 工业应用软件面临的跨站脚本攻击也比较严重，工业 Web 中含有未受信任的数据，或者数据未经恰当转义或者验证时，就可能导致 XSS 攻击。另一种情况是，采用可创建 JS、HTML 的浏览器应用程序接口实现 Web 升级时，可在被攻击目标浏览器中，执行恶意脚本并劫持用户会话、攻击 Web 或令用户重定向至恶意 URL。

⑧ 很多工业数据具有鲜明的时间序列化特征，但不安全的反序列化可为注入攻击、重放攻击、权限提升攻击甚至是远程代码执行提供可能。

⑨ 在工业 App 中，使用微服务组件化来实现服务组合的场景比比皆是。这就要求各组件（比如工业微服务、模型库、函数库、各种框架及模块等）与工业应用软件的权限保持一致，否则这些含有已知漏洞的组件就会成为当然的安全短板，为工业应用软件引入严重的安全风险。

⑩ 日志记录和监控欠缺，不仅在工业应用场景中常见，而且会为 APT 攻击、安全事件传播等带来极大的继发危害。

2. 工业应用软件的信息攻击防范

下面将分析工业互联网领域工业应用软件常见的 3 种漏洞攻击与防范技术。

（1）注入攻击类漏洞攻击与防范

注入攻击是指对含有语法含义的输入内容未能成功阻止，从而导致对相关数据、信息及服务的非法访问。针对工业应用软件的典型注入攻击通常为 SQL、OS 命令、XPATH、LDAP、JSON（JavaScript Object Notation）、URL 等注入方式。如果工业 Web 应用未判断用户输入数据的合法性，攻击者通过 Web 页面的 URL、表单等输入区域，使用精心构造的各种语句插入特殊字符和指令，获得管理员权限，在 Web 页面加挂木马以及各种恶意代码，通过与数据库交互来获得敏感信息或篡改数据库信息。

以工业 App 中常用的 JSON 为例，来分析注入类攻击的通用特征及其防范方法。JSON 作为 JS 轻量级数据交换格式子集，其文本格式与编程语言无关，能够兼容 C、C++、C#、Python、Java 及 Perl 等编程语言，可将 JavaScript 中的对象转换为字符串，并在函数与网络之间传递，以实现数据交换，易于读写、程序生成与解析。可使用 JSON 来表示工业数据中大量存在的比 Key-Value 更为复杂的数据结构，而且容易使用 JavaScript 来解释。

JSON 注入攻击发生的时机为：命令或者查询语句中包含不可信的恶意数据，并被发送给解释器，通过欺骗解释器，可执行非预期指令或在未获得恰当授权时访问数据。这种攻击可能导致数据丢失或破坏、缺乏可审计性或 DoS，甚至导致主机被完全接管。

例如，一旦有攻击者将恶意字符注入 JSON，就可以导致 JSON 的解析失败。例如，输入的 Password 值为：admin1" yanhuaizhi001，组装后的 JSON 结构为" Password"："admin1" yanhuaizhi001"。Password 中的引号将会破坏整个 JSON 的结构，导致 JSON 无法成功解析。

防范该 JSON 注入攻击可采用关键字符转义的方法，比如将"admin1" yanhuaizhi001"转换为"admin1\"yanhuaizhi001"，就能够完成 JSON 值的成功解析。如原字符串中包含\，则可转义为\\。

注入类漏洞攻击防范的关键将从命令或查询语句中将不可信数据识别出来。建议使用以下安全编程方法：

① 尽可能采用安全 API，比如采用带有参数化界面的 API，而不使用解释器。

② 若无参数化 API 可用，则应使用解释器的 Escape 语法来实现特殊字符的规避。

③ 对应用程序是否安全使用解释器进行代码审查，识别出使用解释器的代码并跟踪其应用数据流。

④ 规范输入验证方法。比如，Web 表单输入应尽可能简单且不含可执行代码。

⑤ 使用第三方组件来构建合格的 JSON 或 SQL 等语句。

⑥ 通过扫描器与模糊测试工具实现渗透测试，以发现并确认注入漏洞。

（2）XML 外部实体漏洞攻击与防范

在工业应用软件中，大量采用 XML 格式。XML 外部实体（XML External Entity，XXE）漏洞攻击由处理非信任外部实体数据所引发。XML 支持用户自行定义标记语言来标记数据或定义数据类型，文档结构由 XML 声明、文档元素组成，并可选文档类型定义（Document Type Definition，DTD）。实体是 XML 数据引用，而外部实体引入的则是外部资源，其关键字为 SYSTEM（实体来自本地资源）与 PUBLIC（实体来自公共资源），可通过不同的协议来引用。不同的编程语言对 XML 的解析规则并不一致，但这并不影响对 XML 外部实体漏洞的机理分析。

笔 记

利用此漏洞首先要构造恶意 XML 与 Payload，并使用恶意脚本。通过构造恶意的 XXE 访问，可实现未授权服务器访问敏感数据。其危害在于能够完成任意文件访问、系统命令执行、工业内部网络的工业主机及工业服务的探测。

与 XML 外部实体攻击相关的还有 XML 外部实体扩展（XML External Entity Expansion，XEEE）漏洞攻击，该攻击基于实体扩展而实现，可以在 XML 文件类型中创建自定义实体，通过消耗目标工业应用软件的计算环境资源来进行 DoS 攻击。比如，在内存中生成远超 XML 原始大小限制的 XML 结构，消耗工业应用软件驻留的服务器的内存资源。这种攻击形式也可以通过本地实体来实现，比如通用实体扩展攻击、递归实体扩展攻击等。

XXE 类与 XEEE 类漏洞攻击的防范建议使用以下方法：

① 使用最新版 XML 解析库，默认禁止 XXE 解析。

② 将 XXE、参数实体和内联文档类型定义均设为 false，以规避 XXE 漏洞攻击。

（3）不安全的反序列化类漏洞攻击与防范

工业应用软件采用的编程语言很多都具有序列化与反序列化功能。序列化功能将对

笔 记

象转换为特定的字节序列数据格式，以便实现内存、文件、数据库存储或通过工业网络传输，此后再按需重建该对象。工业应用软件常用的文本格式有 XML、JSON 等，或者二进制字节流。反序列化是序列化实现的可逆过程，将序列化输出的文本格式或字节流还原为对象。

一旦工业应用软件的代码未对数据安全性进行检验，即允许接受不可信的序列化数据，攻击者利用该漏洞构造恶意数据并上传，反序列化时直接针对不可信数据操作，就可能会触发恶意代码的执行，从而使工业应用软件面临 DoS、非法访问以及远程命令执行等攻击。这种攻击方法对 Java 和 .NET 生态系统均有较大影响。比如，JBoss、WebLogic 与 WebSphere 等 Java 应用中均存在不安全的反序列化类漏洞。

防范不安全的反序列化类漏洞攻击建议采取 2 类方法：一类与编程语言无关，另外一类是针对具体的编程语言。

与编程语言无关的反序列化攻击规避或防范方法如下：

① 采用 JSON、XML 等纯数据格式。尽量采用纯数据格式，实现数据对象与业务对象的分离，规避反序列化的处理方式。这是一种从数据处理机制源头上的治本方法。

② 签名验证序列化数据。在序列化与反序列化处理源头，对序列化数据进行签名，在反序列化时再进行签名验证，未通过验证者不予反序列化。

对于特定的编程语言，也可以采取不同的反序列化攻击规避或防范方法，下面以工业应用软件常采用的 Java 编程语言为例说明。

① 利用 ObjectInputStream 类 resolveClass( )方法重载，通过类名白名单、黑名单校验，只允许特定类可以反序列化操作。

② 对于某些工业应用软件必须要序列化的对象，可将反序列化处理 readObject( )方法声明为 final，持续抛出异常，以保证该对象无法被反序列化。

5.2.3 任务实施——Web 文件包含漏洞利用

【任务目的】

- 理解 phpMyAdmin 文件包含漏洞利用的思想。
- 理解文件包含漏洞存在的原因。
- 熟悉如何利用和防范文件上传漏洞。

【使用工具】

微课 5-4
利用Web文件包含漏洞

- 渗透主机：Kali，用户名：college，密码：360College，工具：Burpsuite。
- 目标网站：WebBug，用户名：college，密码：360College，工具：phpstudy。
- 注意：该任务需要在 phpStudy 中将 PHP 版本调整到 5.2.x（小于 5.3.4 版本），如图 5-14 所示。

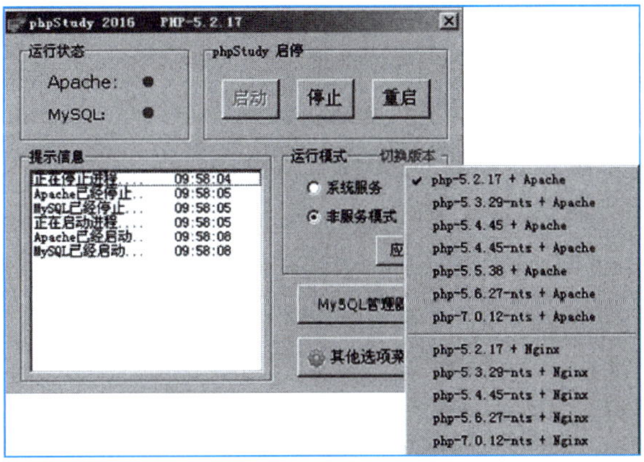

图 5-14　选择 php 版本

【任务原理】

➢ 此漏洞变化为 CVE-2014-8959。

➢ 受此漏洞影响的 phpMyAdmin 版本有：4.0.1-4.0.10.6、4.1.1-4.1.14.7、4.2.1-4.2.12。

➢ 文件包含漏洞点分析。

① 文件包含的漏洞点在$type_lower 上。在 libraries/gis/pma_gis_factory.php 第 29 行，将传入的参数$type 转换小写以后赋值给$type_lower，直接拼接成路径进行 include_once。

在根目录下的 gis_data_editor.php 中，第 28 行$_REQUEST[\'gis_data\']获取到 gis_data，第 44 行如果$gis_data[\'gis_type\']存在，则直接来到 60 行，赋值给 geom_type，并传入了 PMA_GIS_Factory::factory 函数。

总结：因为将 $gis_data[\'gis_type\']拼接进了路径进行 include_once，造成了任意文件包含漏洞。

② 为什么 URL 中带 token 提交请求。与 phpMyAdmin 的防御 CSRF 机制相关，来到 libraries/common.inc.php 第 463 行。它检查了$_SESSION[\' PMA_token \']是否等于$_REQUEST[\'token\']，如果不等于，最后会进入 PMA_remove_request_vars 函数，PMA_remove_request_vars 函数将所有 GPCR 都清空，那么后面的操作肯定不能正常运转了。

漏洞利用需要满足以下两个条件：

➢ 已经登录到 phpMyAdmin。

➢ 需要截断。

笔 记

【实施步骤】

步骤 1：在目标网站上启动 phpstudy 服务。

步骤 2：渗透主机远程访问 phpMyAdmin。

在渗透主机上打开浏览器，在地址栏中输入地址 http://192.168.198.132/pentest/

笔记

cve/phpmyadmin/，远程访问 phpMyAdmin，如图 5-15 所示。

步骤 3：远程登录 phpMyAdmin。

在远程访问的 phpMyAdmin 登录页面中，使用 root 账户和 root 密码登录，自动跳转到如图 5-16 所示的页面，此时对应的 URL 地址如下：

http://192.168.198.132/pentest/cve/phpmyadmin/index.php?token = 867288b17a45f9073dff44223672e67b#PMAURL-0:index.php? db = &table = &server = 1&target = &token = 867288b17a45f9073dff44223672e67b

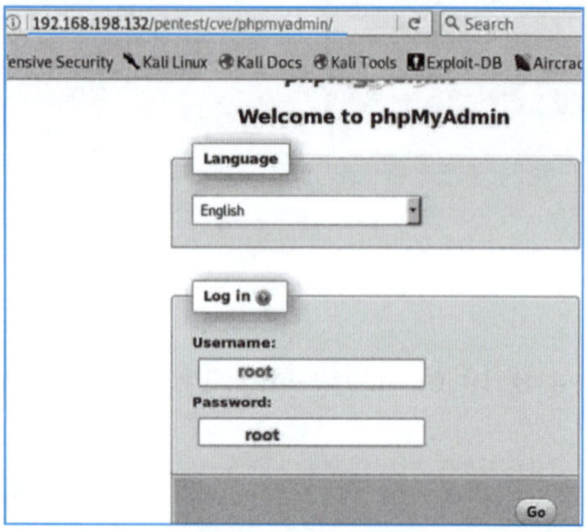

图 5-15 远程访问 phpMyAdmin

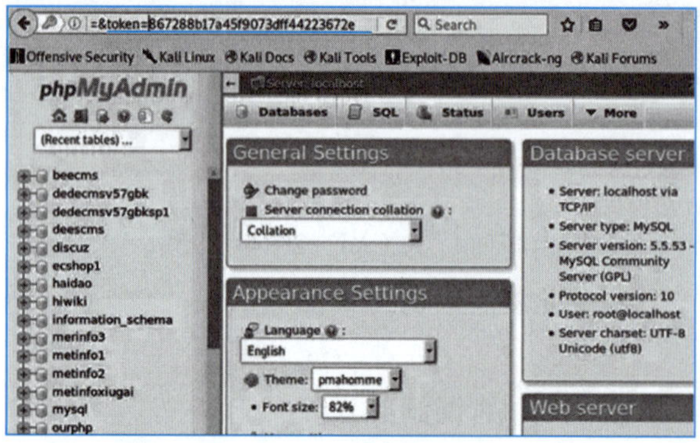

图 5-16 登录 phpMyAdmin 获取 URL 地址

步骤 4：构造 URL。

对 URL 地址进行修改，URL 地址如下：

http://192.168.198.132/pentest/cve/phpmyadmin/gis_data_editor.php?token = 867288b17a45f9073dff44223672e67b&gis_data[gis_type] =/../../../../phpcve/password%00

> **注意：**
>
> token 值要与上面的保持统一，才能成功执行文件，如图 5-17 所示。

如果查看目标 Web 服务器，其中对应的源代码文件如图 5-18 所示。

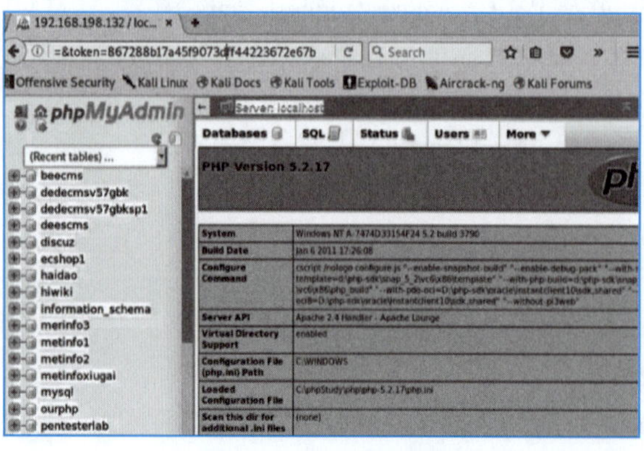

图 5-17 成功执行文件

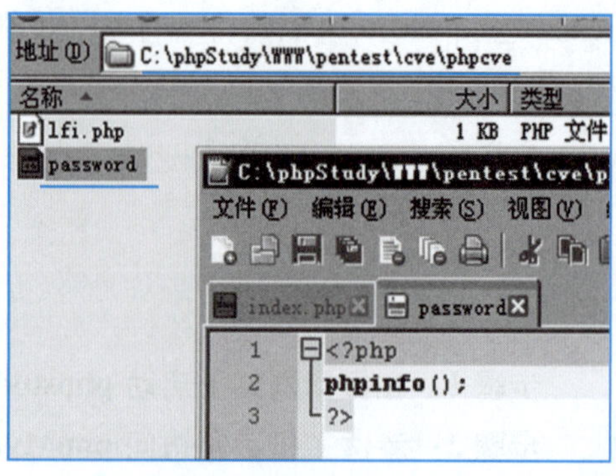

图 5-18 查看对应的源代码文件

5.2.4 任务评价

本任务主要介绍了工业互联网应用漏洞利用的相关知识，评价标准如下：
① 了解工业应用软件的信息安全脆弱性。
② 了解工业应用软件的信息攻击防范。
③ 理解 phpMyAdmin 文件包含漏洞利用的思想。
④ 熟悉如何利用和防范文件上传漏洞。

5.2.5 任务测验

文本：参考答案

一、选择题

1. 下列工业应用软件的信息安全脆弱性表现中，严重程度最高的是（　　）。
A. 工业应用软件的注入攻击　　B. 身份认证失效问题
C. 敏感数据泄露问题　　D. 安全配置错误
2. 下列中不属于工业应用软件常见漏洞的是（　　）。
A. 注入攻击类漏洞　　B. XML 外部实体漏洞
C. Web 安全漏洞　　D. 不安全的反序列化类漏洞
3. 下列关于注入类漏洞攻击防范的说法中，错误的是（　　）。
A. 尽可能使用解释器，而不要使用带有参数化界面的 API
B. 规范输入验证方法。比如，Web 表单输入应尽可能简单且不含可执行命令
C. 使用第三方组件来构建合格的 JSON 或 SQL 等语句
D. 过扫描器与模糊测试工具实现渗透测试，以发现并确认注入漏洞

二、简答题

1. 简单描述文件包含漏洞。
2. 简单描述注入攻击以及常见注入攻击的方法。
3. 简单描述 XXE 类与 XEEE 类漏洞攻击的防范建议。

任务 5.3 工业互联网应用组态编程

PPT：任务 5.3 工业互联网应用组态编程

5.3.1 任务描述

在本任务中，首先需要分别对 HMI 的显示界面以及 PLC 的程序实现进行手工设计和草图绘制，然后对 HMI 的界面进行组态和对 PLC 进行编程。在开始所有任务操作前，需

笔记

要启动工程师站，并登录成功。

EasyBuilder Pro 是一款非常好用且功能强大的威纶通触摸屏编程软件。软件提供了人性化的人机交互界面，可以满足不同编程人员的需要，适用于威纶通 eMT、cMT、iE、MT（iP）以及 TK（iP）机型，并提供了强大实用的编程工具，包含了触摸屏设计、传输、维护、数据转换以及管理等多种功能。

Tia Portal 是西门子重新定义自动化的概念、平台以及标准的自动化工具平台，Tia Portal 分为 Step7 与 WinCC 2 部分，是用于组态 SIMATIC S7-1200、S7-1500、S7-300/400 和 WinAC 控制器系列的工程组态软件。

5.3.2 知识导入

1. 工业服务架构的安全设计与安全保障

从系统工程的方法来看，工业微服务安全需要从不同视角，设计一整套安全保护模式与方法，以系统解决工业应用层面各类微服务所面临的安全保护挑战。这涉及所选择的微服务技术栈及相关安全问题，如操作系统部署、应用服务器、缓存层和数据库服务器、允许访问工业微服务的防火墙规则等。上述所有组件均需安全配置，并实现不同层的通信加密，还需保证调用其他内部、外部服务安全。

（1）工业微服务的用户与服务认证

无论安全需求、架构如何逐步演进，用户身份认证与鉴权仍是微服务安全的基本保证手段之一。采用工业微服务架构的工业互联网平台中，每个面向用户的工业服务均需要与认证服务交互，易生成大量的琐碎网络流量，同时认证工作重复性严重。例如，多个微应用组合成工业应用时，认证难度进一步加大。工业微服务集与外部的交互通常采用 API 网关模式实现，需要声明的微服务可在该网关处获取相应的 API。需要指出，并非全部微服务均必须通过 API 网关来实现声明。微服务用户通过 API 实现对微服务的访问，应在 API 网关处进行身份认证。

工业微服务用户身份认证可使用以下方法：数字证书、客户端 ID 和口令、开放授权、Open ID Connect 或安全声明标记语言等行业标准协议。如果安全性要求较高，可采用多因素认证。

通过身份认证的客户端，其操作还需要明确授权。针对微服务架构各层均需根据最小特权原则分别授权。授权对象可以是客户端证书或者客户端 ID，授权可存于数据库、缓存层或共享文件系统。

工业微服务 API 认证，不仅需要认证最终用户身份，也需要认证应用和服务的身份，即微服务调用间的 API 安全与信任问题。采用 IP 网段或专用网络隔离保护拆分服务、配置 Kerberos 等认证系统的方式，虽然简单易行、迁移上线速度快，但其缺点也非常明显，比如对底层网络架构依赖严重、易错误配置、不宜向外网暴露等。

采用工业微服务架构，一个工业 App 可被拆分成多个工业微应用，而每个工业微应用 API 均需对服务请求进行认证，以确认当前请求的合法性及其相应访问请求的权限。此时，需要关注外部工业应用接入、用户与微服务 API 的认证、微服务 API 之间的认证等多种场景，以保证 API 具有强安全级别的认证模式，而且全部令牌、密钥及凭据均得到有效保护。

（2）工业微服务的通信加密与数据加密

为确保工业微服务通过安全信道进行通信，在工业微服务架构中的负载均衡器与 Web 服务器之间、应用服务器与 Web 服务器之间、应用服务器与数据库服务器之间、应用程序及其调用的下游程序之间、用户客户端与微服务之间，均应使用 TLS 加密。建议使用 TLS 1.3 协议通信，以防范数据被篡改、截取、伪造和窃听。TLS 1.3 禁用 RSA、禁用 MD5 密码；握手消息采取加密操作，并将会话密钥与整个握手消息相绑定；握手协议与记录协议的密钥实现分离，记录层仅可使用关联数据的认证加密模式。若使用 TLS 1.2，应确保只使用最强的对称和非对称算法以及大密钥哈希算法。在工业互联网的云端，可以联合使用消息队列遥测传输与 TLS，协议格式多采用 JSON。

由于工业微服务实时性要求高，全数据库加密不仅会明显降低服务性能，而且也非万全之策。数据库管理员恶意操作、恶意软件读取内存来获取数据、SQL 注入攻击等各类风险依然存在。建议对敏感数据进行加密或哈希操作，实现敏感数据字段级加密。密钥可采用 SCrypt 或 BCrypt 进行哈希运算；会话令牌、OAuth 认证令牌可进行 AES 加密等。数据库凭证、TLS 私钥、与其他微服务通信的身份认证凭证，也需要加密。

理论上还可以采用安全等级更高的加密方法，比如采用物理或基于分层存储管理的云加密私钥，加密后私钥存储于服务器中，需要联机解密，并将临时存储于服务器内存中。不过，这种方式安全性虽强，但较为繁复而且资源消耗较重，并不推荐在工业微服务系统中应用。

笔记

（3）工业微服务的 API 安全测试

为确保对所有的工业微服务 API 进行安全分析测试，应与单元测试、接口测试、契约测试以及集成测试相结合，实现全覆盖测试。

微服务 API 的单元测试对象是代码单元，这种方式反馈速度最快，而且还有助于设计的改善，甚至能够进行架构重构以及代码简洁度提升。

工业微服务 API 的接口测试用于考察 API 内部接口功能是否完整实现，比如，是否拥有正常的内部逻辑、是否进行了正确的异常处理等。

工业微服务 API 的契约测试（Consumer-Driven Contract，CDC）是一种消费者驱动的测试模式，目的是测试工业微服务间连接（即接口调用）正确与否，尽最大可能实现需求方的业务价值。在 CDC 模式中，服务 API 可分为提供者端和调用方端，CDC 的要义在于基于工业微服务 API 调用方业务实现目标，由调用方自行规定所需的数据格式及交互细节，并由此驱动产生相应的契约文件。API 提供者按照该文件来设计实现自身逻辑，并在持续集成环境中完成持续验证。CDC 接口契约由调用方提出并由服务提供者来实现，

笔记

通过测试用例来完成对契约的约束，因此，只要服务提供者能够满足测试用例的要求，具体的接口变更或架构实现可由其自行完成，而不会对调用方产生影响。通过针对外部服务接口的测试，CDC能够验证微服务能否满足调用方所期望的契约。契约测试秉承测试前移理念，将原需集成测试验证的功能转由单元测试与接口测试来承担，通过更轻量的方式完成快速确认。

工业微服务API集成测试是基于用户视角，加入用户场景和数据，来验证端到端全流程的所有功能正确与否。工业微服务环境及对象特殊，风险规避监管要求高，环境错误对工业生产影响较大，要及时发现生产系统出现环境异常，根据需要采取降级运行、快速回滚或其他必要措施。

工业微服务API单元测试和接口测试侧重其内部逻辑正确与覆盖，而契约测试则更侧重各API组件的连接正确，同时要求API内部逻辑及各微服务间调用正确。契约测试不仅有助于降低联调成本和服务集成难度、支持接口并行开发、便于控制接口变动带来的影响、实现彼此依赖的服务间接口匹配等，还有助于以离线方式来验证服务提供者所提供的API是否与调用方的预期功能相符。

2. 工业微服务架构的容错机制及其应用

工业App由多个微服务集群而成，若其中某个微服务调用出现超时或网络连接异常，就需要通过容错策略进行服务容错，避免因某个服务异常导致所有依赖其的服务失败。微服务发生故障，或源自业务自身设计错误、编码错误，或源自微服务底层框架容错能力欠缺。因此实际开发工业微服务需要从业务流程和平台技术两方面来考虑容错，具体可采用限流、降级、熔断、隔离及失效转移等模式。

（1）工业微服务限流模式

工业网络通信存在一定程度的不稳定性和不可靠性，如果某个工业微服务出现错误、延时或死机，则可能出现工业服务线程资源消耗过大，导致可用性丧失。

工业互联网平台的核心服务需要保持较高的稳定性。而工业微服务的容量和性能都有物理极限，即便在工业微服务设计和部署时考虑了性能压力，但随着工业互联网平台业务量的增长，也会出现大数据量高并发访问的情况，此时资源成为瓶颈，工业微服务或接口可能会面临可用性下降，严重时可能会引发系统崩溃。微服务调用需要考虑流量容量，以避免因DoS/DDoS攻击或误用导致微服务不可用。因此，必须考虑应用限流手段，一旦服务请求达到特定速率或者并发数，就采取拒绝服务、等候、排队等措施。常用的流量控制策略有面向访问速率的静态流控、面向资源占用的动态流控等，在工业微服务限流实践中，大多需要各种策略的综合应用。典型的限流方式有以下4种：

① 基于信号量的微服务限流。

② 基于漏桶算法的微服务流量整形。

③ 基于令牌桶算法的微服务流量限制。

④ 计数器方式。

（2）工业微服务降级模式

在工业系统当中，对微服务的稳定、正常运行的要求较高，在业务高峰或突发流量等特殊情况下，导致服务压力剧增，此时应对非核心服务实施策略性不处理或简化处理，从而实现服务资源的释放，以适度牺牲服务质量为代价，保证核心服务的可用性（具体指标为 SLA），这种手段就是工业微服务容错的降级模式。工业微服务分为核心服务和非核心服务，需要根据业务服务的重要程度来划分。比如，对于机械结构强度计算微服务来说，强度计算本身即为核心业务，而用户付费余额、应用效果评论、用户使用积分等功能则为非核心业务。也就是说，需要通过各种手段保证核心服务的可用。对于非核心服务，可以通过降级的模式来进行服务访问量的限流。工业微服务的降级技术有以下两种：

① 人工强制降级。

② 业务逻辑放通降级。

（3）工业微服务熔断模式

工业微服务熔断是一种智能化的容错机制，借鉴了电路电压电流过高熔断的机理，本质上是为防止系统整体崩溃而采取的一种过载保护措施。一旦工业微服务的输入负载快速增大，如无相应措施对其熔断，则会导致工业服务迅速出现瘫痪现象，并产生级联反应而导致雪崩效应。熔断器组件是线程池之前的安全屏障。例如被请求服务出现严重调用超时或响应慢的情况，则将该工业服务调用熔断，后续的调用请求无法满足，直接返回以快速将资源释放掉，直至被请求服务的状态好转再将熔断恢复，以供正常调用。

笔记

熔断器状态由状态机来实现，常用的熔断器状态有 3 种：关闭状态、打开状态、半熔断状态。用户请求某一工业微服务，会先进行熔断器状态查询，如果熔断器状态为打开，则说明该微服务已熔断，系统不会将该请求发送到线程池，而是直接进行降级处理。

（4）工业微服务隔离模式

对服务资源进行有效隔离是微服务安全的重要保障方法之一。工业微服务的特点是部署于工业云平台之上，云上的工业 App 存在着众多类型各异的访问请求，为使各种类型的请求不互相影响，若出现某类请求线程资源耗尽，后续该类请求做直接返回等失效转移处理，工业微服务中的这种常见场景可使用资源隔离技术来实现。各个工业微服务均具有独立数据源，一个微服务如要访问另一个微服务的数据资源，只能通过调用该微服务对外暴露的 API 来完成，从而避免各个微服务竞争缓存及数据库资源。

工业微服务隔离方式可使用信号量隔离、线程池隔离及容器分组隔离等模式。

（5）工业微服务失效转移模式

前面简单介绍了工业微服务的限流、降级、熔断和隔离模式，应用这些模式会导致部分服务请求被拒绝。这些被拒绝的服务请求应采用工业微服务失效转移模式来处理。

工业微服务失效转移模式可分为以下 4 种：

① 快速失败策略。为避免服务突发故障（异常）难以恢复，且导致级联失败、放大

笔 记

故障影响，应及时进入 Fail-fast（快速失败）状态，为故障恢复赢取时间。快速失败策略直接返回用户请求错误，让用户知道请求服务的工业微服务发生了故障并自行决定服务请求的后续处理。

② 备份服务策略。工业微服务失败可能只是在用服务出现了故障，这并不意味着所有的备份服务均出现了故障。可采用备份服务机制，迅速切换至备份服务。

③ 故障转移缓存策略。工业微服务通常是暂时故障中断，大多能够在一定时间内通过自我修复和高级负载均衡功能来恢复服务。此时，如果访问请求需要数据服务，可以采用故障转移缓存方式来临时提供数据。当然，使用这种方法的基本前提是提供先前数据要优于没有数据。内容分发网络和负载均衡器均能够提供各种标准化缓存故障转移解决方案，用户也可以自行构建共享解决方案库。失效转移缓存使用两个过期日期，较短的过期日期为正常时可使用的缓存数据时长，较长的过期日期为故障失效时可使用的缓存数据时长。

④ 重试逻辑策略。超时重试也可用作工业微服务的容错机制。如果工业互联网 PaaS 平台网络或所依赖的微服务出现故障，导致长时间无法返回结果，有可能造成线程增加、加重 CPU 负载，重者甚至会出现雪崩。微服务 API 调用时间主要消耗在调用端框架执行、网络传输、服务端框架执行以及服务端业务代码执行这 4 个环节。因为可以预期故障资源将在一段时间后恢复，或负载均衡将请求转至健康服务，如果故障转移缓存策略失效或需要更新数据，而操作最终失败，此时，可以进行重试逻辑操作。因此，可对每个调用请求设定超时时间，在强依赖 API 调用资源时应设计重试机制。如果启动重试，则需将超时时间调小。

在分布式工业 App 中，应慎重使用工业微服务重试操作，因为多个应用程序请求或客户端重试逻辑操作，可能会导致故障级联效应，严重时甚至会影响应用程序恢复。

5.3.3 任务实施——组态编程

【任务目的】

- 理解组态编程。
- 掌握在 EasyBuilder Pro 中绘制 HMI 界面的方法。
- 掌握在 EasyBuilder Pro 中编译下载 HMI 界面的方法。
- 掌握在 TIA Portal 中进行 PLC 配置和编程的方法。

【使用工具】

- 设备系统：Windows 7。
- 工具：TIA Portal v14、EasyBuilder Pro。

【实施步骤】

微课 5-5
在 EasyBuilder Pro 中绘制 HMI 界面

步骤 1：HMI 界面的绘制。

① 双击设备桌面中的 Utility Manager 图标，启动 EasyBuilder Pro 应用程序，如图 5-19 所示。

② 单击 EasyBuilder Pro 选项，选择“开新文件”选项，单击“确定”按钮，弹出 EasyBuilder Pro 对话框，在“型号”下拉列表中选择正确的 HMI 型号，在“显示模式”下拉列表选择合适的显示模式，如图 5-20 所示。

图 5-19　启动 EasyBuilder Pro

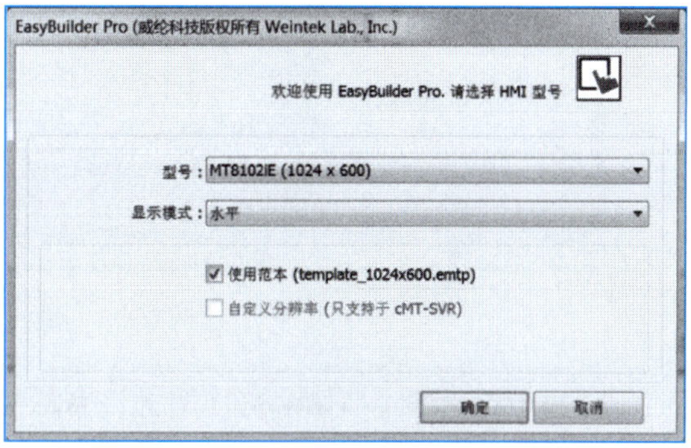

图 5-20　设置型号和显示模式

③ 单击“确定”按钮，弹出“系统参数配置”对话框，切换到“设备列表”选项卡中，如图 5-21 所示。在该对话框中可以设置字体、扩展存储器、触摸屏属性，系统设置和用户密码等信息。

笔 记

④ 单击“新增…”按钮，弹出“设备属性”对话框，根据当前 PLC 设备与 HMI 设备的接口连接方式，在“PLC 类型”和“接口类型”选项中设置需要与 HMI 进行通信的 PLC 通信协议类型和接口类别，如图 5-22 所示。

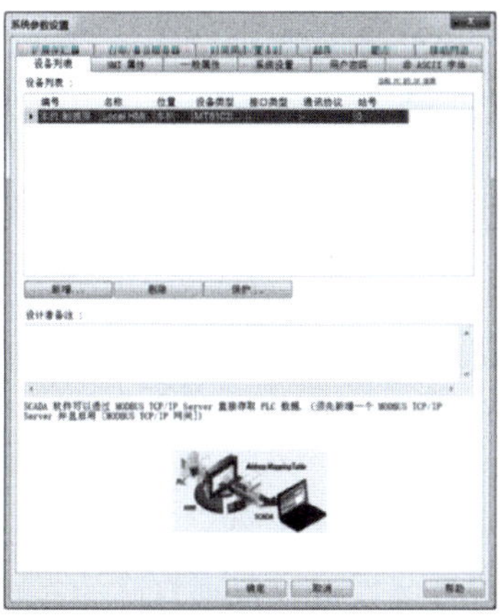

图 5-21　“系统参数设置”对话框

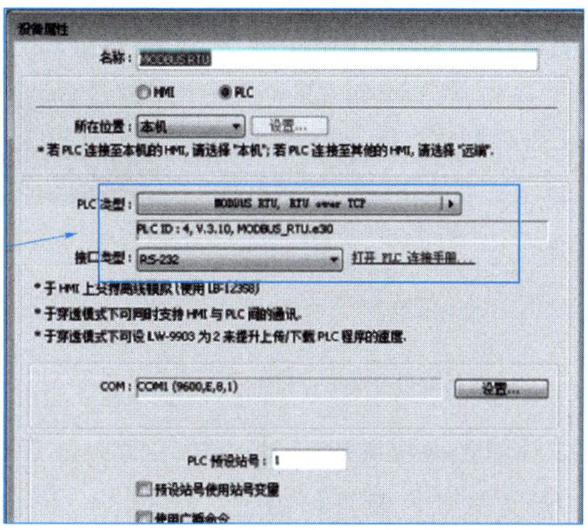

图 5-22　“设备属性”对话框

笔记

⑤ 单击“确定”按钮，完成“设备属性”对话框的设置，单击“确定”按钮，完成“系统参数配置”对话框的设置，进入组态设计绘制窗口，如图 5-23 所示。

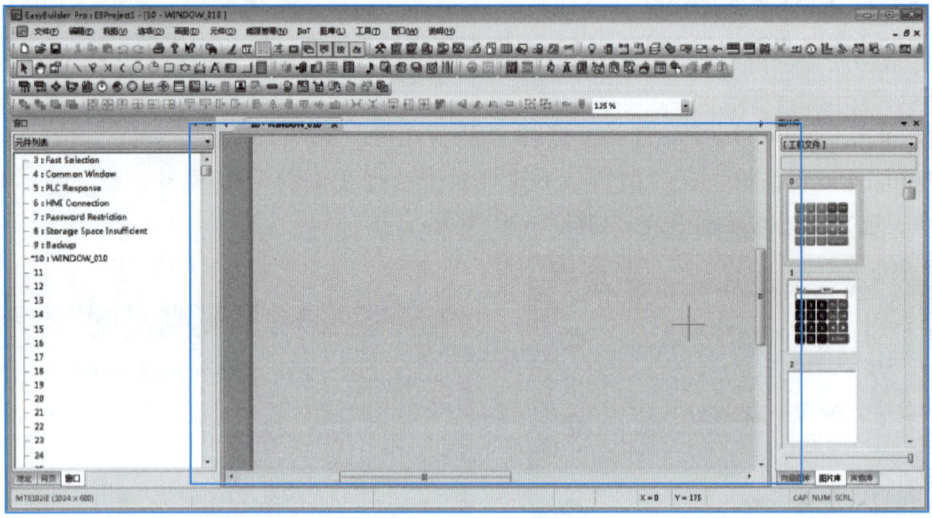

图 5-23 组态设计绘制窗口

⑥ 根据自己手工绘制的设计图进行整体界面风格的设计。可以在菜单栏中的“元件”菜单中选择相应的命令，如图 5-24 所示，添加相应的元件，完成本界面风格的布局设置。

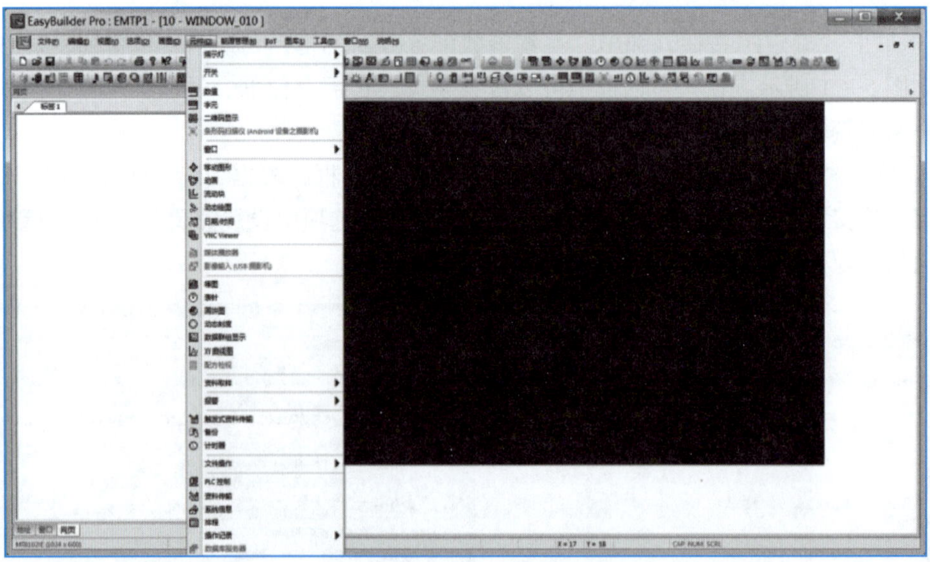

图 5-24 在“元件”菜单中选择相应的命令

⑦ 例如，选择表针元件，打开“表针元件属性”对话框，切换到“限制/标记”选项卡，对其范围参数进行设置，如图 5-25 所示。其他符号属性可以根据自己的喜好进行选择。

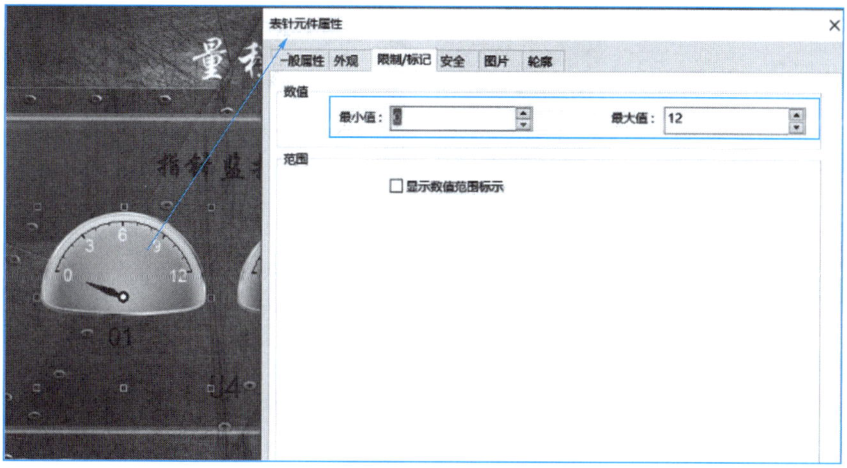

图 5-25　设置表针元件范围参数

⑧ 在“表针元件属性”对话框中切换到“图片”选项卡，单击“图库”按钮，可以选择喜欢的图片作为表盘，如图 5-26 所示。

⑨ 使用相同的方法添加“开关”元件，打开“位状态设置元件属性”对话框，切换到“一般属性”选项卡，选择连接的 PLC 设备以及对应信号地址位，如图 5-27 所示。

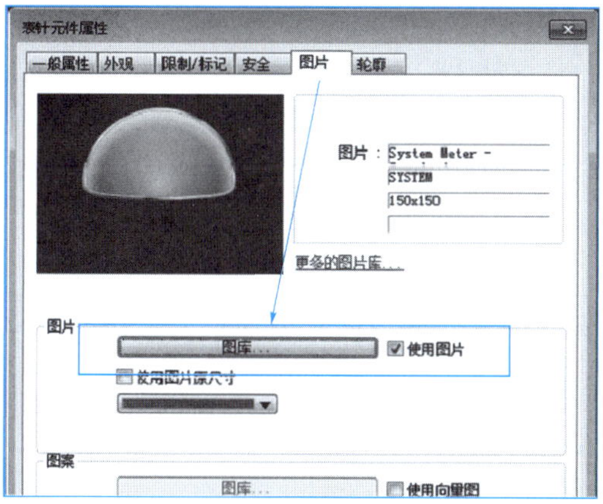

图 5-26　选择喜欢的图片作为表盘

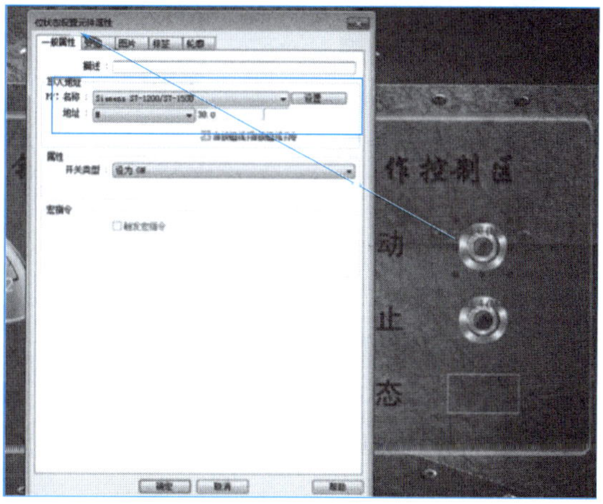

图 5-27　对相关属性进行设置

⑩ 使用相同的方法添加“文字/批注”元件，打开“文字/批注元件属性”对话框，对相关属性进行设置，如图 5-28 所示。

⑪ 使用相同的方法添加“位状态指示灯/位状态切换开关”元件，打开“位状态指示灯/位状态切换开关元件属性”对话框，对相关属性进行设置，如图 5-29 所示。

⑫ 如果希望所添加的“位状态指示灯/位状态切换开关”元件显示为透明背景文字的效果，可以切换到“图片”选项卡，取消选中“使用图片”复选框，如图 5-30 所示。切换到“标签”选项卡，选中“使用文字标签”复选框，如图 5-31 所示。

笔 记

笔 记

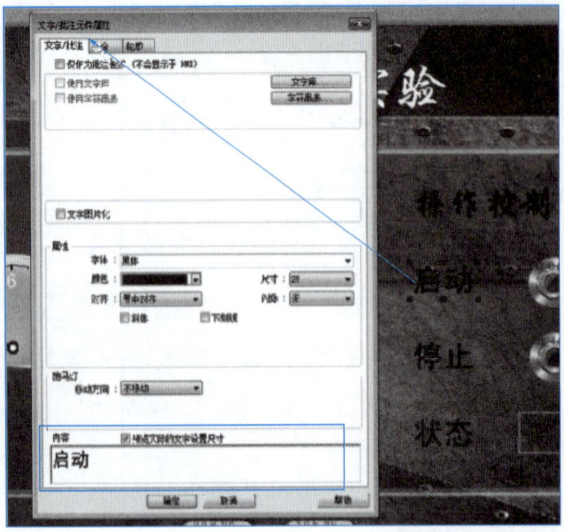

图 5-28 设置“文字/批注元件属性”

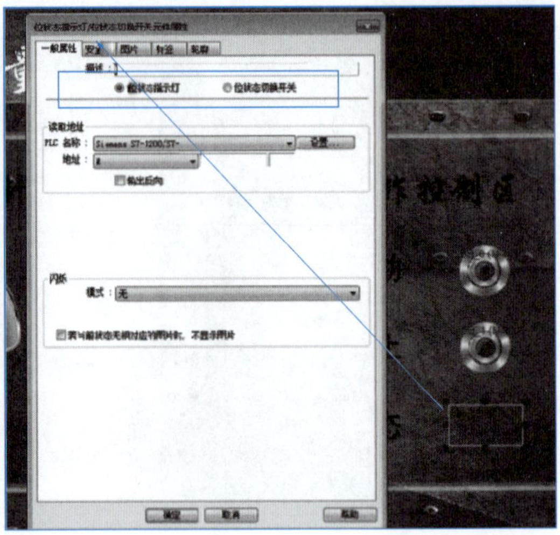

图 5-29 设置元件属性

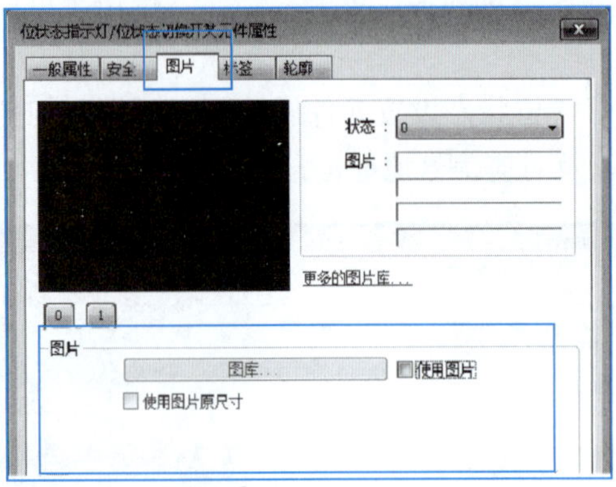

图 5-30 取消选中“使用图片”复选框

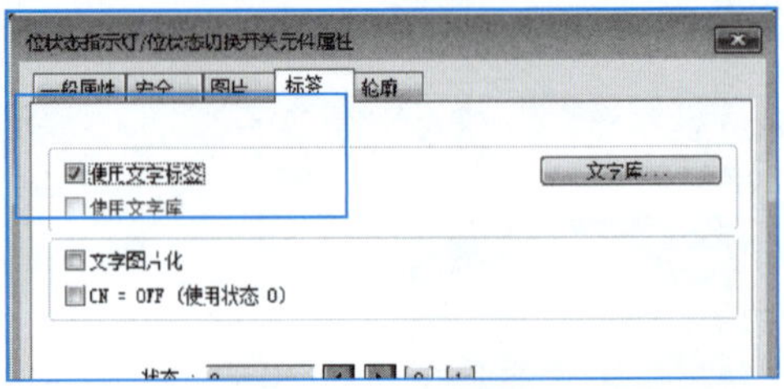

图 5-31 选中“使用文字标签”复选框

⑬ 使用相同的方法添加“图片”元件。打开“图片元件属性”对话框，对相关属性进行设置，如图 5-32 所示。

⑭ 最终完成 HMI 界面的设计绘制，如图 5-33 所示。

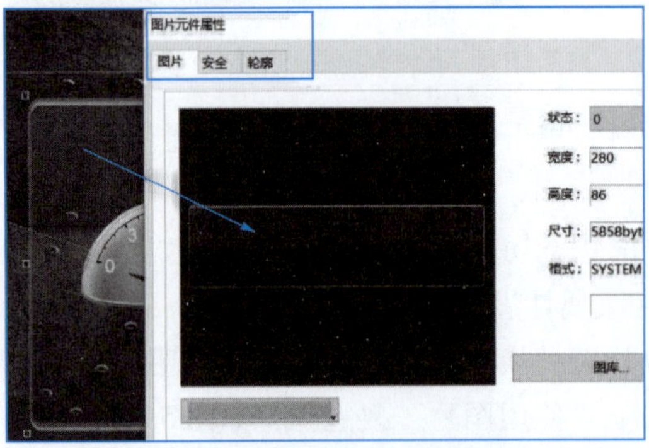

图 5-32 设置“图片”元件属性

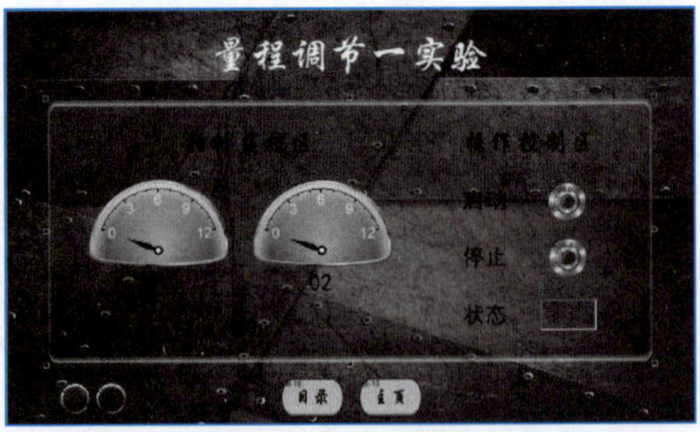

图 5-33 完成 HMI 界面绘制

步骤 2：HMI 的下载。

HMI 支持以太网下载、USB 下载、U 盘下载和 SD 卡下载多种方式，本任务以以太网下载为例进行讲解。

微课 5-6
在 EasyBuilder Pro 中编译下载 HMI 界面

① 双击设备桌面中的 Utility Manager 图标，启动 EasyBuilder Pro 应用程序，切换到“传输”选项卡，如图 5-34 所示。

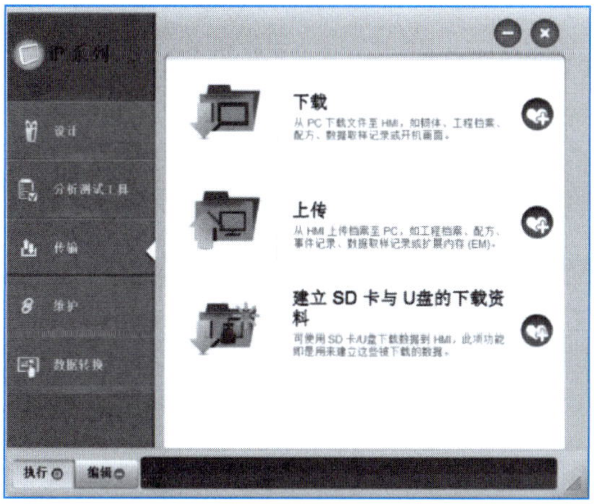

图 5-34 “传输”选项卡

② 单击“下载”选项，弹出“下载”对话框，如图 5-35 所示。

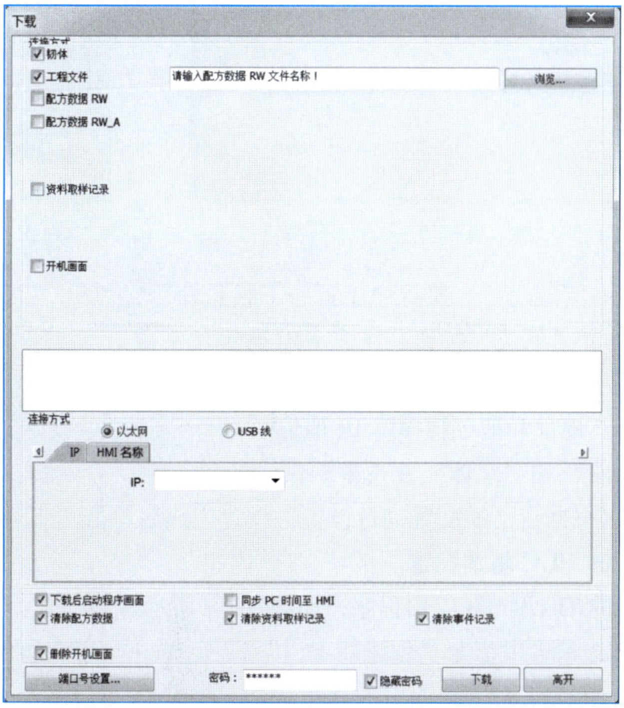

图 5-35 “下载”对话框

笔 记

笔 记

- 第一次进行传输时，通常选中“韧体”复选框。
- 单击“浏览”按钮，选择刚绘制好的需要传输的程序。
- 选中“工程文件”复选框。
- 根据实际情况选择合适的“连接方式”。本任务实验环境是“以太网”。
- 选择本地计算机网卡的 IP 地址，然后搜寻触摸屏 IP 地址。
- 其他选项可以根据自己的配置进行设置，设置完成后单击“下载”按钮。

③ 打开绘制好的程序文件窗口，执行“工具→编译”命令，程序会自动进入编译状态，如图 5-36 所示，等待编译完成。

④ 执行“工具→在线模拟”或“工具→离线模拟”命令，如图 5-37 所示，验证组态画面的基本功能以及联通性。

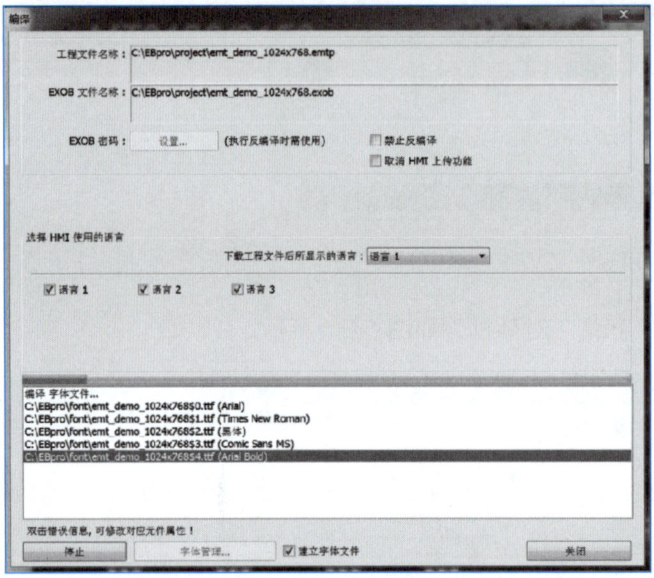

图 5-36 进入编译状态

图 5-37 “工具”菜单

⑤ 模拟确认没有问题之后，执行“工具→下载”命令，弹出“下载”对话框，设置如图 5-38 所示，单击“下载”按钮，完成 HMI 界面的下载。

- “传输方式”选择“以太网”选项。
- 设置计算机 IP 地址和搜寻触摸屏 IP 地址。
- 选中“Runtime”和“字体”复选框。
- 其他选项可以根据自己的配置进行设置，设置完成后单击“下载”按钮。

步骤 3：S7-1200 PLC 基本配置。

微课 5-7 在 TIA Portal 中进行 PLC 配置

① 启动设备中的 TIA Portal 应用程序，如图 5-39 所示。

② 在“启动”选项卡中单击“创建新项目”选项，如图 5-40 所示。

③ 查看“显示所有设备”选项中的相关内容后，单击“设备与网络”选项卡中的“添加新设备”选项，如图 5-41 所示。

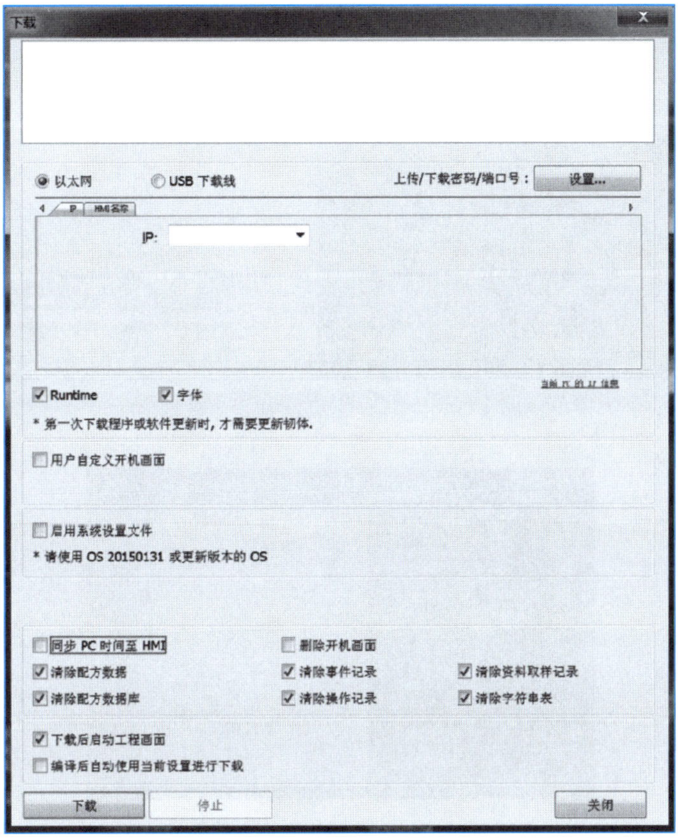

图 5-38　“下载”对话框

笔 记

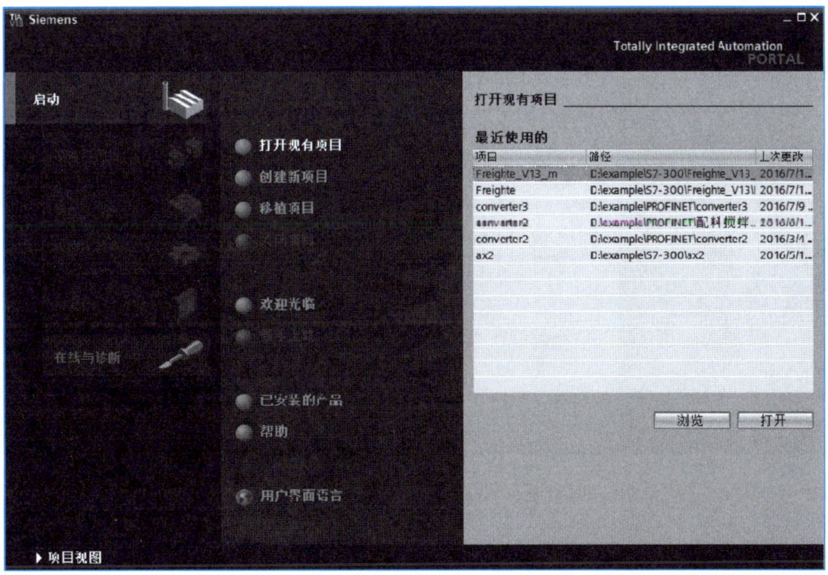

图 5-39　启动 TIA Portal

笔 记

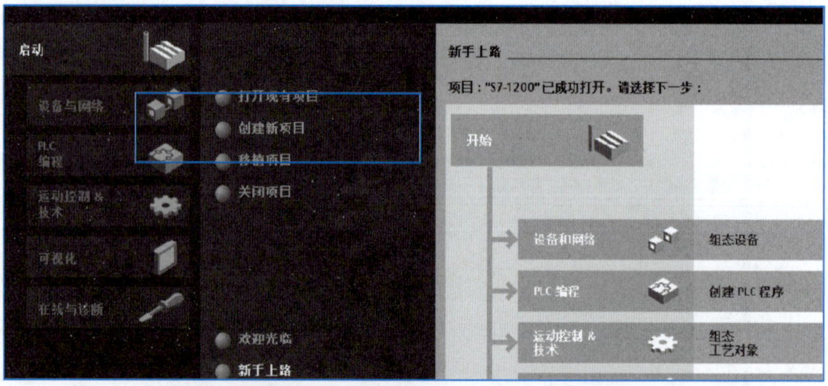

图 5-40 单击“创建新项目”选项

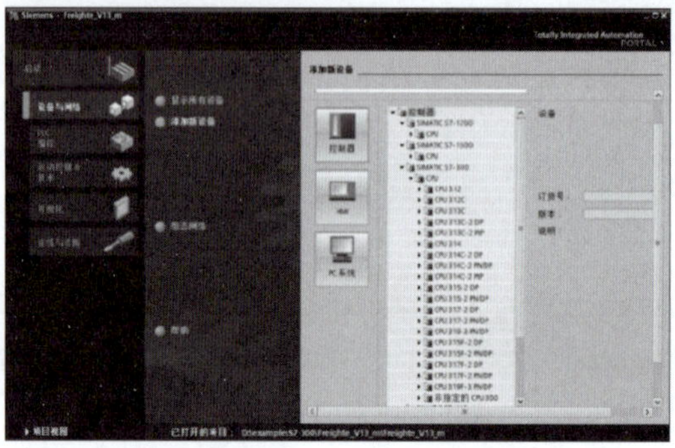

图 5-41 单击“添加新设备”选项

④ 在设备列表中选择添加正确的 PLC 设备信息，如图 5-42 所示。

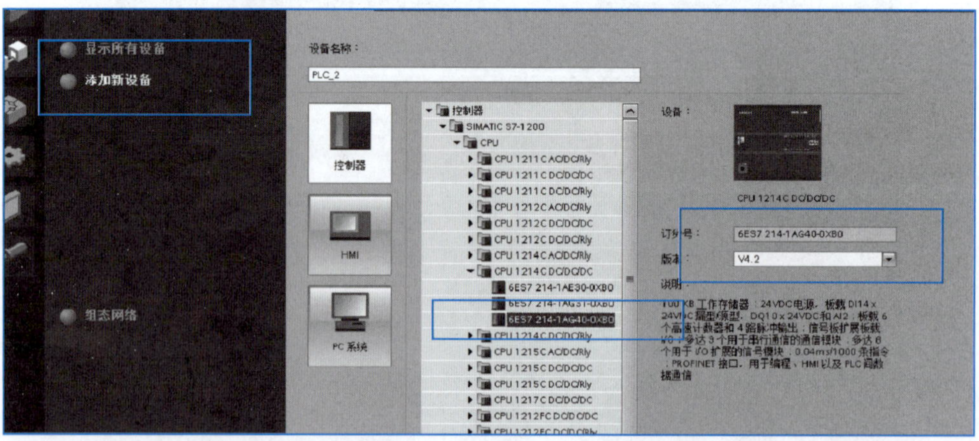

图 5-42 添加正确的 PLC 设备信息

⑤ 单击“组态网络”选项，就可以针对 CPU、IO 等模块进行硬件组态，并添加组件信息，如图 5-43 所示。

⑥ 根据硬件所对应的订货号选择正确的设备，如图 5-44 所示。

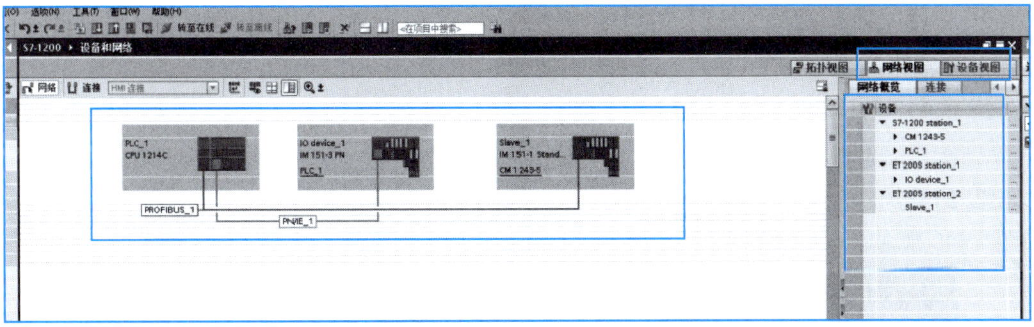

图 5-43　硬件组态并添加组件信息

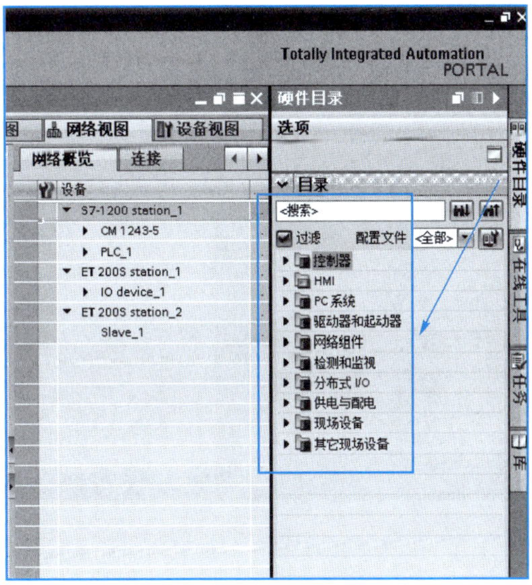

图 5-44　选择正确的设备

笔 记

⑦ 选择 CPU 进行 HMI 通信连接的配置，在“常规”选项卡左侧的列表中单击“防护与安全”选项区下方的“连接机制”选项，在右侧选中“允许来自远程对象的 PUT/GET 通信访问”复选框，如图 5-45 所示。

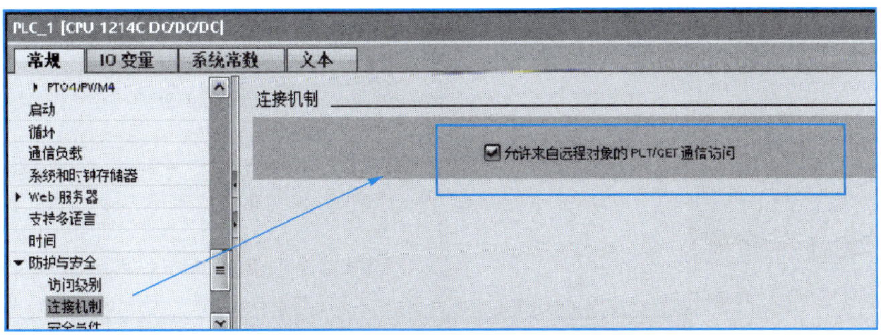

图 5-45　选中相应的复选框

⑧ 自行设计完成 IO 设备及网络的硬件组态，并配置相应的网络参数。由于本任务要求并不需要使用相应的 Profinet，故可以暂且不做配置。

微课 5-8 在 TIA Portal 中进行 PLC 编程

笔 记

步骤 4：S7-1200 PLC 编程。

① 手工绘制相应的程序梯形图。

② 启动设备中的 TIA Portal 应用程序，选择已经创建好的项目，单击“打开”按钮，如图 5-46 所示。

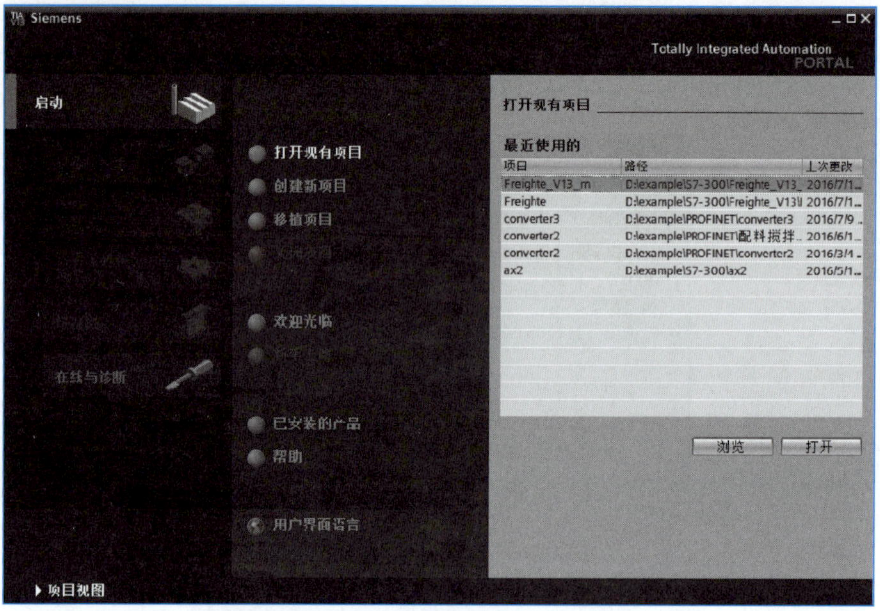

图 5-46 选择需要打开的项目

③ 打开已创建好的项目，双击项目树中需要编辑的程序块 Main[OB1]，从而打开程序编辑器，如图 5-47 所示。

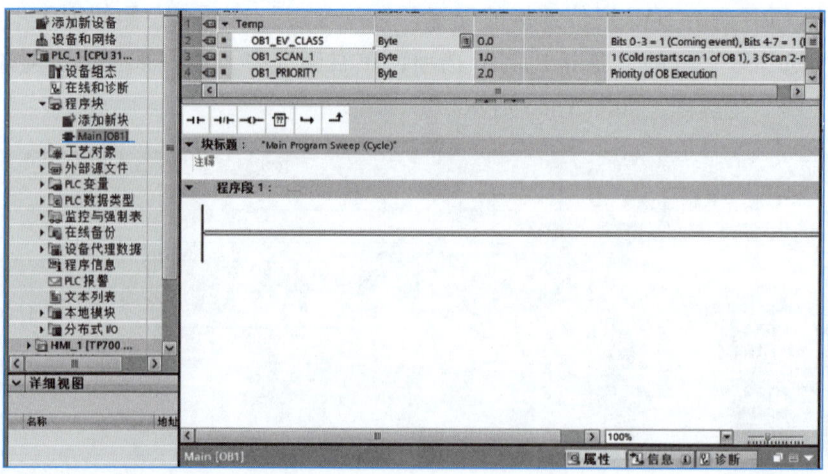

图 5-47 打开程序编辑器

④ 双击项目树窗口中 PLC 变量的“显示所有变量”项目，进入符号编辑器，然后根据自己的程序设计逐个添加变量，并设置其数据类型和地址位，如图 5-48 所示。

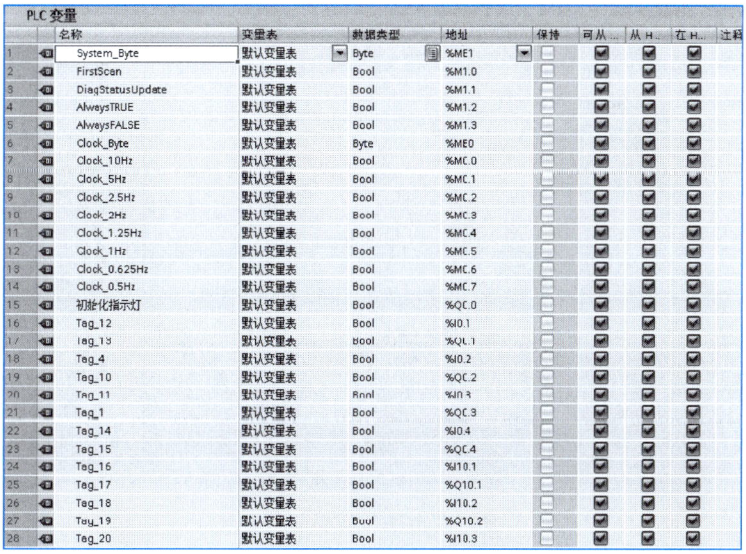
PLC 变量

	名称	变量表	数据类型	地址	保持	可从...	从 H...	在 H...	注释
1	System_Byte	默认变量表	Byte	%MB1	☐	☑	☑	☑	
2	FirstScan	默认变量表	Bool	%M1.0	☐	☑	☑	☑	
3	DiagStatusUpdate	默认变量表	Bool	%M1.1	☐	☑	☑	☑	
4	AlwaysTRUE	默认变量表	Bool	%M1.2	☐	☑	☑	☑	
5	AlwaysFALSE	默认变量表	Bool	%M1.3	☐	☑	☑	☑	
6	Clock_Byte	默认变量表	Byte	%MB0	☐	☑	☑	☑	
7	Clock_10Hz	默认变量表	Bool	%M0.0	☐	☑	☑	☑	
8	Clock_5Hz	默认变量表	Bool	%M0.1	☐	☑	☑	☑	
9	Clock_2.5Hz	默认变量表	Bool	%M0.2	☐	☑	☑	☑	
10	Clock_2Hz	默认变量表	Bool	%M0.3	☐	☑	☑	☑	
11	Clock_1.25Hz	默认变量表	Bool	%M0.4	☐	☑	☑	☑	
12	Clock_1Hz	默认变量表	Bool	%M0.5	☐	☑	☑	☑	
13	Clock_0.625Hz	默认变量表	Bool	%M0.6	☐	☑	☑	☑	
14	Clock_0.5Hz	默认变量表	Bool	%M0.7	☐	☑	☑	☑	
15	初始化指示灯	默认变量表	Bool	%Q0.0	☐	☑	☑	☑	
16	Tag_12	默认变量表	Bool	%I0.1	☐	☑	☑	☑	
17	Tag_13	默认变量表	Bool	%Q0.1	☐	☑	☑	☑	
18	Tag_4	默认变量表	Bool	%I0.2	☐	☑	☑	☑	
19	Tag_10	默认变量表	Bool	%Q0.2	☐	☑	☑	☑	
20	Tag_11	默认变量表	Bool	%I0.3	☐	☑	☑	☑	
21	Tag_1	默认变量表	Bool	%Q0.3	☐	☑	☑	☑	
22	Tag_14	默认变量表	Bool	%I0.4	☐	☑	☑	☑	
23	Tag_15	默认变量表	Bool	%Q0.4	☐	☑	☑	☑	
24	Tag_16	默认变量表	Bool	%I10.1	☐	☑	☑	☑	
25	Tag_17	默认变量表	Bool	%Q10.1	☐	☑	☑	☑	
26	Tag_18	默认变量表	Bool	%I10.2	☐	☑	☑	☑	
27	Tag_19	默认变量表	Bool	%Q10.2	☐	☑	☑	☑	
28	Tag_20	默认变量表	Bool	%I10.3	☐	☑	☑	☑	

图 5-48　添加变量并设置

需要注意的是，编写 PLC 程序之前先创建变量，这样有利于程序的阅读、分析和修改。

⑤ 双击项目树窗口中程序块 Main[OB1] 的组织块，选择合适的编程语言，这里选择 LAD 梯形图，如图 5-49 所示。

笔记

图 5-49　选择合适的编程语言

笔 记

⑥ 在打开的程序块 Main[OB1]的程序段中，定位指令模块要插入的位置，在界面右侧列表中选择需要调用的指令，双击即可添加，如图 5-50 所示。

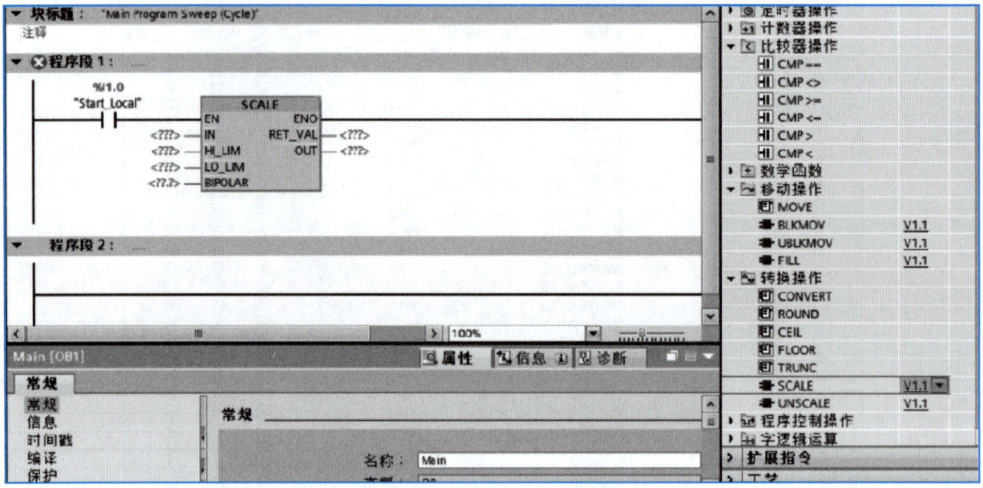

图 5-50 双击添加需要调用的指令

⑦ 配置针对指令所需要关联的对应变量，如图 5-51 所示。

⑧ 如果对某些指令不熟悉，可以选择某个指令，按 F1 键，开启帮助信息，学习该指令的使用方法。图 5-52 所示为指令列表。

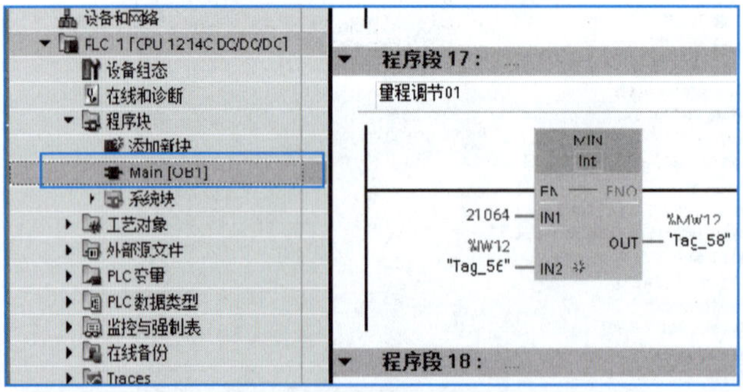

图 5-51 配置指令要关联的变量

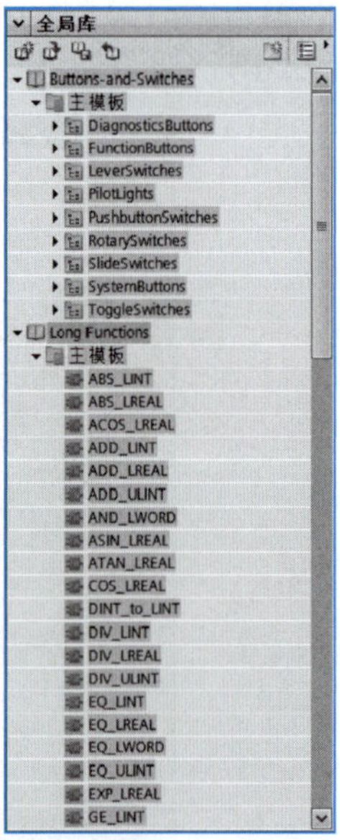

图 5-52 指令列表

⑨ 完成余下程序设计的指令调用和变量配置，如图 5-53 所示。

⑩ 完成 PLC 的各个块的程序编程之后，就可以打开 S7-PLCSIM，进行基本功能的仿真调试，如图 5-54 所示。

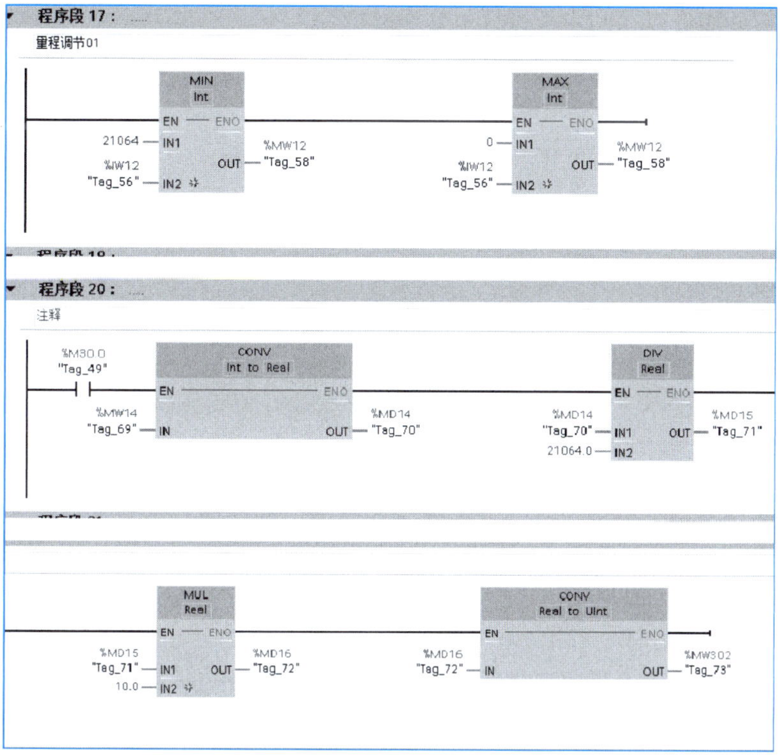

图 5-53　配置指令要关联的变量

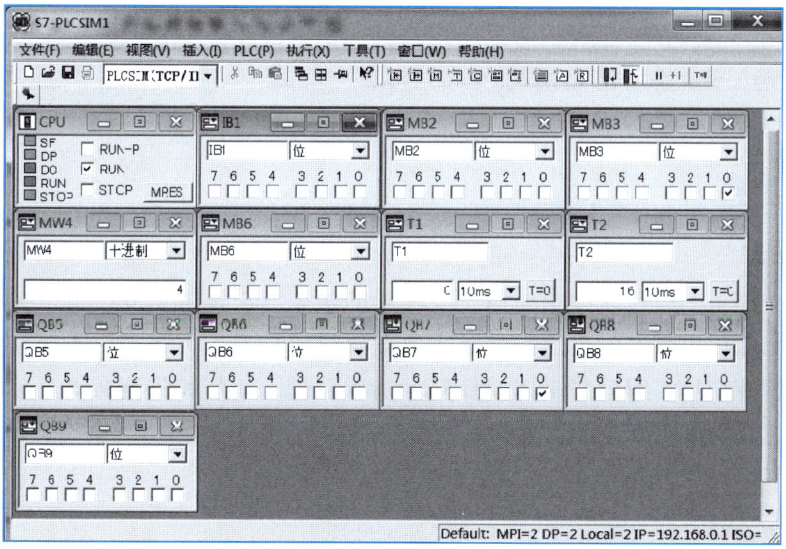

图 5-54　打开 S7-PLCSIM

笔 记

5.3.4　任务评价

本任务主要介绍了工业互联网应用组态编程的相关知识，评价标准如下：

① 了解工业服务架构的安全设计与安全保障。
② 了解工业微服务架构的容错机制及其应用。
③ 掌握在 EasyBuilder Pro 中绘制 HMI 界面的方法。
④ 掌握在 EasyBuilder Pro 中编译下载 HMI 界面的方法。
⑤ 掌握在 TIA Portal 中进行 PLC 配置和编程的方法。

文本：参考答案

5.3.5 任务测验

一、选择题

1. 下列中不属于工业微服务用户身份认证方法的是（　　）。

A. 数字证书　B. 客户端 ID 和口令　C. 开放授权　D. 专用网络

2. 在工业微服务架构中的负载均衡器与 Web 服务器之间、应用服务器与 Web 服务器之间、应用服务器与数据库服务器之间、应用程序及其调用的下游程序之间、用户客户端与微服务之间，均应使用（　　）加密。

A. HTML　B. XML　C. TSL　D. API

3. 下列中不属于工业微服务失效转移模式的是（　　）。

A. 失败重试策略　B. 备份服务策略　C. 故障转移缓存策略　D. 重试逻辑策略

二、简答题

1. 简单描述工业微服务安全。
2. 简单介绍典型的工业微服务限流方式。
3. 什么是工业微服务降级模式？

【项目总结】

本项目介绍了工业互联网中应用安全配置的相关方法，重点分析了工业应用软件的安全测试和工业应用软件的攻击防范。完成本项目的学习后，应当对工业互联网应用安全的相关知识有初步了解，并掌握固件安全漏洞分析、利用和防范文件上传漏洞和组态编程等工业互联网应用安全配置方法。

【项目评价】

在完成本项目学习任务后，可根据学习达成自我评价表进行综合能力评价，评价表总分 110 分（含附加分 10 分）。学习达成自我评价表积分方式：在达成情况对应的□中打“√”。其中完全达成，可按该项分值 100%计算；基本达成，可按该项分值 60%计算；

未能达成，不计分值。项目 5 学习达成自我评价表如表 5-2 所示。

表 5-2 项目 5 学习达成自我评价表

学习目标	学习内容	达成情况
职业道德（10 分）	① 遵纪守法，爱岗敬业 ② 遵守规程，安全操作 ③ 认真严谨，忠于职守 ④ 精益求精，勇于创新 ⑤ 诚实守信，服务社会	完全达成□ 基本达成□ 未能达成□
知识目标（30 分）	① 是否了解工业应用软件安全性的内涵 ② 是否了解工业应用软件的功能安全与失效原理 ③ 是否了解 VxWorks 固件分析过程 ④ 是否了解工业软件的信息安全脆弱性 ⑤ 是否了解工业软件的信息攻击防范 ⑥ 是否了解工业服务架构的安全设计与安全保障 ⑦ 是否了解工业微服务架构的容错机制及其应用	完全达成□ 基本达成□ 未能达成□
技能目标（30 分）	① 是否具备对固件安全漏洞分析的能力 ② 是否具备 IDA 工具的使用能力 ③ 是否理解 phpMyAdmin 文件包含漏洞利用的思想 ④ 是否具备利用和防范文件上传漏洞的能力 ⑤ 是否具备在 EasyBuilder Pro 中绘制 HMI 界面的能力 ⑥ 是否具备在 EasyBuilder Pro 中编译下载 HMI 界面的能力 ⑦ 是否具备在 TIA Portal 中进行 PLC 配置和编程的能力	完全达成□ 基本达成□ 未能达成□
素养目标（20 分）	① 是否具有较强的安全思维和广阔的信息视野 ② 是否具有良好的信息素养，以及信息检索、分析和处理能力	完全达成□ 基本达成□ 未能达成□
职业技能等级标准（10 分）	① 是否能够对固件程序漏洞进行分析 ② 是否能够对文件包含漏洞进行处理 ③ 是否能防范文件上传漏洞 ④ 是否能利用相应的工具实现组态编程 ⑤ 是否能具备良好沟通及团队合作能力	完全达成□ 基本达成□ 未能达成□
（附加分）学习过程发现问题（5 分）		
（附加分）学习过程解决问题（5 分）		

本表仅供学习者对照学习任务进行自我评价，以便查漏补缺，强化职业岗位能力，以适应社会新需求。

笔 记

项目 6　工业互联网安全风险评估

【项目情境】

PPT：项目 6 导读

工业互联网安全风险评估的目的是从风险管理角度，运用科学的方法和手段，系统地分析工业互联网面临的威胁及其脆弱性，评估安全事件一旦发生可能造成的危害程度，从而提出有针对性的防护对策和整改措施，尽可能地防范和化解工业互联网的安全风险，保障工业互联网的安全。

本项目将介绍工业互联网安全风险评估的相关标准、方法、流程以及处置策略，为同学们执行风险评估提供翔实的指导。通过工业互联网安全风险测试报告的编写和工业互联网安全风险评估报告的编写两个任务的实施，同学们可以掌握安全测试报告和风险评估报告的编写内容和编写方法。

【学习目标】

1. 知识目标

- 了解安全风险评估的概念和方法。
- 了解安全风险评估准备工作。
- 了解安全风险信息收集方法。
- 了解安全风险计算分析的内容和方法。
- 了解安全风险评估处置的内容。

2. 技能目标

- 理解安全测试报告内容。

- 具备编写安全测试报告的能力。
- 理解信息安全风险评估报告内容。

3. 素养目标

- 具备快速制定工业互联网风险应对策略的决策能力，通过撰写安全风险评估报告提升基本的写作与表达。
- 具备良好的沟通协调能力，能够与工业互联网领域的各方进行有效沟通和协作，共同推进安全风险评估工作。

【学习导图】

本项目将聚焦工业互联网安全风险评估的职业能力学习，主要包括工业互联网安全风险测试报告的编写、工业互联网安全风险评估报告的编写两个学习任务，共 5 个知识点。图 6-1 所示为项目 6 学习思维导图。

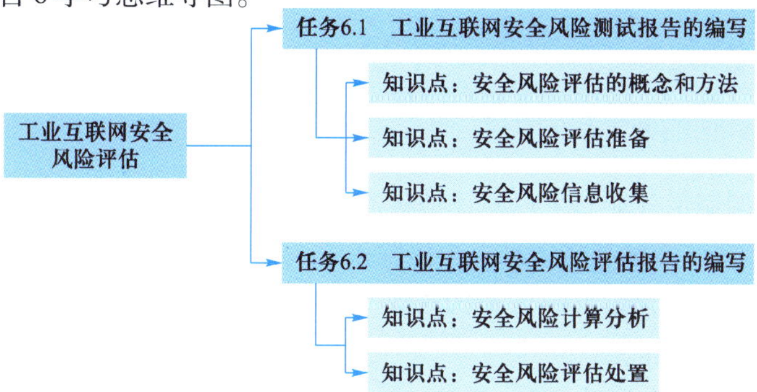

图 6-1 项目 6 学习思维导图

本项目学习内容与“工业互联网安全测评与应急”职业技能等级标准内容的对应关系如表 6-1 所示。

表 6-1 本项目与职业技能等级标准内容对应关系

“工业互联网安全测评与应急”职业技能等级标准			工业互联网安全风险评估	
工作任务	职业技能要求	等级	知识点	技能点
理解并掌握工业互联网安全测评与风险评估的方法	① 能根据项目要求，确定安全评估范围 ② 能够进行工业互联网安全评估检查 ③ 能根据报告编写要求，梳理安全测试信息 ④ 能根据报告编写要求，梳理网络资产信息 ⑤ 能根据报告编写要求，梳理网络威胁信息 ⑥ 能具备良好的沟通表达及团队合作能力	初级 中级	① 了解安全风险评估的概念和方法 ② 了解安全风险评估准备工作 ③ 了解安全风险信息收集 ④ 了解安全风险计算分析的内容和方法 ⑤ 了解安全风险评估处置的内容	① 理解安全测试报告内容 ② 具备编写安全测试报告的能力 ③ 理解信息安全风险评估报告内容 ④ 具备编写安全风险评估报告的能力

笔记

任务 6.1 工业互联网安全风险测试报告的编写

PPT：任务6.1 工业互联网安全风险测试报告的编写

笔 记

6.1.1 任务描述

本任务介绍的测试报告指在所有测试实施工作结束后，按照测试方案要求所需要输出提供的结论性报告文档，是安全测试工作的最重要成果。

测试报告主要提供给目标组织者进行阅读，针对其目标系统风险进行业务评估，并给出证据证明其风险的有效性，以及对应的安全策略建议。主要有3类人会阅读测试报告：高级管理人员、IT 管理人员和 IT 技术人员。此外，有时候也会有专门的安全负责人、厂家技术人员、普通职员、宣传人员等查看相应报告。

6.1.2 知识导入

1. 安全风险评估的概念和方法

2022年，我国制定并颁布了风险评估标准 GB/T 20984—2022《信息安全技术 信息安全风险评估方法》。该标准将信息安全风险定义为：特定威胁利用单个或一组资产脆弱性的可能性以及由此可能给组织带来的损害。对风险评估的定义为：风险识别、风险分析和风险评价的整个过程。

通过工业互联网安全风险评估，可以准确认识和评价工业互联网在相应生命周期阶段的安全现状、安全态势及量化风险，并进行风险处置，为后续的安全防御体系设计提供依据。进行工业互联网安全风险评估主要依据以下标准：

① GB/T 20984—2022《信息安全技术 信息安全风险评估方法》。

② GB/T 26333—2010《工业控制网络安全风险评估规范》。

③ GB/T 30976.1—2014《工业控制系统信息安全 第1部分：评估规范》。

④ GB/T 33009.3—2016《工业自动化和控制系统网络安全 集散控制系统（DCS） 第3部分：评估指南》。

⑤ GB/T 22239—2019《信息安全技术 网络安全等级保护基本要求》。

（1）风险评估要素及其关系

结合信息安全风险评估规范，并结合工业互联网特性，可知工业互联网的风险评估要素及其关系如图6-2所示。

图6-2中矩形部分的内容为风险评估的基本要素，椭圆部分的内容是要素相关的属性。总体来说，工业互联网安全风险评估围绕资产、威胁、脆弱性和安全措施这些基本

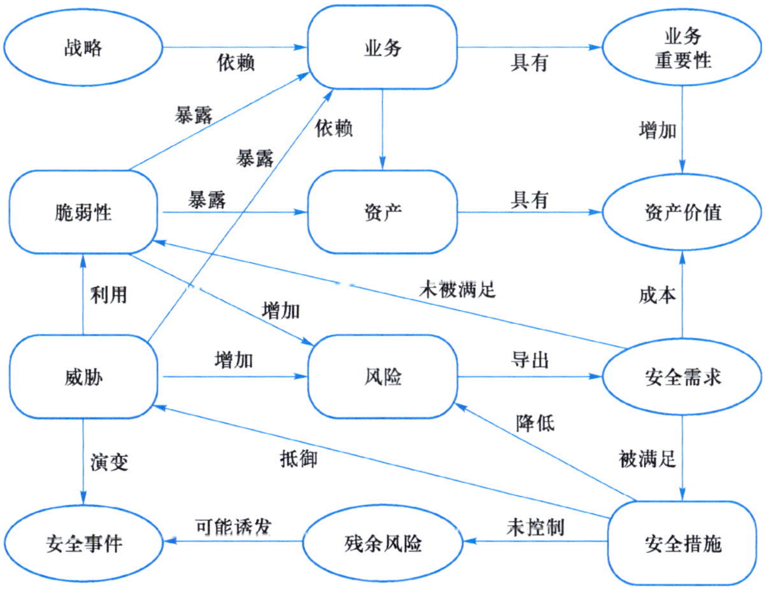

图 6-2 工业互联网的风险评估要素及其关系

要素展开。在评估过程中，需要充分考虑战略、资产价值、安全需求、安全事件、残余风险等与基本要素相关的属性。

（2）工业互联网安全分析的原理

工业互联网的安全分析涉及业务、资产、威胁、脆弱性、安全措施和风险6个基本要素，每个要素有各自的识别内容。业务的识别内容是战略、战略地位、盈利程度和职能；资产的识别内容是可靠性、保密性、完整性、可用性、隐私和数据保护性；威胁的识别内容是动机、能力、频率和可能性等；脆弱性的识别内容是业务和资产弱点的严重程度。工业互联网安全分析的原理如图 6-3 所示。

笔 记

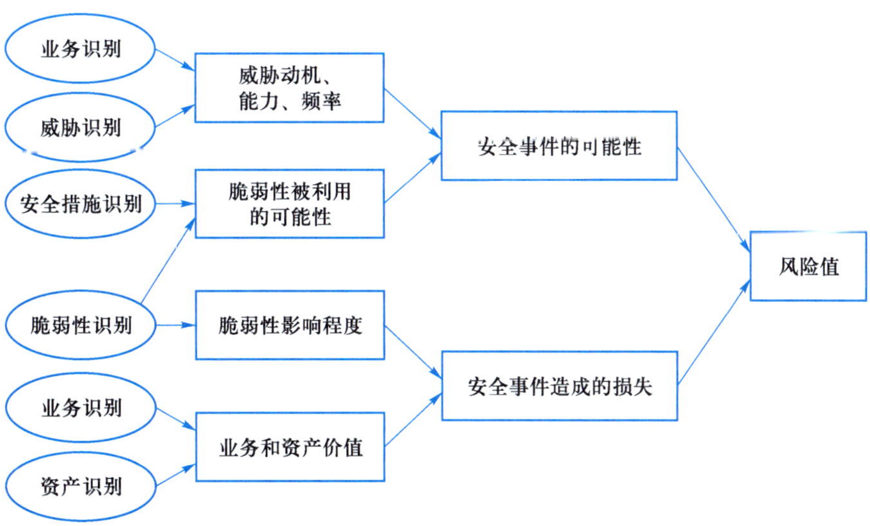

图 6-3 工业互联网安全分析原理示意图

笔 记

（3）安全风险评估的实施流程

工业互联网安全风险评估的实施流程如图 6-4 所示。根据流程中的各项工作内容，一般将风险评估划分为评估准备、风险要素识别、风险分析 3 个阶段。其中，评估准备阶段的工作是评估过程有效性的保证，是评估工作的开始；风险要素识别阶段的工作主要是对评估活动中的各类关键要素（资产、威胁、脆弱性、安全措施）进行识别与赋值；风险分析阶段的工作主要是对识别阶段中获得的各类信息进行关联分析，并计算风险值。通常，风险评估结束后是风险处理阶段。

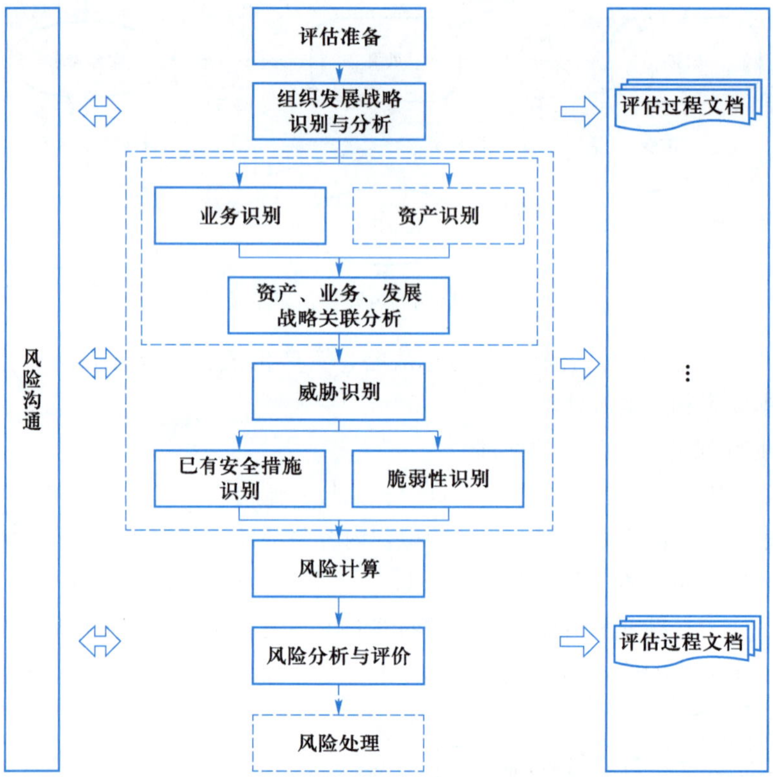

图 6-4 风险评估实施流程图

2. 安全风险评估准备

微课 6-1 安全风险评估的准备与信息收集

风险评估的准备是风险评估过程有效性的保证。组织实施风险评估是一种战略性考虑，评估结果会受到组织战略、业务、业务流程、安全需求、系统规模和结构等因素的影响。因此，在实施风险评估前，应做如下准备：

① 确定风险评估的目标。

② 确定风险评估的对象和范围。

③ 组建适当的评估管理与实施团队。

④ 对系统进行前期调研。

⑤ 确定评估的依据和方法。

⑥ 制订风险评估实施方案。

⑦ 获得最高管理者对风险评估工作的支持。

信息安全风险评估涉及组织内部的重要信息，因此被评估的组织应慎重选择评估单位、评估人员的资质和资格，并遵守国家或行业的相关管理要求。前期准备的内容因实际情况而有所不同。

3. 安全风险信息收集

在实施工业互联网安全风险评估前，各评估实施机构或自评估企业应对工业互联网的情况进行深入调研，获取支撑风险评估的基础信息。信息收集方法包括人员访谈、制度调阅、现场检查、技术检测等。

笔 记

针对工业互联网进行现场检查与技术测试是风险信息收集中的重要一环，主要工作是利用技术检测工具对现场待评估的工业互联网的协议、漏洞、配置等情况进行分析，发现可能存在的技术风险。将以工业互联网安全体系示意图作为示例进行介绍，如图 6-5 所示。

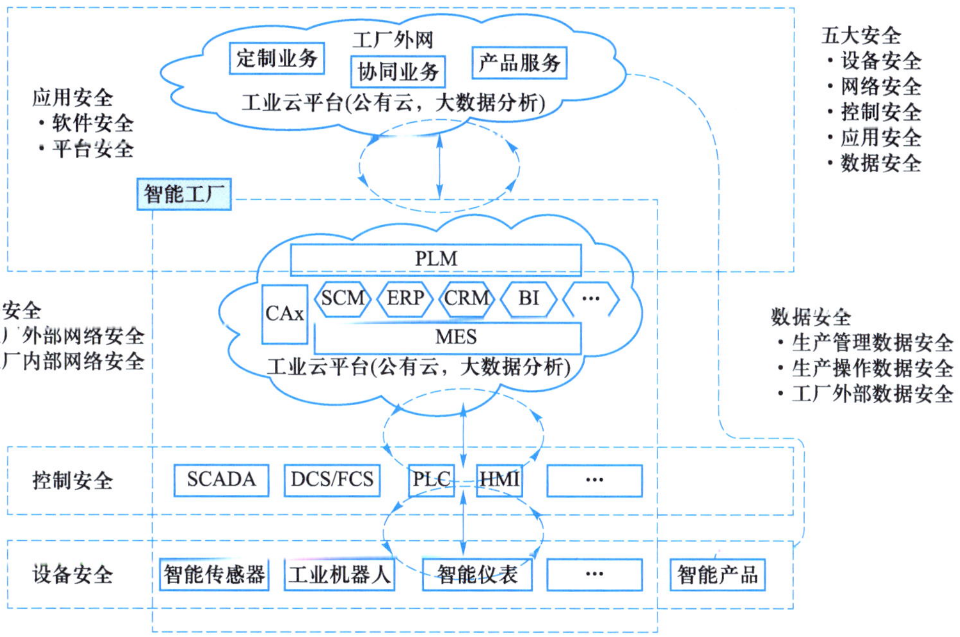

图 6-5　工业互联网安全体系

6.1.3 任务实施——安全测试报告编写

微课 6-2
编写安全测试报告

【任务目的】

➢ 了解安全测试报告内容。
➢ 掌握安全测试报告的编写方法。

笔记

【实施步骤】

步骤1：掌握测试报告编写要求。

① 执行摘要。执行摘要部分要与读者沟通安全测试的目标以及结果，这一部分潜在的读者是目标组织中负责安全规划的前瞻与决策的领导层人员，也包含组织内部与渗透测试识别确认威胁相关的人员。

② 背景。应该解释安全测试的总体目的，并具体阐述在前期交互阶段中沟通确定的所有条款，包括潜在风险、对策、安全测试目标等，便于读者能够将整体测试目标与结果对应起来。如果安全测试目标在执行过程中改变了，那么必须在这节中进行列举，并将目标更改的协议（如果是内部测试则一般是相关会议记录和说明文件）附在报告附件中。

③ 整体情况。该部分内容需要对安全测试过程整体流程以及安全测试者达到目标的总体情况进行叙述。应该系统性地概要描述安全测试过程中识别出的安全问题，以及如何利用这些安全问题获取到目标信息或者造成业务影响后果。

④ 风险评估与轮廓。该部分内容需要进行整体上的风险评级、轮廓描述或者评分，并进行简要的解释。在前期交互阶段，安全测试者应与目标组织在风险评级方法、跟踪评价风险的具体机制等方面达成一致。比如可以使用业界的FAIR、DREAD等评估方法，并根据目标组织环境特性进行定制。

⑤ 结果概要。该部分内容将以一种基本统计的格式，来提供在安全测试过程中所发现安全问题的概要情况。一般建议采用图表方式来描述测试目标、测试结果、测试过程、攻击场景、成功率和其他在前期交互阶段共同定义的可量化指标。另外，这些安全问题的缘由也需要以非常易懂的方式进行呈现，例如通过图表方式展示发现安全问题的根源分布情况等。

⑥ 改进建议概要。该部分内容应该为读者提供降低安全风险所需任务的高层次描述，应该描述策略路线中进行优先级区分的权重量化机制。

⑦ 应对策略路线。该部分内容包含一个具有优先级排序的改进计划，来消除安全测试过程中发现的不安全因素，并提升组织安全防御的水平。而权重排序应该基于业务目标与风险潜在影响等级。也应该创建一个增量部署实施的Todo列表。

步骤2：编写技术性报告。

技术性报告和读者沟通安全测试的技术细节，以及所有在前期交互阶段与目标组织商定的提交内容。技术性报告应该详细描述安全测试范围、获取信息、攻击线路、造成影响与改进建议。

① 引言。技术性报告的引言部分，应该给出安全测试所涉及的具体资源的索引，以及测试的整体技术范畴，应该说明如下主要内容：客户组织与安全测试团队参与的人员名单（团队信息）、联系方式、安全测试涉及资产、安全测试目标、安全测试范围、安全

测试力度和限制条件、安全测试方法与工具、威胁与风险评估分结构与标准。

② 信息搜集。信息搜集和评估是一次成功安全测试活动的基础，安全测试者了解目标环境的信息越多，安全测试的结果就会越好。该部分内容应该列出通过情报搜集环节后，能够获取到的客户组织公开或者私密信息的内容，识别结果至少应该包括如下类别：被动搜集信息、主动搜集信息、企业信息、个人信息。

③ 漏洞评估。漏洞评估是在安全测试环境中识别潜在安全漏洞，并对每个威胁进行分类的行为。应该包括如何进行漏洞评估的方法，以及发现漏洞的证据和分类。另外，该部分内容中还应该包括：安全漏洞分类等级、技术性安全漏洞（OSI 网络层、扫描器发现、手工检测、通用性披露描述）、逻辑性安全漏洞（非 OSI 网络层、漏洞类型、漏洞位置与发现方法、通用性披露描述）、漏洞评估结果总结。

④ 漏洞利用确认。漏洞利用指的是触发“漏洞评估”中识别的安全漏洞以及取得目标资产特定访问级别的行为。应该具体详细地回顾用来确认安全漏洞的所有步骤，包括如下内容：漏洞攻击时间线、漏洞攻击选择的目标资产、漏洞攻击行为。

直接攻击（攻击识别和成功的）包括设备信息、实施的攻击、成功的攻击、获取权限、路径、改进建议等；间接攻击（钓鱼、客户端渗透、浏览器渗透等）包括攻击的时间线与细节、识别的目标、成功率和失败率、获取的访问级别等。

⑤ 后测试阶段。所有安全测试中都非常关键的任务是与目标客户组织的实际业务影响之间的连接关系。尽管之前的内容主要依赖于漏洞这一技术本质和对安全漏洞的成功利用，后测试阶段必须将安全测试能力和目标组织业务的实际风险联系起来。获取信息呈现、真实环境中特权用户访问案例进行证实等内容需要在该部分中进行截屏。

笔 记

⑥ 风险披露。一旦对业务的直接影响通过在前面小节的内容中列举的证据验证之后，就可以进行风险量化了。在该部分内容中，上述结果与风险值、信息关键度、企业估价进行组合，并从前期交互阶段推到业务影响严重程度。这样就可以让客户组织能够对整个安全测试过程中发现的漏洞进行识别、可视化与价值量化。

- 计算安全事件频率：可能事件频率、估计威胁级别、估计安全控制能力、混合安全漏洞、攻击所需技术能力、所需的访问级别等。
- 每次安全事件估计的损失量级：直接损失量级、间接损失量级、识别风险根源包括之所以失效的过程。
- 推导风险：基于威胁、安全漏洞，制订安全防范措施。

6.1.4　任务评价

本任务主要介绍了工业互联网安全测试报告的编写，评价标准如下：

① 了解安全风险评估的概念和方法。

② 了解安全风险评估准备工作。

③ 了解安全风险信息收集。

④ 掌握安全测试报告的编写。

文本：参考答案

6.1.5 任务测验

一、选择题

1. 工业互联网的安全分析涉及的基本要素中，(　　) 的识别内容是业务和资产弱点的严重程度。

A. 业务　　B. 资产　　C. 威胁　　D. 脆弱性

2. 下列中不属于风险评估前准备工作的是（　　）。

A. 确定风险评估的目标　　B. 确定风险评估的对象和范围

C. 编写安全测试报告　　D. 组建适当的评估管理与实施团队

3. 在实施工业互联网安全风险评估前，需要获取支撑风险评估的基础信息。下列信息收集方法中，错误的是（　　）。

A. 人员访谈　　B. 搜索引擎　　C. 现场检查　　D. 技术检测

二、简答题

1. 什么是信息安全风险？

2. 什么是信息安全风险评估？

3. 简单描述在实施风险评估前应做的准备工作。

任务 6.2　工业互联网安全风险评估报告的编写

PPT：任务6.2 工业互联网安全风险评估报告的编写

6.2.1 任务描述

工业互联网目前已经广泛应用于电力、交通、石油、取暖、制造业等关键信息基础设施领域，一旦发生安全事件，往往会造成巨大的损失和影响。但是，由于工业互联网环境的特殊性，传统的IT信息安全技术并不能完全有效地保护工业系统的安全，甚至很多常用的安全技术都不能直接应用于工业网络的安全防护。对于工业互联网安全的分析与防护，需要使用一些专门的方法和专用的技术。

本任务将从安全风险计算分析、安全风险结果判定、安全风险评估处置等多方面讲解了工业互联网安全风险评估的内容与方法。通过本任务的学习，同学们可以掌握工业互联网安全风险评估的方法和报告的编写方法。

6.2.2　知识导入

1. 安全风险计算分析

工业互联网安全风险评估实施的主要步骤包括对评估对象进行业务识别和赋值、资产识别和赋值、威胁识别和赋值、脆弱性识别和赋值。其目标是根据各项资产在业务中的重要性，量化工业互联网风险，并给出风险处置的建议，这些步骤也称为风险计算分析。

（1）发展战略识别

发展战略识别是风险评估的重要环节，可以通过发展战略推导出各业务的发展情况，也可以将各项业务作为核心，针对各项业务的定位和情况确定整体发展战略。业务具有关联性，以业务为核心进行战略识别时可根据业务间的关联性进行综合分析，也可参考机构的发展战略规划。

（2）业务识别

业务识别是指分析发展战略依赖的业务，将战略与实现该战略的业务进行拆解，并对该业务在战略中的地位等因素进行赋值。首先对业务流程进行识别。业务流程是指按照一定规则、业务关系及其先后顺序实现的一系列业务活动，通过对业务流程的管理、审批和控制，可实现业务数据之间的交换和集成。

对于工业互联网，应重点识别工业生产过程或可靠运行生产的业务流程。在业务流程识别中，进行业务逻辑识别、数据流识别、流程管理审批识别时，还应对涉及的 PLC、SCADA 系统、运动控制（MC）系统、过程控制系统（PCS）等进行相关的监控控制流程识别。

笔记

接下来考虑业务识别的内容。业务是组织发展的核心，具有价值属性、多样性、复杂性等特点。业务识别是风险评估的关键环节。业务识别与战略识别关系紧密，相互补充。业务识别的内容包括业务定位、业务关联性识别和业务完整性。业务识别的数据可来自熟悉组织业务结构的业务人员或管理人员。业务识别可通过访谈、文档查阅、资料查阅等方式进行，还可通过梳理信息系统后加以总结和整理而完成。

最后，对业务赋值。发展战略对业务具有依赖性，组织战略的实施需要通过业务来实现。从战略对业务的依赖程度出发，将战略和业务的关系进行量化，就可以对业务重要性进行赋值。

根据业务或业务流程的重要程度，可将其分为 5 个等级。表 6-2 提供了一种重要性赋值的参考。

表 6-2　业务重要性赋值表

赋值	标识	定　义
5	很高	业务或业务流程在战略中极其重要，在战略的属性及职能定位层面具有重大影响，在短期目标或长期目标中占据极其重要的地位，在业务规划层面与较多业务有很强的交叉性，是多个业务流程的重要环节

笔记

续表

赋值	标识	定义
4	高	业务或业务流程在战略中较为重要，在战略的属性及职能定位层面具有较大影响，在短期目标或长期目标中占据极其重要的地位，在业务规划层面与较多业务存在交叉性
3	中等	业务或业务流程在战略中具有一定的重要性，在战略的属性及职能定位层面具有一定影响，在短期目标或长期目标中占据重要的地位，在业务规划层面与其他业务存在一定的交叉性
2	低	业务或业务流程在战略中具有一定的重要性，在战略的属性及职能定位层面具有较低影响，在短期目标或长期目标中占据一定的地位，在业务规划层面与其他业务存的交叉性较小
1	很低	业务或业务流程在战略中具有一定的重要性，在战略的属性及职能定位层面具有较低影响，在短期目标或长期目标中占据较低的地位，在业务规划层面相对独立

(3) 资产识别

资产识别是指对工业互联网信息资产进行识别，主要目标是得到有价值的资产明细，脆弱性及威胁识别都是以资产识别为基础的。

1) 资产识别的内容

根据工业互联网资产的表现形式，可将资产分为设备、控制、网络、应用以及数据5个类别。在实际工作中，资产的分类方法可以根据评估对象和要求，由评估方灵活把握。表6-3所示为一种基于表现形式的资产分类方法。

表6-3 一种基于表现形式的资产分类方法

类别	资产
设备	① 单点智能器件：智能传感器 ② 成套智能终端：智能仪表 ③ 智能产品：工业机器人 ④ 涉及操作系统/应用软件与硬件
控制	① 控制协议 ② 控制软件 ③ 控制平台
网络	① 工厂内部网络 ② 工厂外部网络 ③ 标识解析系统
应用	① 工业互联网平台：边缘层、平台 IaaS 层、平台 PaaS 层 ② 工业应用程序
数据	采集、传输、存储、处理等各个环节的数据，主要有生产管理数据、生产操作数据以及工厂外部数据，如用户信息

可靠性、保密性、完整性、可用性、隐私和数据保护性是用于评价工业互联网资产的5个安全属性。在风险评估中，资产的价值不是以资产的经济价值来衡量的，而是由资产对这5个安全属性的达成程度或者未达成安全属性时造成的影响程度，以及资产与业务

关联后的重要程度来决定的。安全属性达成程度的不同使资产具有不同的价值，业务重要程度的不同使资产具有不同的重要性，资产面临的威胁、存在的脆弱性以及已采用的安全措施都将对资产安全属性的达成程度以及业务的安全程度产生影响。所以，应对组织中的资产进行识别。

2）资产赋值

资产在安全属性上的赋值可以采取分级思路。根据资产在 5 个安全属性上的不同要求，可将其分为 5 个不同的等级，分别对应资产在安全属性上应达成的程度或者安全属性缺失时对整个组织的影响。

资产重要性应依据资产在安全属性上的赋值等级，以及与业务的关联分析结果，经过综合评定得出。组织可以根据自身的特点，对资产安全属性和业务流程重要性进行加权计算，得到资产的最终赋值结果。可根据组织的业务特点确定加权方法。

与上述安全属性的赋值相对应，根据最终赋值将资产划分为 5 级，级别越高表示资产越重要，也可以根据组织的实际情况来确定资产识别中的赋值依据和等级。评估方可根据资产赋值结果，确定重要资产的范围，并围绕重要资产进行下一步的风险评估。表 6-4 所示为一种资产重要性赋值的参考。

表 6-4 资产重要性赋值表

等级	标识	资产重要性赋值描述
5	很高	非常重要，其安全属性被破坏后可能给组织造成非常严重的捐赠失
4	高	重要，其安全属性被破坏后可能给组织造成比较严重的损失
3	中等	比较重要，其安全属性被破坏后可能给组织造成中等程度的损失
2	低	不太重要，其安全属性被破坏后可能给组织造成较低的损失
1	很低	不重要，其安全属性被破坏后会给组织造成很小的损失，甚至可以忽略不计

笔记

（4）战略、业务和资产的分析

发展战略、业务和资产的组织形式自上而下分别是战略、业务、信息系统、平台、基础设施。关联分析的重点是分析战略对业务的依赖性、业务对资产的依赖性和资产安全属性丧失对业务/战略的影响。

资产安全属性丧失会对业务产生不同程度的影响，进而对战略产生不同程度的影响。

战略、业务和资产分析的目的是明确被评估组织的战略、业务和资产之间的关联性，将业务的价值传递到资产。业务重要性赋值不仅是对业务本身的重要性赋值，还要综合分析业务在战略中的重要性。资产重要性赋值是对资产安全属性赋值，而资产在业务中的重要性赋值是指具体业务中各资产的重要程度赋值。

（5）威胁识别

工业互联网的发展使得现场设备由机械化向高度智能化方向转变，并催生了嵌入式操作系统+微处理器+应用软件的新模式，这样海量的智能设备可能直接暴露在网络攻击之下，面临攻击范围扩大、扩散速度增加、漏洞影响扩大等威胁。

笔记

从控制角度来说，工业互联网使得生产控制由分层、封闭、局部逐步向扁平、开放、全局方向发展。在控制环境方面，信息技术（IT）与操作技术（OT）日益融合，控制网络由封闭走向开放，控制范围从局部拓展至全局，并伴随着控制监测上移与实时控制下移。上述变化改变了传统生产控制过程封闭、可信的特点，带来了安全事件危害范围扩大、危害程度加深、信息安全与功能安全问题交织等隐患。

从网络角度来说，工业互联网的发展使工厂内部网络呈现IP化、无线化、组网方式灵活化与全局化的特点，而工厂外部网络则呈现信息网络与控制网络融合、企业专网与互联网融合以及产品服务日益互联网化的特点。这些变化造成传统互联网中的网络安全威胁向工业互联网蔓延。

从应用角度来说，工业互联网应用范围覆盖智能化生产、网络化协同、个性化定制、服务化延伸等方面。目前面临的安全威胁主要包括数据泄露、非法篡改、数据丢失、权限控制异常、非法漏洞利用、账户劫持、非法接入等。

从数据角度来说，随着工厂数据从少量、单一、单向朝着大量、多维、双向转变，工业互联网的数据体量不断增大、种类不断增多、结构日趋复杂，并出现数据在工厂内部与外部网络之间双向流动、共享的趋势。由此产生的安全威胁主要包括非法数据披露、非授权分析等。

1）威胁分类

动机、能力和频率是威胁的属性，威胁来源的不同决定了威胁类别的不同。威胁来源分为人为因素和环境因素。根据威胁的动机，人为因素又可分为恶意和非恶意两种。环境因素包括自然界的不可抗因素和其他物理因素。威胁的作用形式可以是对业务或信息系统进行直接或间接攻击，也可以是偶发或蓄意的事件带来的攻击。

在对威胁进行分类前，应考虑威胁的来源。对威胁来源的识别，应以组织职能和发展战略为核心。表6-5所示为威胁来源分类的方法。

表6-5 威胁来源列表

来源		描述
环境因素		断电、静电、灰尘、潮湿、温度、鼠蚁虫害、电磁干扰、洪水、火灾、地震、意外事故等环境危害或自然灾害，以及软件、硬件、数据、通信线路等方面的故障，或者依赖的第三方平台或者信息系统等方面的故障
人为因素	恶意人员	心怀不满或有预谋的内部人员对信息系统进行恶意破坏；内部人员或内外部人员勾结盗窃机密信息或篡改信息，获取利益；外部人员利用信息系统的脆弱性对网络或系统的保密性、完整性和可用性进行破坏，以获取利益或炫耀资本
	非恶意人员	内部人员由于缺乏责任心，或者由于不关心、不专注，以及没有遵循规章制度和操作流程而导致系统故障或信息损坏；内部人员由于缺乏培训、专业技能不足、不具备岗位技能要求而导致信息系统故障或被攻击

针对表6-5所列出的威胁来源，可以根据其表现形式将威胁分类，如表6-6所示。

表 6-6　基于表现形式的威胁分类表

种　类	描　述	威胁子类
软硬件故障	对业务实施或系统运行产生影响的设备硬件故障、通信链路中断、系统本身或软件缺陷等问题	设备硬件故障、传输设备故障、存储媒体故障、系统软件故障、应用软件故障、数据库软件故障、开发环境故障等
支撑系统故障	信息系统依托的第三方平台或者接口相关的系统出现问题	第三方平台故障、第三方接口故障等
物理环境影响	对信息系统正常运行造成影响的物理环境问题和自然灾害	断电、静电、灰法、潮湿、湿度、鼠蚁虫害、电磁干扰、洪水、火灾、地震等
无作为或操作失误	应该执行而没有执行相应的操作，或无意执行了错误的操作	维护错误、操作失误等

2）威胁赋值

威胁赋值分为威胁动机赋值、威胁能力赋值、威胁频率赋值、威胁的可能性赋值。下面分别进行介绍。

① 威胁动机赋值：可综合威胁来源对行业的关注度和重视程度、威胁来源企图对对象进行破坏的意愿大小及获取经济利益的多少等方面来进行分级，通常将威胁动机划分为 5 个等级。

② 威胁能力赋值：根据威胁来源的渗透能力、情报能力及隐匿能力等进行赋值，通常将威胁能力划分为 5 个等级。

③ 威胁频率赋值：判断威胁出现的频率是威胁赋值的重要内容，评估方应根据经验和有关的统计数据来进行判断。在评估中，需要综合考虑多方面因素，以判断在某种评估环境中各种威胁出现的频率。通常将威胁频率划分为 5 个等级。

④ 威胁的可能性赋值：可结合威胁发生的动机、能力、频率进行矩阵赋值、加权赋值等。

除结合威胁发生的动机、能力、频率外，还应考虑业务重要性，所以威胁综合赋值是通过函数计算业务重要性和威胁可能性。

（6）脆弱性识别

资产本身存在脆弱性，如果没有被相应的威胁利用，脆弱性本身不会对资产造成损害。如果系统足够强健，严重的威胁也不会导致安全事件发生，并造成损失。也就是说，威胁总是要利用资产的脆弱性才可能造成危害。不正确、起不到应有作用或没有正确实施的安全措施本身就是脆弱性的体现。

1）脆弱性识别的内容

脆弱性识别是风险评估中的一个重要环节。它以工业互联网资产为核心，针对每一项需要保护的资产，识别可能被威胁利用的弱点，并对脆弱性的严重程度进行评估。脆弱性识别主要从技术和管理两个方面进行，技术脆弱性涉及设备、控制、网络、应用、数据等方面的技术安全问题。管理脆弱性可分为技术管理脆弱性和组织管理脆弱性，前者与技术活动相关，后者与管理环境相关。

笔记

笔记

a）技术管理脆弱性

① 物理环境：物理环境脆弱性识别主要通过现场勘查、调阅工程文档、填写调查问卷和访谈的方式进行。识别脆弱点时可以参照相关的国际或国家标准，如场地相关标准、等级保护中的物理环境安全等。

② 设备脆弱性：设备的脆弱性主要包括设备固件的操作系统内核漏洞、协议栈漏洞以及现场设备的系统信任根缺陷。

③ 控制脆弱性：控制系统的认证授权缺陷、权限未划分缺陷、控制协议未加密缺陷以及健壮性未达到要求等脆弱性都可能被威胁利用。工业互联网中的控制软件漏洞等也是控制脆弱性的来源。

④ 应用脆弱性：对工业应用程序而言，最大的脆弱性来自安全漏洞，包括开发过程中编码不符合安全规范而导致的软件本身的漏洞以及由于使用不安全的第三方库而出现的漏洞等。

⑤ 数据脆弱性：数据由于未加密、未设置正确的访问控制权限和接入认证、未进行数据脱敏等情况而导致在数据的收集、传输、存储以及处理等各个环节出现的脆弱性。

b）组织管理脆弱性

根据 GB/T 30976.1—2014《工业控制系统信息安全 第1部分：评估规范》，工业互联网/工业控制系统信息安全组织管理机构评估的主要内容如表6-7所示。

表6-7 工控安全管理组织机构评估内容

<table>
<tr><th>类 别</th><th colspan="4">资 产</th></tr>
<tr><td colspan="5">A.5 安全方针</td></tr>
<tr><td colspan="5">A.6 信息安全组织</td></tr>
<tr><td rowspan="5">A.7 人力资源安全</td><td colspan="4">A.8 资产管理</td></tr>
<tr><td colspan="4">A.9 访问控制</td></tr>
<tr><td colspan="4">A.10 密码学</td></tr>
<tr><td>A.11 物理和环境安全</td><td>A.12 操作安全</td><td>A.13 通信安全</td><td>A.14 信息系统的获取开发和维护</td></tr>
<tr><td colspan="4">A.15 供应关系</td></tr>
<tr><td colspan="5">A.16 信息安全事件管理</td></tr>
<tr><td colspan="5">A.17 业务连续性管理的信息安全方面</td></tr>
<tr><td colspan="5">A.18 符合性</td></tr>
</table>

该规范详细描述了工业控制系统的组织管理机构需要评估的详细内容。在进行组织管理脆弱性分析时，可以此标准作为依据，并结合被评估系统所在组织的实际情况进行脆弱性识别。

可以根据对资产的损害程度、技术实现的难易程度、弱点的流行程度，采用等级方式对已识别的脆弱性的严重程度进行赋值。

对于某个资产，其技术脆弱性的严重程度可能受到组织管理脆弱性的影响。因此，资产的脆弱性赋值还应参考技术管理和组织管理脆弱性的严重程度来确定。

2）脆弱性赋值

通过威胁、脆弱性和已有安全措施识别结果，得出脆弱性的可利用性和严重程度，并划分处理等级，不同的等级代表业务和资产脆弱性可利用性和严重程度。等级数值越大，脆弱性的可利用性和严重程度越高。脆弱性可利用性和严重程度的赋值方法如表 6-8 所示。

表 6-8　脆弱性赋值表

等级	标识	定　义
5	很高	脆弱性的可利用性很高，如果被威胁利用，将对业务和资产造成完全损害
4	高	脆弱性的可利用性高，如果被威胁利用，将对业务和资产造成重大损害
3	中等	脆弱性的可利用性较高，如果被威胁利用，将对业务和资产造成一般损害
2	低	脆弱性的可利用性一般，如果被威胁利用，将对业务和资产造成较小损害
1	很低	脆弱性的可利用性低，如果被威胁利用，将对业务和资产造成的损害可以忽略

（7）已有安全措施的识别

识别脆弱性的同时，评估人员应对现有安全措施的有效性进行确认。确认安全措施时应评估其有效性，即是否真正降低了系统的脆弱性，抵御了威胁。有效的安全措施应继续使用，以避免不必要的工作和费用，防止重复部署安全措施。对确实不适合的安全措施应考虑取消、进行修正或者采用更合适的安全措施。

笔记

1）已有安全措施识别内容

安全措施可以分为预防性安全措施和保护性安全措施。预防性安全措施可以降低威胁和利用脆弱性导致安全事件的可能性，如入侵检测系统；保护性安全措施可以减少安全事件对组织或系统造成的影响，如业务持续性计划。

已有安全措施确认与脆弱性识别存在一定的联系，使用安全措施可以减少系统在技术或管理上的脆弱性，但安全措施确认并不需要像脆弱性识别那样具体到每个资产、组件的弱点，它是一类具体措施的集合。安全措施只为风险处置计划的制订提供依据和参考。

2）脆弱性与已有安全措施关联分析

可通过对比分析和扫描、渗透测试的方式对脆弱性和已有安全措施进行关联分析。对比分析方式是针对每一项脆弱性，对相关安全措施进行削减脆弱性分析，从而对脆弱性赋值进行调整，得到已有安全措施关联后的脆弱性赋值。

扫描和渗透测试方式是指通过扫描和渗透测试探测新的脆弱性，再与脆弱性列表中已有项目合并得出关联分析结果。表 6-9 所示为脆弱性与已有安全措施的关系。

笔记

表 6-9 脆弱性与安全措施的关系

分类	脆弱性	安全措施
管理	人员缺乏、安全培训不充分、缺乏安全意识、缺乏监督机制等	合同约束和管理优化、人员培训等
物理层	建筑物、门和窗缺乏物理保护，供电设施不稳定，处于易发生自然灾害的地区，对电磁辐射敏感，对存储介质的维护不充分，缺乏有效的配置变更控制等	机房选址、建筑物的物理访问控制、防盗窃和防破坏、防雷击、防火、防水和防潮、防静电、温湿度控制、电力供应、电磁防护等
网络层	缺乏通信完整性校验、网络通信带宽和质量不充足、网络设备安全配置缺失、无恶意代码和入侵防范措施等	VLAN 划分、网络访问控制、网络设备防护、安全审计、边界完整性检查、入侵防范、恶意代码防范等
主机层	缺乏系统安全配置、系统加固，数据清除不彻底，无入侵防范、恶意代码防范措施等	身份鉴别、访问控制、安全审计、剩余信息保护、入侵防范、恶意代码防范、资源控制等
应用层	软件检测缺乏或不充分、缺乏审计、软件缺陷、缺少备份措施等	身份鉴别、访问控制、安全审计、剩余信息保护、通信完整性、通信保密性、抗抵赖、软件容错、资源控制等
数据层	缺乏数据备份、加密、通信完整性校验	数据完整性保护措施、数据保密性保护措施、备份和恢复等
其他	其他脆弱性	其他安全措施

（8）风险分析

在完成了业务识别、资产识别、威胁识别、脆弱性识别，并确认了已有安全措施后，应采用适当的方法与工具确定威胁利用脆弱性导致安全事件发生的可能性。综合安全事件涉及的资产价值及脆弱性的严重程度，可以判断安全事件对组织的影响，即安全风险。安全风险计算公式如下：

$$风险值=R(B,A,T,V)=R(L(H(B,T),Va),F(Ia,Vb))$$

其中，R 表示安全风险计算函数；B 表示业务重要性；A 表示资产；T 表示威胁；Va 表示脆弱性；Ia 表示安全事件涉及的资产价值；Vb 表示脆弱性严重程度；H 表示受业务价值影响后的威胁；L 表示威胁利用资产的脆弱性导致安全事件发生的可能性；F 表示安全事件造成的损失。

拓展阅读 6-1 工业互联网安全风险的关键计算环节

（9）风险可接受准则

针对风险评估中已发现的各类风险，应参照风险可接受准则对风险进行处理。各行业普遍采用的风险可接受准则如下：

① 对于极高、高风险必须采取安全控制措施进行风险消减。

② 对于中风险，应尽可能采取控制措施进行风险消减。若暂时无法对该种风险采取有效管控措施，可选择接受该种风险，但该风险需纳入风险处置计划并持续跟踪。

③ 对于低风险，由于发生的可能性较低，或发生后对业务的影响较低，可选择接受该风险，不将其纳入风险处置计划。

（10）风险处置策略

在信息安全领域，无论采用技术评估还是管理评估，针对已发现的风险普遍采用的风险处置策略包括转移风险、规避风险、接受风险、消减风险和不适用 5 种，如表 6-10 所示。

笔 记

表 6-10 风险处置准则

策略	描述
转移风险	通过购买保险、外包等方法把风险转移到外部机构
规避风险	不进行引起风险的活动，从而避免风险
接受风险	风险值不高或者处理的代价高于风险引起的损失，可以接受该风险/残余风险
消减风险	通过适当的控制措施降低风险发生的可能性
不适用	该项风险对于工控部门不适用

针对不同风险，具体的处置方法有如下 3 种：

① 制度修订：通过新增或修订现有制度或信息安全策略文件，将信息安全管理要求落实在制度或信息安全策略文件内，并遵照制度执行。

② 管理优化：针对现有各类信息安全管理要求，加强安全意识教育和培训，并对各类要求的落实情况进行监督和检查。

③ 技术改造：针对现有技术管控中存在的不足，对现有的系统、工具进行改造，或引入外部成熟的工具、设备，从技术上实现相应的管控要求。

2. 安全风险评估处置

微课 6-3 安全风险评估处置流程

当风险评估结束后，应根据风险评估报告的结果采取相应的处置措施。图 6-6 所示为风险处置的流程。

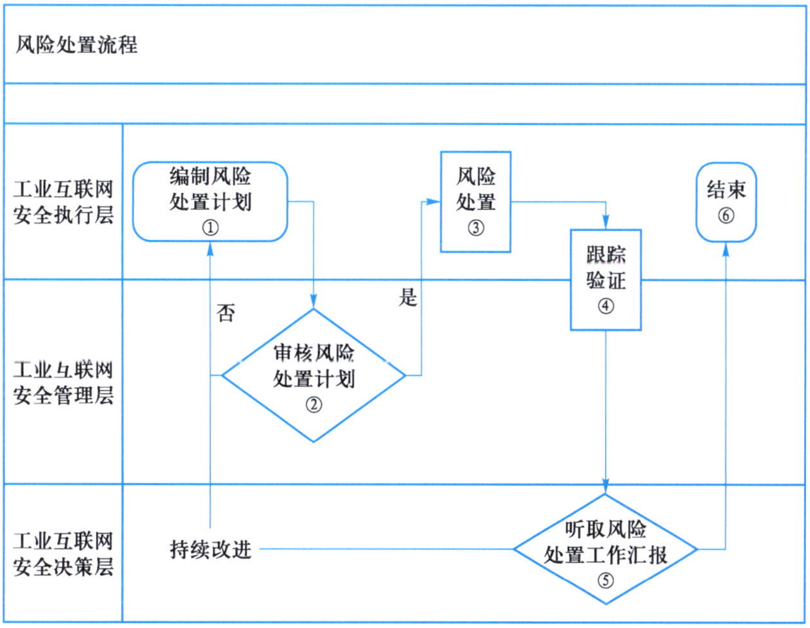

图 6-6 风险处置的流程

笔 记

在流程中，会涉及各个流程节点，如表6-11所示。

表6-11 风险详细任务表

流程节点	责任人	输入	流程描述	输出
编制风险处置计划	工业互联网安全执行层	风险评估报告	工业互联网安全执行层根据风险评估的结果，将需要采取处置措施的所有风险进行汇总，并进行相应的归类处理。与各工业互联网管理人员进行充分讨论，设计每一个风险的处置建议。将风险处置措施可能带来的处置风险进行评价，形成包含处置建议、处置起始日期和截止日期，预期目标在内的风险处置计划	风险处置计划
审核风险处置计划	工业互联网安全管理层	风险处置计划	工业互联网安全执行层将编制完成的风险处置计划提交给工业互联网安全管理层进行审批，并对各风险的处置建议进行解释。工业互联网安全管理层从整体上对各处置建议、处置可能发生的风险、处置周期、预期目标等进行考量，给出具体批示，形成已授权的风险处置计划	已授权的风险处置计划
风险处置	工业互联网安全执行层、各系统管理员	已审批的风险处置计划	工业互联网安全执行层根据已审批通过的风险处置计划要求，组织各工业互联网管理人员实施处置工作。对风险处置的过程进行监督，保障各项处置措施的贯彻执行	风险处置记录
跟踪验证	工业互联网安全执行层、工业互联网安全管理层	风险处置记录	根据各工业互联网的风险处置反馈情况，工业互联网执行层通过现场核查或技术验证对每项风险处置情况进行反复确认，直至满足目标需求。工业互联网安全执行层定期将风险处置进展及结果汇报给工业互联网安全管理层，保障工业互联网安全管理层能够持续关注各项处置的进展（管理层可通过抽查等方式验证风险处置的有效性）	风险处置跟踪记录（或报告）
听取风险处置工作汇报	工业互联网安全决策层	风险处置记录、其他汇报材料	风险处置的各项工作完成后，工业互联网安全执行层和管理层应及时对风险处置的整体情况进行梳理，向高层领导汇报处置工作的目标达成情况，对遇到的困难或需继续投入的人力、物力、资金支持等情况进行说明，获取高层领导的支持。工业互联网安全决策层结合公司的安全战略和目标，对风险评估和处置工作进行评审和评价，对需要进一步开展持续改进工作的内容提出指导意见	评审记录

在风险处置计划的实施和跟踪监督过程中，应组织、协调必要的资源及时评估残余风险，确保风险处置达到预期目标。

通常情况下，选择并实施了风险控制措施之后，需要再次评价对应的风险等级，判断残余风险是否达到可接受的水平。若残余风险不能接受，则应再次重复风险处置过程

（重新制订风险处置计划—实施处置方案—评价残余风险），直至残余风险达到风险可接受水平。此外，在风险接受准则的具体执行方面，允许存在一些特殊情况。

依据 GB/T 30976.1—2014《工业控制系统信息安全 第 1 部分：评估规范》，当残余风险仍高于可接受水平时，组织也可以选择接受风险。接受的原因包括：采取控制措施的成本过高或伴随着风险可能带来显著收益，组织自身认为有必要接受残余风险。在此类情况下，应对风险接受标准进行修订。如果无法及时修订，则应逐一明确可能存在的风险，给出具体的描述和违反正常风险接受准则的适当理由，并向高层领导进行汇报。

对每一项已符合可接受标准的残余风险或符合《工业控制系统信息安全 第 1 部分：评估规范》的特殊情况，应在风险处置计划中给出清晰、全面、具体的说明，以便对残余风险进行持续的闭环监控。

6.2.3 任务实施——风险评估报告编写

微课 6-4
编写工业互联网风险评估报告

【任务目的】

- 了解信息安全风险评估报告内容。
- 掌握信息安全风险评估报告的编写方法。

【实施步骤】

笔 记

步骤 1：编写风险评估项目概述。

主要介绍风险分析中涉及的项目信息、建设单位信息以及必要的相关企业信息，以及被测信息系统的基本情况。项目概述编写范例如图 6-7 所示。

1 概述

某制造企业工控防护项目中，需要对数控机床上位机系统以及PLC进行安全检查、漏洞分析和风险评估。

本项目旨在对某制造企业的工控系统进行全面的防护和安全加固，以确保其符合等级保护2.0标准体系，并响应《工业互联网企业网络安全分类分级防护系列规范（试行）》的要求。通过安全检查、漏洞分析和风险评估，构建一体化综合防御体系，确保工控系统的可控性、完整性、最小影响和保密性。

图 6-7　风险评估项目概述编写范例

步骤 2：编写风险评估系统任务。

主要介绍风险分析中涉及的评估范围、任务目标等基本情况。

① 评估范围。风险评估范围编写范例如图 6-8 所示。

② 任务目标。风险评估任务目标编写范例如图 6-9 所示。

笔 记

1.1 评估范围

本次风险评估的范围覆盖某制造企业的整个工控系统，对该系统及PLC进行安全检查、漏洞分析和风险评估。

根据对制造车间工控网络造构调研，工控系统分为3层：设备控制层、集中监控层、生产管理层。

1) 设备控制层

设备层采用西门子公司基于工业以太网的PROFINET总线控制方式。由PROFINET工业以太网连接控制主站(QPU上自带的PN接口)以及现场I/O站组成。对于不具备 FROFINET接口的器件，通过PC自带的PROFIBAS DP口现场总线，实现网上控制功能。

2) 集中监控层

主干网络采用1 000M bit/s光纤环形拓扑结构，配备西门子公司千兆模块化交换机。将工艺控制段的PLC和其他相关设备控制段的PLC接入到主干网络中；与上层的监控计算机、I/O服务器、工程师站、实时数据库服务器和以太网网络器件等共同组成集中监控层。

3) 生产管理层

生产管理层主要包括MES系统功能单元，用于对生产过程进行管理，如制造数据管理、生产调度管理等；过程监控层主要包括监控服务器与HMI系统功能单元，用于对生产过程数据进行采集与监控，并利用HMI系统实现人机交互；现场控制层主要包括各类控制器单元，如PLC、DCS控制单元等，用于对各执行设备进行控制，现场设备层主要包括各类过程传感设备与执行设备单元，用于对生产过程进行感知与操作。

图 6-8 风险评估范围编写范例

1.2 目标

1) 提供制造车间工业控制网络现状分析报告。

2) 对制造车间工业控制系统及PLC进行安全检查、漏洞分析和风险评估。

3) 提供总体风险评估报告。

4) 对现阶段可行的安全改造与持续性的安全维护提供建议方案。

图 6-9 风险评估任务目标编写范例

步骤 3：编写风险评估说明。

主要介绍风险分析中涉及评估方法、评估内容、工作管理、工作过程等基本情况。

① 评估方法。风险评估方法编写范例如图 6-10 所示。

2.1 风险评估方法

企业24小时不停机，协调工厂停止生产进行风险评估，对生产运行的实时性、稳定性要求非常严格。如果直接针对实际系统进行风险评估，会对封装生产造成一定影响，存在影响生产的风险，而以模拟仿真平台为基础的系统脆弱性验证服务和自主可控的测评服务已成为当前工业控制系统信息安全评估的一种必然趋势。

因此，为了不影响工厂封装车间正常工作，在风险评估的初期阶段，以某制造企业车间工控系统为蓝本，搭建一套模拟工控系统，模拟系统采用与真实系统相同或者相近的配置，最大限度地反映封装车间工控系统的真实情况。模拟系统拓扑图如下。

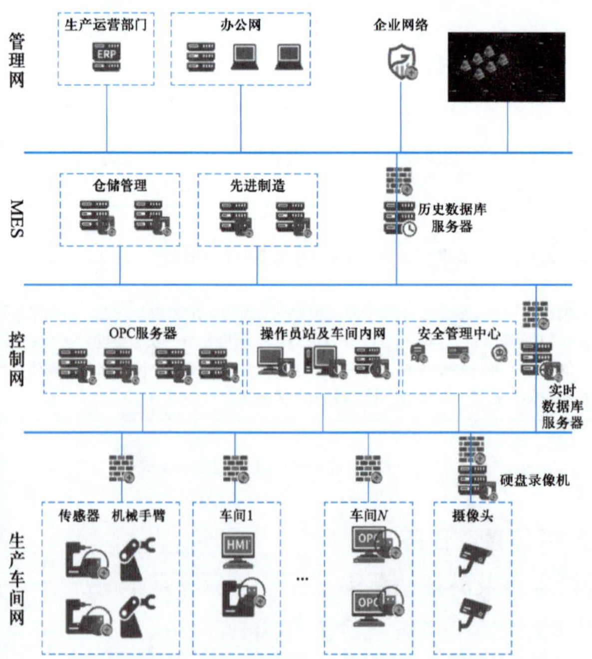

图 6-10 风险评估方法编写范例

② 评估内容。风险评估内容编写范例如图 6-11 所示。

2.2 风险评估内容

本次风险评估工作共分为4个阶段：准备阶段、识别阶段、分析阶段、规划验收阶段。

- 准备阶段:主要完成项目组织、项目实施方案确定、组织培训、项目启动的工作。
- 识别阶段:主要完成大量的现场识别工作，主要有资产识别、威胁识别、脆弱性识别、安全措施识别。
- 分析阶段:在识别的基础上进行大量整理并分析，得出风险评估各要素的风险状况，具体有资产影响分析、威胁分析、脆弱性分析、综合风险分析。
- 规划验收阶段:对综合风险进行梳理分析，制定风险控制规划，完成项日交付文档，提交客户讨论汇报。取得客户对项目认可，完成项日验收。

图 6-11　风险评估内容编写范例

步骤 4：编写风险评估资产信息。

主要介绍风险分析中涉及资产信，包括服务器、工作站、网络设备、下位机、通信协议及应用程序（包括相关软件、Web、数据库）等基本情况。

① 服务器。服务器信息编写范例如图 6-12 所示。

3.1 服务器基本信息

服务器包括：GR 服务器、监控实时服务器、AOS 服务器、文件服务器、管理应用服务器、管理数据库服务器、管理实时服务器和监控 Web 服务器。表 2 是服务器的基本信息情况。

表 2　服务器基本信息表

名称	操作系统	运行工控软件
GR 服务器	Windows Server 2019	System Platform 2023 10/25K History, v31A; Application-Server-Platform V9.0

图 6-12　服务器信息编写范例

② 工作站。工作站信息编写范例如图 6-13 所示。

3.2 工作站基本信息

工作站包括：工程师站、监控计算机和管理计算机。表3是各工作站基本信息情况。

表 3　服务器基本信息表

名称	操作系统	运行工控软件	备注
工程师站	Windows 10	西门子编程软件 STEP7 V17; Application Server Platform V9.0	双网卡
监控计算机	Windows 10	Intouch Runtime 60K Tag without IO V10.1; Application-Server-Platform V9.0	共 10 台
管理计算机	Windows 10	某制造企业车间管理系统	共 8 台

图 6-13　工作站信息编写范例

笔记

笔 记

③ 下位机。下位机信息编写范例如图 6-14 所示。

3.3 下位基本信息

下位机包括:西门子 PLC S7-300、PLC ST-400 和 ET200S。表4是各 PLC 主站和子站的基本信息情况。

表4 下位机基本信息表

名称	硬件配置	备注
控制器 CPU	CPU 416-3 PN/DP	
远程 IO	ET200S FC 控制单元 ICU24	共10台

图 6-14 下位机信息编写范例

④ 网络设备。网络设备信息编写范例如图 6-15 所示。

3.4 网络交换设备基本信息

网络交换设备主要以西门子交换机和思科交换机为主。表5是主要交换机的基本信息情况。

表5 网络交换设备基本信息表

名称	硬件配置	备注
交换机	西门子 X208, X101-1 交换机	

图 6-15 网络设备信息编写范例

⑤ 通信协议。通信协议信息编写范例如图 6-16 所示。

3.5 协议基本信息

工控网络中的基本协议包括:TCP/IP、OPC、以太网 S7 协议等。表6是各协议的基本信息描述。

表6 协议基本信息表

名称	通信对象	备注
TCP/IP	西门子 X208, X101-1 交换机	
OPC	管理实时服务器与 SIMATIC PIC 之间	
以太网 S7 协议	AOS 与 PLC 之间	
以太网 S7 协议/以太网 Open IE	SIMATIC PIC 之间	
ProfiNet	SIMATIC PIC 与子站之间	
Profibus-DP/ Profibus-PA	虹霓<HAUNI>子站之下的设备间	

图 6-16 通信协议信息编写范例

⑥ 应用程序。应用程序信息编写范例如图 6-17 所示。

步骤 5：编写风险评估威胁评估。

主要介绍风险分析中威胁评估识别、威胁评估分析以及威胁评估总结等内容。

① 威胁评估识别。威胁评估识别编写范例如图 6-18 所示。

3.6 应用基本情况

3.6.1 工控系统软件

工控系统软件主要有：WonderWare 系列软件、西门子 STEP7、KEPServerEnterprise、FactoryTalk Historian SE 和航天拓扑-某卷烟厂管理系统。表 7 是工控系统软件的基本信息情况。

表 7　工业系统软件信息表

名称	厂家	备注
WonderWare 系列软件	WonderWare	包括:基于 ArchestrA 架构的 IAS，InTouch.DAServer，InSQL 等。安装于监控计算

图 6-17　应用程序信息编写范例

威胁识别的任务主要是识别可能的威胁主体（威胁源）、威胁途径和威胁方式，威胁主体是指可能会对信息资产造成威胁的主体对象,威胁方式是指威胁主体利用脆弱性的威胁形式，威胁主体会采用威胁方法利用资产存在的脆弱性对资产进行破坏。

威胁主体：分为人为因素和环境因素。根据威胁的动机，人为因素又可分为恶意和非恶意两种。环境因素包括自然灾害和设施故障。

威胁途径：分为间接接触和直接接触，间接接触主要有网络访问、指令下置等形式，直接接触指威胁主体可以直接物理接触到信息资产。

威胁方式：主要有传播计算机病毒、异常数据、扫描监听、网络攻击(后门、漏洞、口令、拒绝服务等)、越权或滥用、行为抵赖、滥用网络资源、人为灾害(水、火等)、人为基础设施故障(电力、网络等)、窃取、破坏硬件、软件和数据等。

图 6-18　威胁评估识别编写范例

② 威胁评估分析。威胁评估分析编写范例如图 6-19 所示。

4.3 威胁分析

威胁识别工作完成之后，我们将对资产所对应的威胁进行评估。我们将威胁的权值分为1~5个级别，等级越高威胁发生的可能性越大。

威胁的权值主要是根据多年的经验积累或类似行业客户的历史数据来确定。对于那些没有经验和历史数据的威胁，我们主要根据资产的吸引力、威胁的技术力量、脆弱性被利用的难易程度等制定了一套标准对应表，以保证威胁等级赋值的有效性和一致性。

根据赋值准则，我们对威胁发生的可能性用频率来衡量赋值：

等级	标识	定义
5	很高	出现的频率很高（或>1 次/周）；或在大多数情况下几乎不可避免；或可以证实经常发生过。
4	高	出现的频率较高（或>1 次/月）；或在大多数情况下很有可能会发生；或可以证实多次发生过。
3	中	出现的频率中等（或>1 次/半年）；或在某种情况下可能发生；或被证实曾经发生过。
2	低	出现的频率较小；或一般不太可能发生；或没有被证实发生过。
1	很低	威胁几乎不可能发生，仅可能在非常罕见和例外的情况下发生。

图 6-19　威胁评估分析编写范例

笔 记

笔 记

③ 威胁评估总结。威胁评估总结编写范例如图6-20所示。

4.4 威胁评估总结

通过对某制造企业车间工业控制的威胁识别、分析和评估，目前工厂封装工控系统面临的主要威胁来自于人员威胁和环境威胁，威胁方式主要有计算机病毒、黑客入侵等，其中等级较高的威胁（等级≥3），其主体主要是互联网/办公网以及内部办公人员威胁和环境威胁。

图6-20 威胁评估总结编写范例

步骤6：编写风险评估脆弱性评估。

主要介绍风险分析中脆弱性分析基本情况。

脆弱性分析的编写范例如图6-21所示。

某制造企业车间封装工业控制系统整体存在的脆弱性分析如下：

类型	脆弱性	涉及资产	影响	严重等级	标识
技术脆弱性	感染病毒	PC、服务器	由于病毒、恶意软件等导致工程停产	4	高
	安全策略	控制系统	未查杀病毒的U盘插入机台终端的USB接口进行数据复制时，导致病毒进入工业网中所致	3	中
	网络交换设备	工业交换机为主	未配置补丁，存在后门攻击	2	低
	网络区域边界不明确	内网交换机内网汇聚交换机	生产网内部一旦某一区域感染病毒，即会传染到整个生产网	4	高
	未进行安全配置	工控系统应用软件	配置错误或者维护不良等平台导致的安全漏洞	4	高

图6-21 脆弱性分析的编写范例

步骤7：编写风险评估综合风险评估分析。

主要介绍风险分析中综合风险分析中涉及的综合评估方法以及评估分析基本情况。

① 综合评估方法。综合评估方法编写范例如图6-22所示。

风险的级别划分为5级。等级越高，风险越高。风险等级划分方法如下所示：

等级	标识	风险值范围	描述
5	很高	49～125	一旦发生将产生非常严重的经济或社会影响，如组织信誉严重破坏、严重影响组织的正常经营。经济损失重大、社会影响恶劣。
4	高	37～48	一旦发生将产生较大的经济或社会影响，在一定范围内给组织的经营和组织信誉造成损害。
3	中	25～36	一旦发生会造成一定的经济、社会或生产经营影响，但影响面和影响程度不大。
2	低	13～24	一旦发生造成的影响程度较低，一般仅限于组织内部，通过一定手段很快能解决。
1	很低	1～12	一旦发生造成的影响几乎不存在，通过简单的措施就能弥补。

图6-22 综合评估方法编写范例

② 综合评估分析。综合评估分析编写范例如图 6-23 所示。

综合风险分析如下：

（A 表示资产；V 表示脆弱性；T 表示威胁）

类型	序号	风险	相关脆弱性	威胁	受影响资产	风险要素			风险值	标识
						V	T	A		
技术风险	1	机房物理环境安全	勒索病毒	由于病毒、恶意软件等导致工程停产	PC、服务器	3	1	5	15	低
			安全策略	未查杀病毒的 U 盘插入机台终端的 USB 接口进行数据拷贝时，导致病毒进入工业网中所致	控制系统	3	1	5	15	低
	2	网络交换配置不完整	网络交换设备	未配置补丁，存在后门攻击	工业交换机为主	3	2	4	24	低
			网络区域边界不明确	生产网内部一旦某一区域感染病毒即会传染到整个生产网	内网交换机、内网汇聚交换机	3	2	5	30	中
	3	硬件、固件与软件缺乏配置管理	未进行安全配置	配置错误或者维护不良等平台导致的安全漏洞	工控系统、应用软件	2	2	5	20	中

图 6-23　综合评估分析编写范例

6.2.4　任务评价

本任务主要介绍了工业互联网安全风险评估报告编写，评价标准如下：

① 了解安全风险计算分析的内容和方法。

② 了解安全风险评估处置的内容。

③ 了解信息安全风险评估报告内容。

④ 掌握信息安全风险评估报告的编写方法。

6.2.5　任务测验

文本：参考答案

一、选择题

1. 脆弱性及威胁识别都是以（　　）为基础的。

A. 发展战略识别　　　　B. 业务识别

笔 记

笔 记

C. 资产识别　　　　　　　　　　D. 脆弱性识别

2. 三级工业互联网企业应当至少（　　）进行一次网络安全风险评估。

A. 每一年　　　　B. 每两年　　　　C. 每三年　　　　D. 每五年

3. 下列关于风险结果判定的说法中，错误的是（　　）。

A. 为实现对风险的控制与管理，可以对风险评估的结果进行等级化处理

B. 风险等级一般可划分为五级

C. 等级化处理方法按照风险值的高低划分等级，风险值越低，风险等级越高

D. 根据风险值的分布状况，为每个等级设定风险值范围，并对所有风险计算结果进行等级处理

二、简答题

1. 简单描述工业互联网安全风险评估实施的主要步骤和目标。

2. 简单描述资产识别，以及工业互联网资产的表现形式。

3. 简单描述针对不同风险的处置方法。

【项目总结】

本项目详细介绍了工业互联网安全风险评估的基本方法、过程以及常见的风险处置方法。通过本项目的学习，同学们应该初步掌握工业互联网安全测评与风险评估方法，并且能够编写工业互联网安全风险测试报告和工业互联网安全风险评估报告。

【项目评价】

在完成本项目学习任务后，可根据学习达成自我评价表进行综合能力评价，评价表总分110分（含附加分10分）。学习达成自我评价表积分方式：在达成情况对应的□中打“√”。其中完全达成，可按该项分值100%计算；基本达成，可按该项分值60%计算；未能达成，不计分值。项目6学习达成自我评价表如表6-12所示。

表6-12　项目6学习达成自我评价表

学习目标	学习内容	达成情况
职业道德（10分）	① 遵纪守法，爱岗敬业 ② 遵守规程，安全操作 ③ 认真严谨，忠于职守 ④ 精益求精，勇于创新 ⑤ 诚实守信，服务社会	完全达成□ 基本达成□ 未能达成□

续表

笔 记

学习目标	学习内容	达成情况
知识目标 （30 分）	① 是否了解安全风险评估的概念和方法 ② 是否了解安全风险评估准备工作 ③ 是否了解安全风险信息收集 ④ 是否了解安全风险计算分析内容和方法 ⑤ 是否了解安全风险评估处置的内容	完全达成□ 基本达成□ 未能达成□
技能目标 （30 分）	① 是否理解安全测试报告的内容 ② 是否具备编写安全测试报告的能力 ③ 是否理解信息安全风险评估报告的内容 ④ 是否具备编写安全风险评估报告的能力	完全达成□ 基本达成□ 未能达成□
素养目标 （20 分）	① 是否具有较好的工业互联网风险应对决策能力和较强的写作与表达能力 ② 是否具有良好的沟通协调能力	完全达成□ 基本达成□ 未能达成□
职业技能 等级标准 （10 分）	① 是否能根据项目要求，确定安全评估范围 ② 是否能够进行工业互联网安全评估检查 ③ 是否能根据报告编写要求，梳理安全测试信息 ④ 是否能根据报告编写要求，梳理网络资产信息 ⑤ 是否能根据报告编写要求，梳理网络威胁信息	完全达成□ 基本达成□ 未能达成□
（附加分） 学习过程 发现问题 （5 分）		
（附加分） 学习过程 解决问题 （5 分）		

本表仅供学习者对照学习任务进行自我评价，以便查漏补缺，强化职业岗位能力，以适应社会新需求。

项目 7　工业互联网安全应急处置

【项目情境】

PPT：项目 7 导读

为了实现安全目标，组织通过人、工具（平台、设备）、发现安全问题、验证问题、分析问题、响应处置、解决问题并持续迭代优化的过程称为安全运营。工业互联网安全运营的工作域是工业互联网相关系统规划、设计并实施完成之后，在后期实际运营过程中涉及的部分，这也是整个工业互联网生命周期中最长、最核心的阶段。

此安全工作域侧重业务及业务上数据资产的安全保障及针对安全事件的应急响应。运营中心、应急管理部门、运营商、企事业单位的信息化部门是主要的工作群体。

本项目将介绍工业互联网安全应急处置的相关知识，帮助同学们对工业互联网安全工作建立系统的认识。通过工业互联网 FTP 暴力破解的应急响应、工业互联网信息篡改的应急响应和工业互联网安全应急响应预案的编写 3 个任务的实施，同学们可以掌握工业互联网安全应急处置的相关内容和方法。

【学习目标】

1. 知识目标

- 了解资产侦测与安全管理的方法。
- 了解数据保护与安全审计的相关内容。
- 了解安全监测与态势评估的方法。
- 了解应急处置与协同防护的内容。

➢ 了解工业互联网安全现状及问题分析。
➢ 了解工业互联网的安全防护对策。

2. 技能目标

➢ 掌握判断 FTP 暴力破解事件的方法。
➢ 具备对 FTP 暴力破解事件做出相应的应急响应能力。
➢ 掌握判断网页是否被篡改的方法。
➢ 具备网页篡改事件的应急响应能力。
➢ 理解安全应急响应预案编写内容。
➢ 掌握安全应急响应预案编写方法。

3. 素养目标

➢ 具有良好的心理素质和快速反应能力，能够妥善处置各类工业互联网安全事件。
➢ 具备实践能力和创新思维，能够综合运用所学知识解决实际工业生产安全问题，并能够根据实际需求提出新的解决方案。

【学习导图】

笔 记

本项目将聚焦配置工业互联网安全应急处置的职业能力学习，主要包括工业互联网 FTP 暴力破解的应急响应、工业互联网信息篡改的应急响应、工业互联网安全应急响应预案的编写 3 个学习任务，共 6 个知识点。图 7-1 所示为项目 7 学习思维导图。

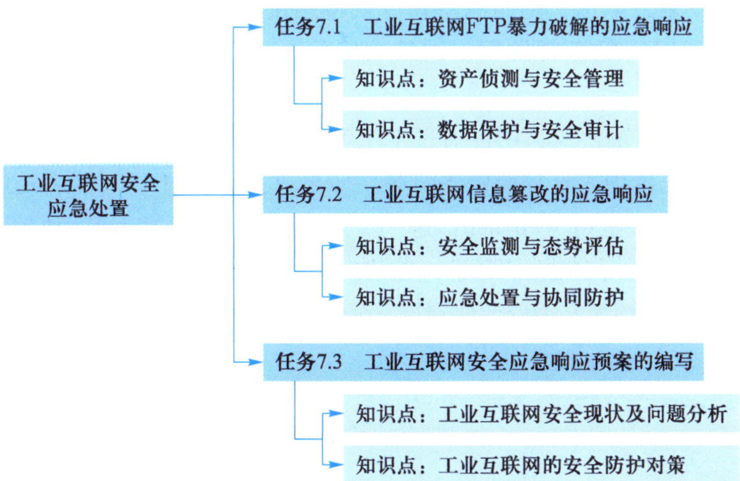

图 7-1 项目 7 学习思维导图

笔 记

本项目学习内容与“工业互联网安全测评与应急”职业技能等级标准内容的对应关系如表 7-1 所示。

表 7-1 本项目与职业技能等级标准内容的对应关系

“工业互联网安全测评与应急”职业技能等级标准			工业互联网安全应急处置	
工作任务	职业技能要求	等级	知识点	技能点
理解并掌握工业互联网安全应急处置	① 能识别网络安全事件及相关信息 ② 能够对安全事件进行分析 ③ 能够进行安全事件应急处置 ④ 能够根据安全事件的攻击路径，进行网络安全防护 ⑤ 能够编写安全应急报告 ⑥ 能具备良好的沟通表达及团队合作能力	初级 中级	① 了解资产侦测与安全管理的方法 ② 了解数据保护与安全审计的相关内容 ③ 了解安全监测与态势评估的方法 ④ 了解应急处置与协同防护的内容 ⑤ 了解工业互联网安全现状及问题分析 ⑥ 了解工业互联网的安全防护对策	① 掌握判断 FTP 暴力破解事件的方法 ② 具备对 FTP 暴力破解事件做出相应应急响应的能力 ③ 掌握判断网页是否被篡改的方法 ④ 具备网页篡改事件的应急响应能力 ⑤ 理解安全应急响应预案编写内容 ⑥ 掌握安全应急响应预案编写方法

任务 7.1 工业互联网 FTP 暴力破解的应急响应

7.1.1 任务描述

PPT：任务 7.1 工业互联网 FTP 暴力破解的应急响应

某天接到客户紧急电话，网站响应速度变得缓慢，网站服务器登录非常卡，重启服务器就能保证一段时间的正常访问，网站响应状态时而飞快时而缓慢，多数时间是缓慢的。

FTP 是一个文件传输协议，用户通过 FTP 可从客户机程序向远程主机上传或下载文件，常用于网站代码维护、日常源码备份等。如果攻击者通过 FTP 匿名访问或者弱口令获取 FTP 权限，可直接上传 WebShell，进一步渗透提权，直至控制整个网站服务器。

本任务主要讲解了如何判断 FTP 暴力破解事件，以及如何对 FTP 暴力破解事件做出相应的应急响应，并且介绍了有关资产侦测与安全管理、数据保护与安全审计相关的知识。

7.1.2 知识导入

1. 资产侦测与安全管理

资产作为 IT 安全管理的对象，包括信息（或数据）、硬件、软件、资金、服务、人员等。工业互联网资产侦测是指追踪、掌握工业互联网资产情况的过程。在工业互联网的 IT 与 OT 环境中，如何针对终端、设备、服务等典型的网络软硬件资产进行侦测，是实现工业互联网安全管理的重要前提，在工业互联网安全相关工作中具有广泛的应用价值。

工业互联网主要的网络空间资产侦测方式包括人工统计、基于客户端、基于网络扫描的主动侦测、基于流量分析的被动侦测、基于搜索引擎的非入侵式侦测，如表 7-2 所示。

表 7-2　现有网络资产的侦测方法及其特点

<table>
<tr><th colspan="2">类　型</th><th>范　围</th><th>主 要 特 点</th><th>存在的问题</th></tr>
<tr><td rowspan="2">传统</td><td>人工统计</td><td rowspan="2">内网，小规模</td><td>可以发现新型探测方法无法分析到的部分（不产生网络流量或探测数据包无法触及的网络资产）</td><td>耗时费力，时效性差</td></tr>
<tr><td>基于客户端</td><td>需要大规模安装客户端，由客户端自动采集，上报网络资产数据，速度快，效率高，节省人力</td><td>入侵性最强，限制因素多；客户端开发、设计成本高</td></tr>
<tr><td rowspan="4">新型</td><td>主动探测</td><td>全网/内网，各种规模均适用</td><td>无须安装客户端，在网内一个节点运行并收发探测数据包即可；速度快，能及时发现不产生网络流量的资产</td><td>噪声大，易触发报警；仅能了解当次探测的状态；对安全设备保护的网络资产探测的难度大</td></tr>
<tr><td>被动探测</td><td>仅限于内网</td><td>无网络流量插入，入侵性小；对安全设备保护的网络资产具备一定的探测能力；支持历史数据的积累</td><td>适用范围限于内网；探测结果受限于所分析网络流量的全面性；对不产生流量的资产无效</td></tr>
<tr><td>搜索引擎</td><td rowspan="2">仅限于公网（目标资产必须有公网 IP 地址）</td><td>以查询的方式探测，隐蔽性强，探测速度快；支持全网探测；支持历史数据的积累</td><td rowspan="2">无法对内网资产进行控测；受限于搜索引擎的数据获取能力；易被欺骗，准确率较低</td></tr>
<tr><td>通用网络安全专用</td><td>仅对 Web 相关网络资产有效，对公网网络组件、网络设备、网络服务等的控测具有优势</td></tr>
</table>

下面对基于搜索引擎的非入侵式侦测技术进行简单介绍。

当前的网络搜索引擎已经不只用于网页检索了，除了日常生活工作中常用的百度、必应等通用搜索引擎外，还有针对有联网资源目标的 Shodan、Censys 及 ZoomEye 等专用搜索引擎。这些搜索引擎主要应用于网络安全领域，尤其是工业互联网安全领域，它们是基于搜索引擎的非入侵式侦测技术的基础。

基于搜索引擎的资产侦测能够以搜索查询的方式间接、高效地完成大规模网络资产侦测的任务。根据使用的搜索引擎类型，可分为基于通用搜索引擎的侦测和基于网络安全专用搜索引擎的侦测。

（1）基于通用搜索引擎的侦测

谷歌黑客技术是一种利用谷歌搜索引擎进行漏洞目标侦测以及敏感信息挖掘的技术，可以实现网站映射、查看站点目录列表、查找登录页面、查找口令文件、查找网络设备

笔记

笔 记

等功能，因此具备一定的网络资产侦测能力。

GHDB（Google Hacking Database）是一个谷歌黑客搜索查询指令的数据库，可以基于GHDB中的特定搜索查询串、某些服务的页面脚注、Web服务器返回的错误消息中携带的信息实现端口、操作系统及版本的侦测。但是，由于通用搜索引擎局限于所使用的网络爬虫的数据获取范围，因此基于通用搜索引擎侦测方法的侦测对象以Web相关的网络资产为主。

（2）基于网络安全专用搜索引擎的侦测

Shodan侧重对所有连接互联网的设备及其组件类型信息的搜索，可以使用Shodan搜索摄像头、打印机、工业控制器，甚至粒子加速器、核电站控制设备。

Censys系统可以对搜集的数据进行数据处理汇总，提取结构化数据，并将其保存于谷歌云存储平台。它还可以利用开源的ElasticSearch平台和谷歌BigQuery分别在前端和后台为用户提供ZMap全网端口、服务扫描结果的搜索查询。

ZoomEye在Nmap的基础上，开发了Web指纹识别引擎Wmap，依托其后台的大数据存储处理平台提供了联网设备指纹、Web服务等搜索功能，并支持12种工控协议的数据检索。

国内工业互联网网络空间资产探测的代表性平台是三六零数字安全科技集团有限公司（简称三六零公司）的工业互联网安全态势感知平台，其主界面如图7-2所示。该平台通过引入多维度的协议识别技术实现了广泛的协议解析。除了可以识别HTTP、HTTPS、FTP、Telnet、SNMP等通用协议外，还支持主流工控协议的指纹识别，包括SiemensS7、Modbus、IEC 608705 104、DNP3、OMRON FINS、PCWORK、EtherNet/IP、BACnet、Tridium Niagara Fox等。

图7-2 三六零公司的工业互联网安全态势感知平台（局部）

上述基于搜索引擎的非入侵式网络资产侦测方法依托从搜索引擎获取的网络爬虫结果或专用服务器扫描结果，提供了一种通过间接查询实现联网资产侦测的方式。这种方式不仅高速、隐蔽，避免了同目标网络直接交互，为安全管理员审视工业互联网的网络资产的安全情况提供了新的视角，并为全网范围的侦测和历史数据的积累提供了支持。

2. 数据保护与安全审计

网络安全风险已经成为所有组织面临的风险管理挑战之一，对开展数据保护与网络安全审计更加必要和重要。表 7-3 所示为网络安全审计的关系、目标和意义。

表 7-3　网络安全审计的关系管理、目标和审计在网络安全中的角色

网络安全中的关系管理	网络安全审计的目标	审计在网络安全中的角色
① 信息技术 ② 信息安全 ③ 信息风险管理 ④ 合规和其他团队	① 三道防线 ② 超越合规性 ③ 预防、检测和响应的三阶段战略 ④ 专业的网络评估	① 网络安全框架 ② 内部审计将发生的变化 ③ 未来的技能需求 ④ 寻找和留住人才

为了实现工业互联网的安全性、可靠性与有效性，由独立于审计对象的工业互联网审计师，从第三方的客观立场对各类工业互联网信息系统进行综合检查与评价，向审计对象的最高领导提出问题与建议的一系列活动称为工业互联网审计。

网络安全审计是工业互联网审计的一部分，是对计划、执行、维护等层面的风险进行识别和检查的一种方法和措施。安全审计技术作为传统的网络安全防护手段的补充，是网络安全体系中不可缺少的措施之一，可用于收集、评估证据以决定网络与信息系统是否能够有效、合理地保护资产、维护信息的完整性和可用性，防止有意或无意的人为错误，防范和发现安全入侵活动。

工业互联网的 IT 与 OT 环境在综合运用各种安全防护、检测措施的同时，通过网络安全审计对内部人员、运行维护人员以及第三方人员的登录、操作信息进行收集和分析，评估安全违规行为，掌握安全状态，调整安全策略，确保整个安全体系的完备性、合理性和适用性。可以利用网络安全审计技术有针对性地对网络运行的状况和过程进行记录、跟踪和审查，从中发现安全问题。常用的安全审计技术包括日志审计、网络审计、主机审计、运维审计、应用审计等。

笔记

要实现网络安全审计，保障工业互联网的 IT 和 OT 系统中信息的机密性、完整性、可控性、可用性和不可否认性（抗抵赖），需要对系统中的所有网络资源（包括网络设备、服务器、计算终端、数据库、应用系统、安全设备等）进行安全审计，记录发生的所有事件，供系统管理员作为系统维护以及安全防范的依据。表 7-4 所示为工业互联网安全审计的对象。

表 7-4　工业互联网安全审计的对象

主要审计对象	工业互联网环境	
	IT	OT
网络设备	网络交换机、路由器、负载均衡设备等	工控交换机、网络交换机、物联网关、边缘计算设备等
服务器	通用服务器、域控服务器、DNS 服务器等	OPC 服务器、MTU 服务器、CA 服务器等

笔记

续表

主要审计对象	工业互联网环境	
	IT	OT
计算终端	计算机、手机、平板电脑、打印机、摄像头等	计算机、HMI、IOT设备、IED、RTU、PLC、DCS控制单元、SIS控制单元、机器人、数控机床、遥控终端、打印机、摄像头等
数据库	历史数据库	OPC、实时数据库
应用系统	工业云平台、工业App、门户网站、OA、ERP、PDM、DNS等	组态程序、OPC、MES、CAD、CAE、CAM、工程辅助软件、各种定制化软件等
安全设备	网络防火墙、IPS、IDS、防病毒网关、安全审计设备、VPN、运维管理设备、网闸等	工业防火墙、单向隔离网关、纵向加密装置、工业审计设备等

与安全审计相比，监测管理技术虽然实现的效果类似，但是有安全实时性的要求，主要应用于工业互联网IT环境中，OT环境中的监控多使用组态技术实现，有时也使用网络监控技术，而物理环境则采用视频监控的方式。最有代表性的网络监控管理技术是利用SNMP技术实现的网络监控管理，它是网络管理中被广大设备厂商及用户支持和应用的协议，现实生活中经常用于实现网络设备管理、网络管理、网络监控。

以在工业互联网的工业控制器、机床、机器人等系统中大量的VxWorks操作系统SNMP技术的应用为例。SNMP代理将工业标准网络管理引入实时嵌入系统中，实现了与嵌入式设备管理的接口。应用上只需配置其初始化过程和应用系统提供的部分接口就可以方便地实现对嵌入式设备的管理，同时支持多种SNMP版本的支持。现在已经可以支持SNMP v3最高版本。

VxWorks将SNMP应用到整个系统，实现了对嵌入式设备的标准化管理，有利于和不同的管理站进行接口配置。SNMP不仅实现了对嵌入式设备的管理，还提供了监视整个系统是否正常运行的功能，同时还可以通过对CPU的检查发现软件方面的漏洞。总之，将SNMP应用到微内核，会在工业互联网的嵌入式自动化领域发挥越来越大的作用。

7.1.3 任务实施——FTP暴力破解应急响应事件

【任务目的】

➢ 对FTP暴力破解事件判断并立即做出应急响应。

【使用工具】

➢ 运行系统：Windows 10。

➢ 其他软件：FTP 暴力破解工具。

➢ 测试主机：测试服务器（开启 FTP 服务）。

【实施步骤】

微课 7-1 查看 FTP 是否存在暴力破解

步骤 1：可疑进程查看。

登录到服务器，对服务器进行隔离，服务器并没有安装杀毒软件，查看进程信息，如图 7-3 所示，没有发现可疑进程。

步骤 2：管理员账号查看。

① 与客户确认管理员账号密码，管理员账号需要不存在弱口令。检查是否被添加非法管理员账号，确认不存在非法用户添加。

② 按 Win+R 组合键，弹出“运行”对话框，输入 cmd 命令，单击“确定”按钮，打开“命令提示符”窗口，输入 net user 命令，按 Enter 键执行命令，如图 7-4 所示。

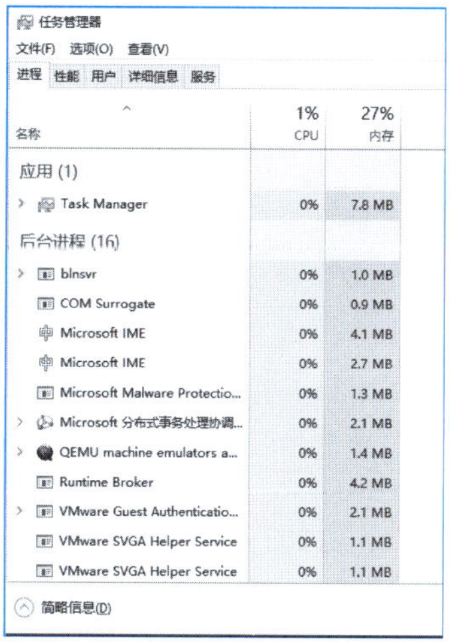

图 7-3 查看系统进程信息

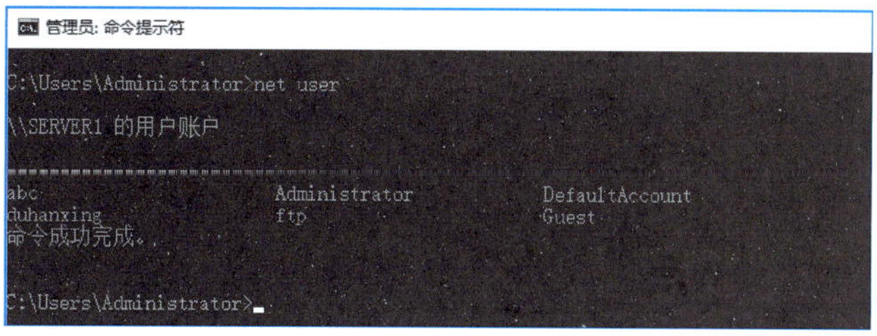

图 7-4 使用命令查看管理员账号

步骤 3：端口分析。

① 查看端口的使用情况，在“命令提示符”窗口中输入命令 netstat -ano，查看是否存在危险端口开放或者外联，如图 7-5 所示。

② 发现开放 21 和 445 危险端口。排查两个端口潜在风险，21 端口为 FTP 端口，445 为 SMB 端口。

步骤 4：日志分析。

① 在系统开始菜单中选择“服务器管理器”命令，在打开的窗口左侧选择“IIS”项，在右侧服务器栏中右击，在弹出的快捷菜单中选择“Internet Information Services (IIS) 管理器”命令，如图 7-6 所示。

② 单击 SERVER1 选项，在中间区域双击“FTP 日志”图标，如图 7-7 所示，查看 FTP 配置，找到 FTP 日志存放路径，如图 7-8 所示。

笔 记

笔 记

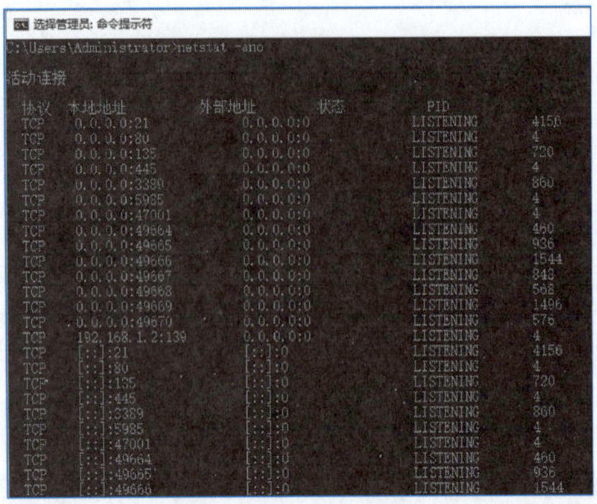

图 7-5 输入命令查看端口

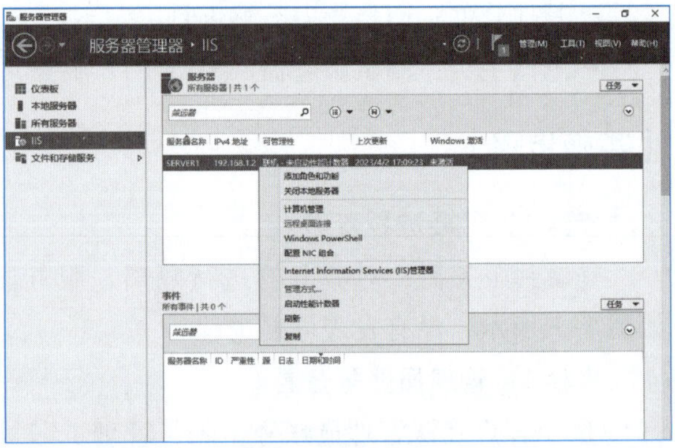

图 7-6 打开 IIS 管理器

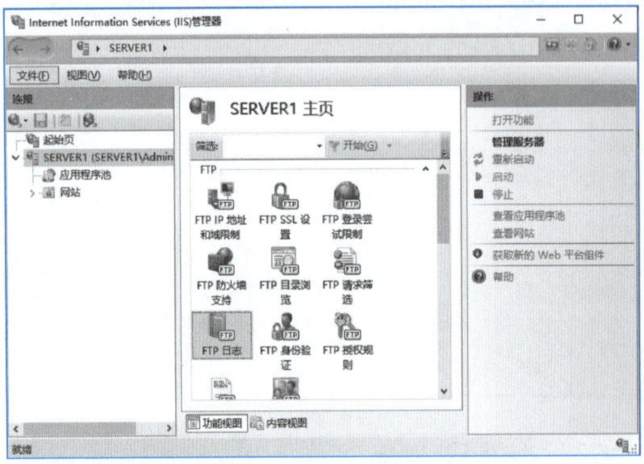

图 7-7 双击“FTP 日志”图标

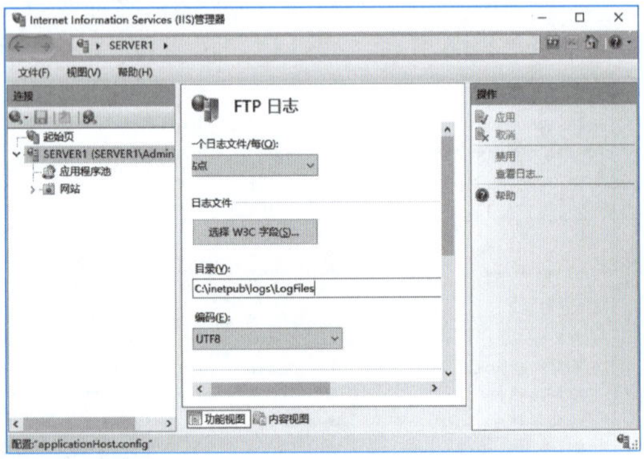

图 7-8 找到 FTP 日志存放路径

③ 查看 FTP 留存日志 C:\inetpub\logs\LogFiles\FTPSVC2\u_ex20230402.log，发现存在暴力破解行为，如图 7-9 所示。通过查看端口服务及管理员访谈，确认服务器对公网开放了 FTP 服务。

图 7-9 查看 FTP 留存日志

④ 通过日志分析，发现单位时间内存在多个用户名尝试登录 FTP，如 admin2111、admin444 等，如图 7-10 所示，确定存在 FTP 被暴力破解事件。若不存在单位时间内多个用户名或多次密码登录，则不存在 FTP 暴力破解事件。

步骤 5：策略分析。

① 按 WintR 组合键，在打开的“运行”对话框中输入 gpedit.msc，如图 7-11 所示。单击搜索结果中的 gpedit，在打开的对话框中查看本地安全策略。

② 在“本地组策略”编辑器窗口左侧展开“Windows 设置→安全设置→账户策略→账户锁定策略”选项，在窗口右侧区域中双击“账户锁定阈值”选项，查看锁定次数，如图 7-12 所示，发现未设置账户锁定阈值，锁定次数为 0。未配置账户锁定策略，存在风险。

微课 7-2
FTP 存在暴力破解的应对策略

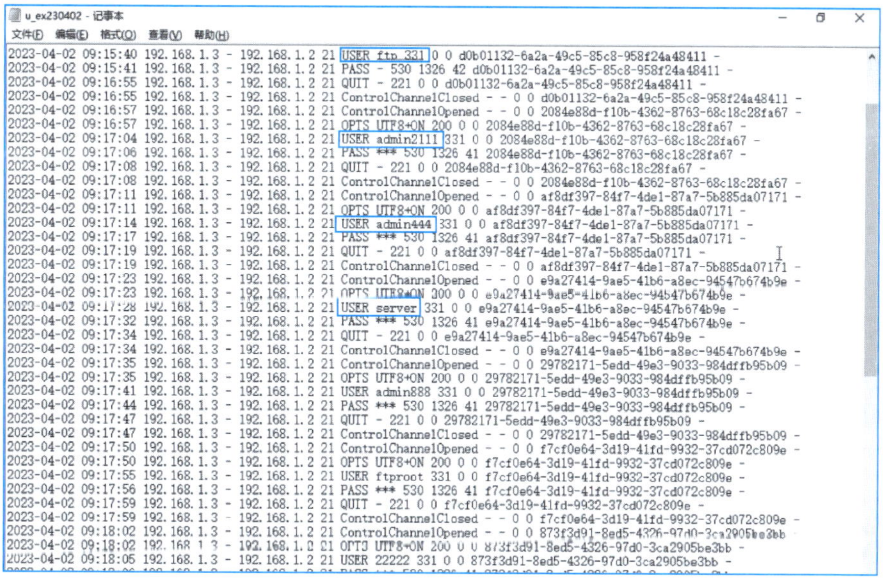

图 7-10　发现单位时间内存在多个用户名尝试登录 FTP

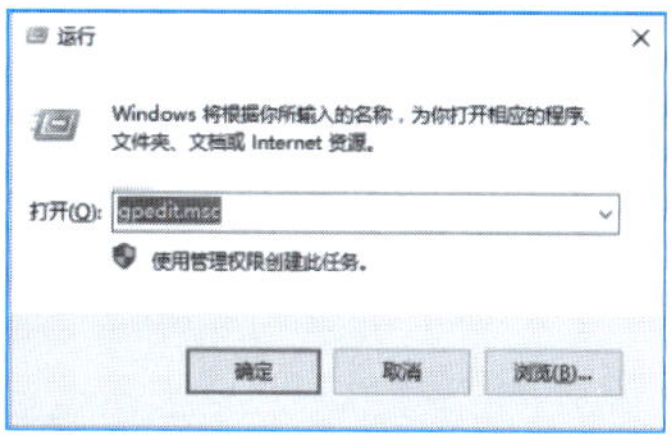

图 7-11　“运行”对话框

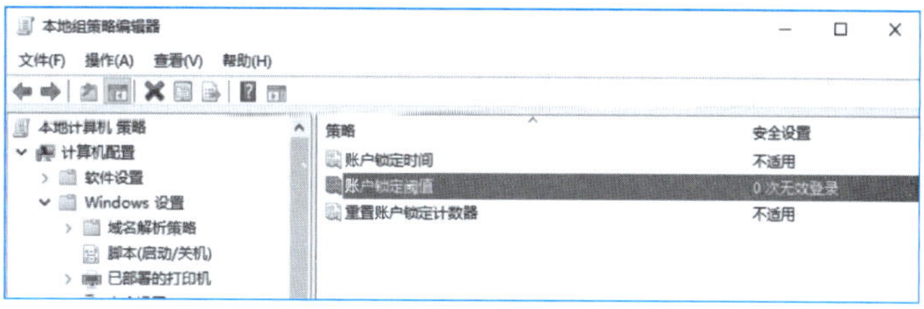

图 7-12　查看账户锁定阈值

步骤 6：配置安全策略。

① 对“账户锁定阈值”选项进行设置，如图 7-13 所示。设置 FTP 登录失败次数限制，防止恶意爆破口令，同时增强密码的复杂度。

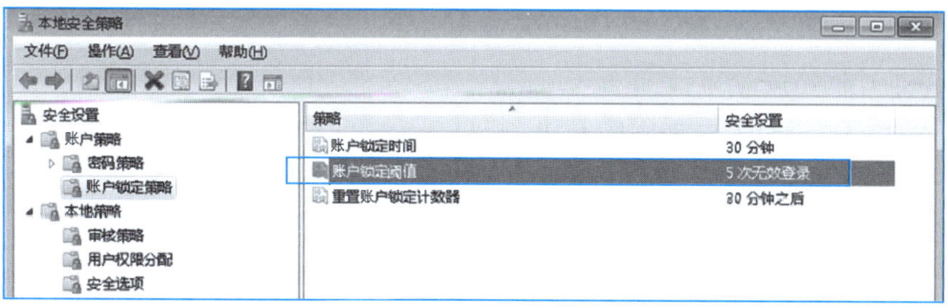

图 7-13　设置“账户锁定阈值”选项

② 设置完 FTP 登录失败次数限制即说明实验成功完成。

步骤 7：FTP 安全加固方法。

通过本任务，对 FTP 暴力破解应急响应的方法有一定思路，学会对 FTP 暴力破解事件进行安全加固。除此之外，对于安全加固可以从以下 3 方面进行操作：

笔记

笔 记

① 禁止使用FTP传输文件，必须开放应限定管理IP地址并加强口令安全审计（口令长度不低于8位，由数字、大小写字母、特殊字符等至少两种以上组合构成）。

② 更改服务器FTP默认端口。

③ 部署入侵检测设备，增强安全防护。

7.1.4 任务评价

本任务主要介绍了工业互联网FTP暴力破解的应急响应的相关知识，评价标准如下：

① 了解资产侦测与安全管理的方法。

② 了解数据保护与安全审计的相关内容。

③ 掌握判断FTP暴力破解事件的方法。

④ 掌握对FTP暴力破解事件做出相应的应急响应。

7.1.5 任务测验

文本：参考答案

一、选择题

1. 下列中不属于针对网络安全专用的搜索引擎的是（　　）。

A. Baidu　　B. Shodan　　C. Censys　　D. ZoomEye

2. 网络（　　）是对计划、执行、维护等层面的风险进行识别和检查的一种方法和措施。

A. 资产侦测　　B. 安全管理　　C. 数据保护　　D. 安全审计

3. 在Windows中的“命令提示符”窗口中输入（　　）命令，可以查看系统端口使用情况。

A. net user　　B. netstat　　C. netstat -ano　　D. user

二、简答题

1. 简单描述工业互联网资产侦测以及侦测方式。

2. 简单描述网络安全审计。

3. 简述对FTP进行安全加固的方法。

任务7.2 工业互联网信息篡改的应急响应

PPT：任务7.2 工业互联网信息篡改的应急响应

7.2.1 任务描述

某天接到客户IT同事紧急电话，说某服务器网站网页被黑客篡改。

网页篡改一般有明显的网页篡改和隐藏式篡改两种。明显的网页篡改即攻击者直接在网站主页进行篡改，而隐藏式篡改一般是将被攻击网站的网页植入链接色情、诈骗等非法信息的链接中，以通过灰黑色产业牟取非法经济利益。黑客为了篡改网页，一般需提前知晓网站的漏洞，提前在网页中植入后门，并最终获取网站的控制权。

本任务主要讲解如何判断网页篡改事件，以及如何对网页篡改事件做出相应的应急响应，并且将介绍有关安全监测与态势评估、应急处置与协同防护相关的知识。

7.2.2　知识导入

1. 安全监测与态势评估

工业互联网中包含大量主机节点、网络组件、控制系统、物联设备和检测设备，这些检测设备承担着从不同角度监控网络及主机运行状况的任务，它们产生的日志和报警之间存在着关联性。传统的网络监测和安全审计方法利用单一检测设备提供的日志信息进行分析，由于检测设备本身的不确定性以及数据来源的单一性，会导致安全监测和态势分析结果的准确性出现较大偏差。因此，出现了通过多源信息融合进行安全监测和网络安全态势评估的方法。这种方法以多个相关检测设备的日志为数据源，对多源信息进行融合，从而得到外部攻击信息。然后，利用节点漏洞信息和服务信息进一步计算外部攻击对网络安全态势的影响，并利用时间序列分析方法对安全态势进行预测分析，有效弥补传统安全审计和网络监测技术的不足。这种新型的安全态势评估技术有时候被称为态势感知技术，也是当前威胁情报体系的核心技术之一。

网络安全态势感知的具体流程是先采集所有安全设备的防护、拦截日志信息，然后对这些信息进行分析、理解，再对当前网络未来可能面对的环境变化进行预测。这个过程可以总结为态势信息提取、态势评估和态势预测 3 个步骤，如图 7-14 所示。

图 7-14　网络安全态势感知的流程

准确、全面地提取网络环境中的安全态势信息是进行网络安全态势感知研究的基础，需要提取的信息包括静态的配置信息（网络的拓扑信息、脆弱性信息和状态信息等）、动态的运行信息（各种防护措施的日志采集和分析技术获取的威胁信息）以及网络的流量信息等。

态势评估是指在获取海量安全数据的基础上，通过解析数据之间的关联性，对其进行融合，获取宏观的网络安全态势。态势评估的核心是这些海量数据的融合。目前，应用于工业互联网安全态势评估的融合算法主要有 4 类：基于逻辑关系的融合方法，基于数学模型的融合方法，基于概率统计的融合方法，基于规则推理的融合方法。

安全态势的预测是指根据网络安全态势的历史信息和当前状态对网络未来一段时间的发展趋势进行预测。网络安全态势的预测是态势感知的一个基本目标。

对于网络安全态势评估流程，首先需要熟悉 3 个术语：

笔记

① 攻击发生概率：某种攻击已经发生的可能性，以 $m(h)$ 表示。

② 攻击成功概率：某种攻击发生后，该攻击成功的概率或程度，以 $s(h)$ 表示。

③ 攻击威胁：某种攻击成功实施后造成的影响，以 V 表示。

通过对以上 3 个数据进行信息融合可以得到当前已经发生的攻击对受害节点造成的理论影响，该影响就是此节点的安全态势。

图 7-15 所示为网络安全态势评估的流程。

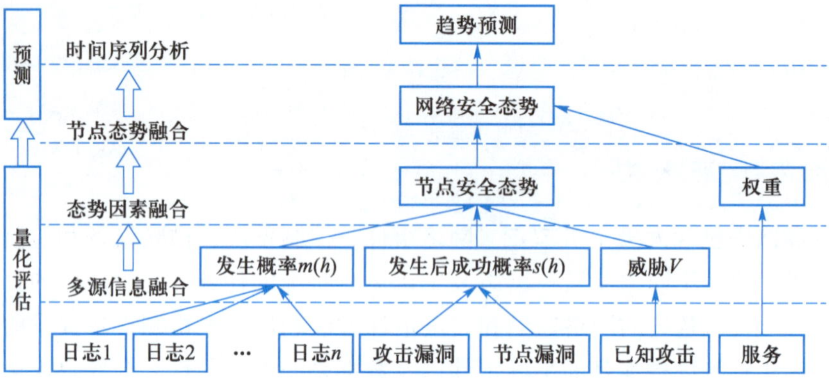

图 7-15 网络安全态势评估的流程

第 1 步：基于相关检测设备的数据融合计算 $m(h)$。

第 2 步：基于此攻击利用的漏洞信息和节点漏洞信息计算 $s(h)$，同时利用已知攻击信息计算 V，得到此节点的安全态势。

第 3 步：利用服务信息判断各节点权重，经过节点态势融合得到整个网络的安全态势。

第 4 步：基于安全态势评估结果，引入时间序列进行分析，对网络安全态势进行趋势预测。

大多数工业互联网的网络安全态势评估类技术主要应用于大型监管机构和行业组织机构。

2. 应急处置与协同防护

在工业互联网安全运维工作中，遭遇突发安全事件后的应急处置与协同防护是重中之重，而分析协同防护正是该工作的核心。它包括技术和组织工作两个维度。

技术维度是指安全技术或应用之间的联动机制。例如，通过入侵检测机制发现威胁或者通过身份认证机制发现异常的时候，可以联动网络隔离和审计设备针对威胁或隐患进行阻断、深入分析、记录等相关威胁处置动作。图 7-16 所示为协

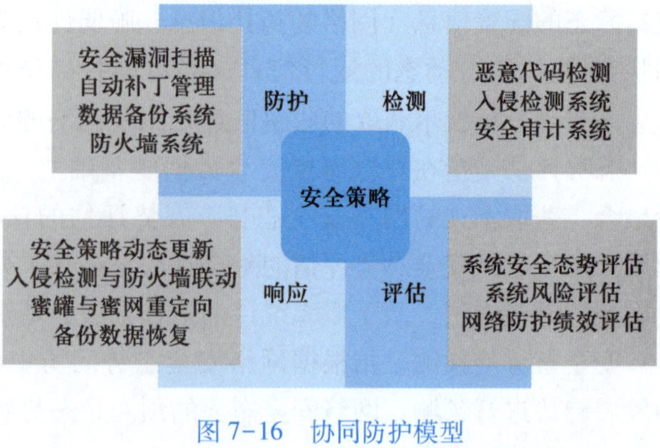

图 7-16 协同防护模型

同防护模型。

组织工作维度，不仅包括 IT 和 OT 架构层面的安全防护协同，还包括内部团队和安全服务商的协同，以及系统架构内部组件和数据机制的协同。只有从两个维度都做出相应的设计、部署和运营后，才能规避因为缺乏单点故障和协同机制而带来的跨域渗透或者多目标入侵等安全威胁，从而更好地保护工业系统，实现多方协同的应急响应处置机制。

原有的针对网络中单一对象或适用于特定网络类型的网络防护技术由于彼此之间相互独立，缺乏协同作用，难以形成统一的防护力量，因此不能适应 IT、OT 融合的工业互联网的需要。虽然针对各层面防护的研究已有很多，但在工业互联网层面上的协同防护体系的研究还比较少。

随着工业监测、智能交通、城市规划、智能物流、感知农业等各类工业互联网应用的普及，其对象多元、交互快速、地区广布、性质多维的特点日益凸显，迫切要求工业互联网系统具备安全交互能力、安全风险全域感知能力和适应不同规模、不同性质及不同地区的全维一体化协同防御能力。

工业互联网主要的安全业务类型包括安全数据监测（如事件、通知）、远程安全控制、数据安全处理以及安全通信业务。工业互联网安全数据传输类型包括安全数据采集类（上行）、安全广播类（下行）以及安全传输/桥接类（双向）。

对于电路域，传统通信安全业务（语音、短信）直接通过所属接入网接入电路域核心网获取所需的安全服务；分组域承载的通信安全业务则通过核心网中的安全控制服务器实现异构安全融合，安全接入网关负责提供到该安全服务器的网络层互联通道。工业互联网安全协同防护的逻辑体系有 3 个层次，如图 7-17 所示。

笔记

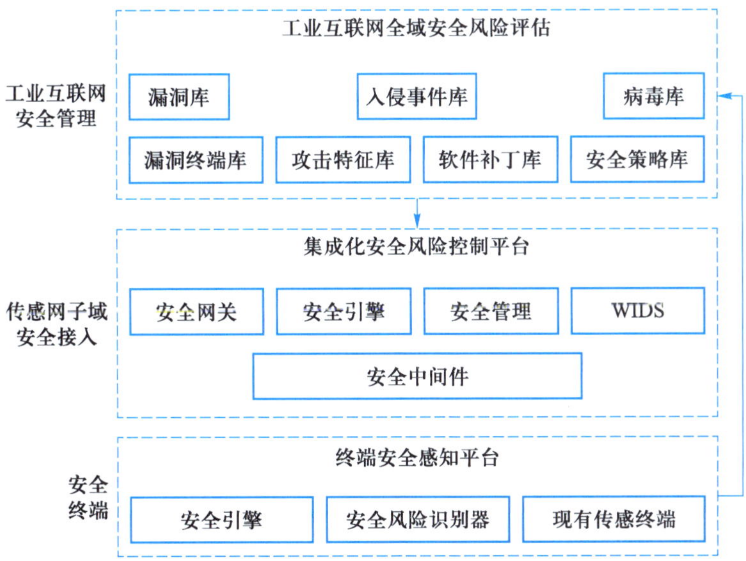

图 7-17　工业互联网安全协同防护逻辑体系

最底层是终端安全感知平台。该层在安全接入网关的基础上使用终端漏洞自修复和安全引擎自加载技术，通过基于分发系统（DS）的安全态势分析方法实现工业互联网系统的安全风险识别，达到综合安全风险感知的目的，体现“防”的理念。

中间层是集成化的安全风险控制平台。该层以安全控制服务器为主要载体，包括工业互联网系统安全风险预测与动态控制子系统，通过安全网关、安全引擎、安全管理、UN 安全中间件等组件的集成，体现“测、控、管”的思想。其中，安全管理组件用于管理终端软件漏洞、病毒库、审计和无线定位以及瘫痪节点的隔离与修复。安全中间件则为各种终端提供定义良好的一致安全接口，屏蔽设备的异构性。

最上层是工业互联网全域安全风险评估。通过工业互联网系统安全策略的层次联合建模方法，结合安全风险评估系统和基础数据库，实现工业互联网全域安全评估的自动化，体现安全中以“评”促“管”的理念。

拓展阅读 7-1 内生安全与拟态防御

7.2.3 任务实施——网页篡改应急响应事件

【任务目的】

- 网页篡改事件判断并立即做出应急响应。

【使用工具】

- 运行系统：Windows 10。
- 其他软件：D 盾、浪潮卫兮工业安全云服务平台——主机安全、phpStudy、菜刀后门连接工具。
- 测试主机：测试服务器。

微课 7-3 检测是否存在网页信息篡改

【实施步骤】

步骤 1：可疑进程分析。

登录到服务器，对服务器进行隔离，服务器并没有安装杀毒软件，查看系统进程信息，如图 7-18 所示，没有发现可疑进程。

步骤 2：管理员账号查看。

① 与客户确认管理员账号密码，管理员账号需要不存在弱口令。检查是否被添加非法管理员账号，确认不存在非法用户添加。

② 按 Win+R 组合键，弹出“运行”对话框，输入 cmd 命令，单击“确定”按钮，打开“命令提示符”窗口，输入命令 net localgroup administrators 并按 Enter 键执行，可查看管理员账号，如图 7-19 所示。

步骤 3：端口分析。

查看端口的使用情况，在“命令提示符”窗口中输入命令 netstat -ano，查看是否存在危险端口开放或者外联，如图 7-20 所示。

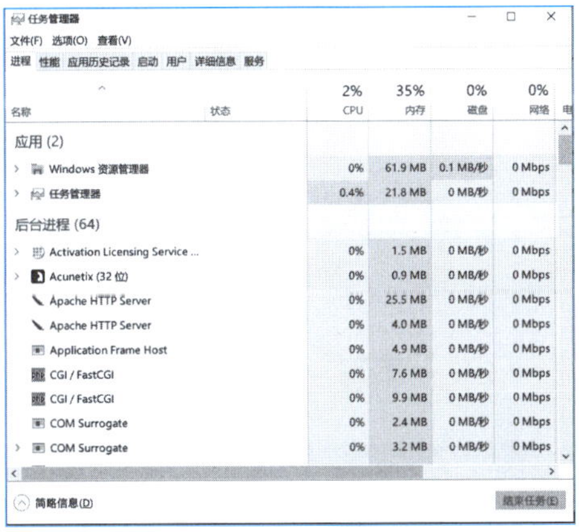

图 7-18　查看系统进程信息

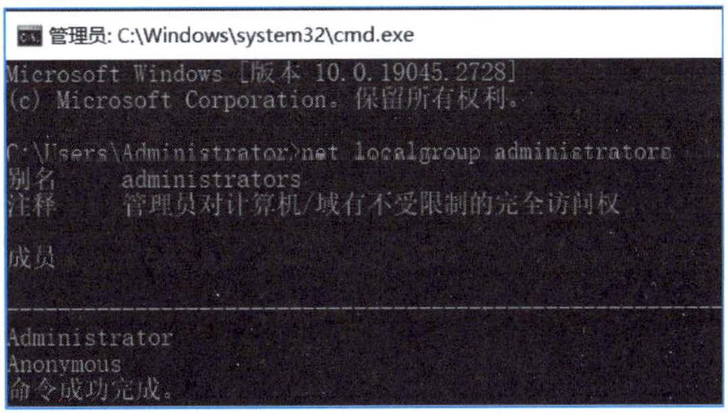

图 7-19　使用命令查看管理员账号

图 7-20　输入命令查看端口

步骤 4：WebShell 查杀。

打开桌面上的 tools 文件夹，使用该文件夹中的 D 盾查杀工具，看是否存在木马脚本。发现存在 caidao.php 等，如图 7-21 所示，删除木马并从网站入手溯源。

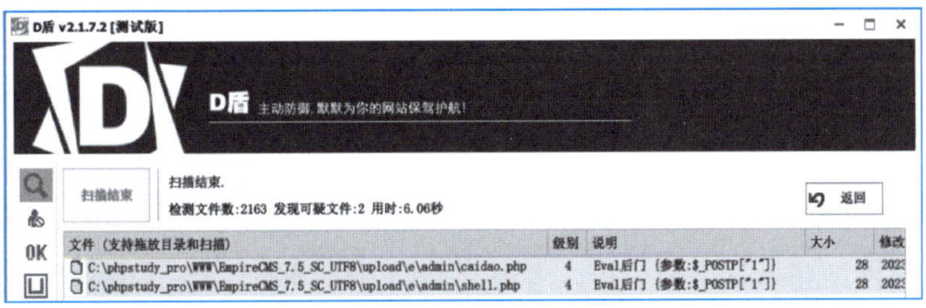

图 7-21　使用 D 盾查杀木马脚本

笔 记

步骤5：查看网站日志记录。

① 网站后台为 http://127.0.0.1/EmpireCMS_7.5_SC_UTF8/upload/e/admin/，账号为 admin，密码为 admin，打开桌面上的 tools 文件夹，双击该文件夹中的 phpStudy 图标，运行该软件，在弹出的对话框中单击“启动”按钮，如图7-22所示，可启动网站管理程序。

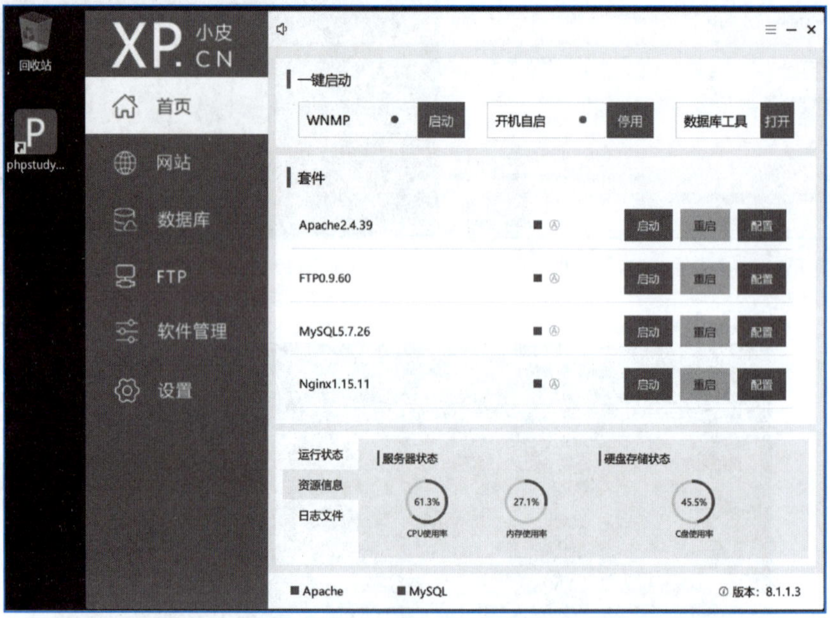

图7-22 启动网站管理程序

② 在管理界面的顶部单击“用户”选项，在界面左侧列表中单击“用户管理”选项区中的“管理登录日志”选项，在界面右侧显示相应的管理登录日志内容，如图7-23所示。

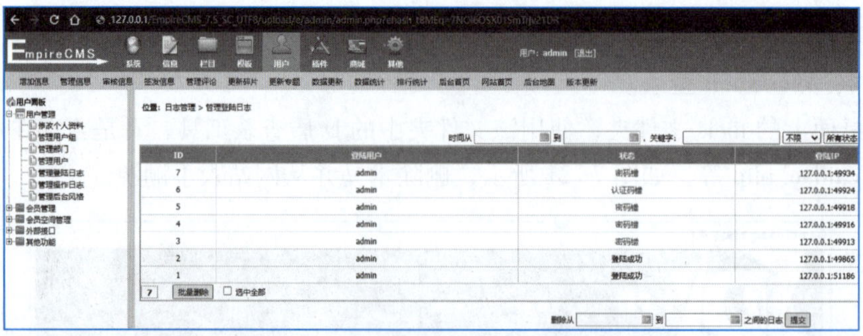

图7-23 查看管理登录日志内容

③ 通过对网站登录日志的分析，考虑是网站 CMS 漏洞，登录网站后台，密码是弱口令，查看管理员登录日志，登录时间非网站管理员登录时间，推测是黑客删除登录

失败信息。

步骤 6：站点日志分析。

① 查看网站日志文件信息，日志文件位置为 C:\phpstudy_pro\Extensions\MySQL5.7.26\data\penetration.log，日志文件信息如图 7-24 所示。

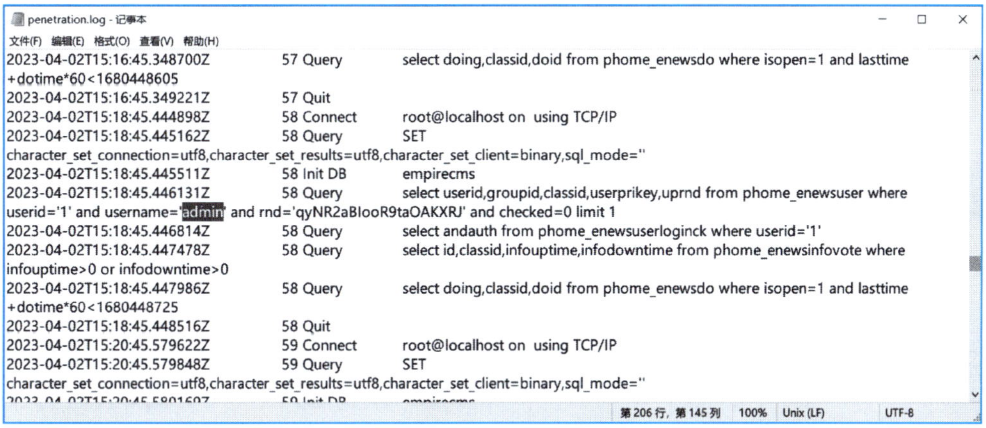

图 7-24 看网站日志文件信息

② 通过对网站日志文件的分析，发现爆破信息，确定黑客是通过暴力破解进入后台。

步骤 7：入侵方式分析还原。

① 进入网站后台管理，发现执行 SQL 语句的功能，在“系统”界面中的左侧列表中单击“备份与恢复数据”选项区中的“执行 SQL 语句”选项，可以进入该界面，如图 7-25 所示。

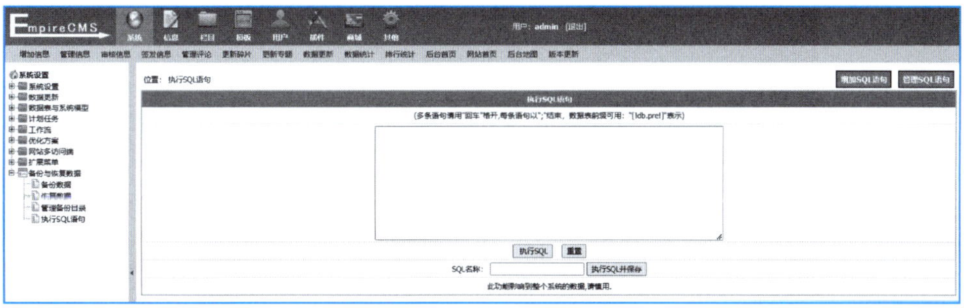

图 7-25 执行 SQL 语句的功能

② 经过了解，发现该功能存在上传漏洞。

③ 下面来还原攻击过程。创建名称为 shell.php 的脚本文件，为该脚本文件添加 .mod 扩展名，使用 Windows 记事本打开该脚本文件，在该文件中编写代码：<?php file_put_content("shell.php","<?php @eval($_POSTP['360']);?>")>，如图 7-26 所示。

④ 在网站后台管理中进入“系统”界面，在左侧列表中单击“数据表与系统模型”

笔记

微课 7-4 网站入侵方式分析及安全加固

笔 记

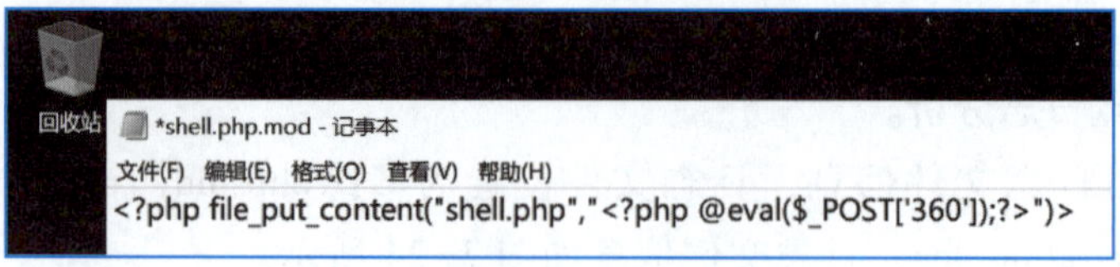

图 7-26 创建脚本文件并编写代码

选项区中的“管理数据表”选项，在右侧的管理数据表界面中单击“导入系统模型”按钮，如图 7-27 所示。

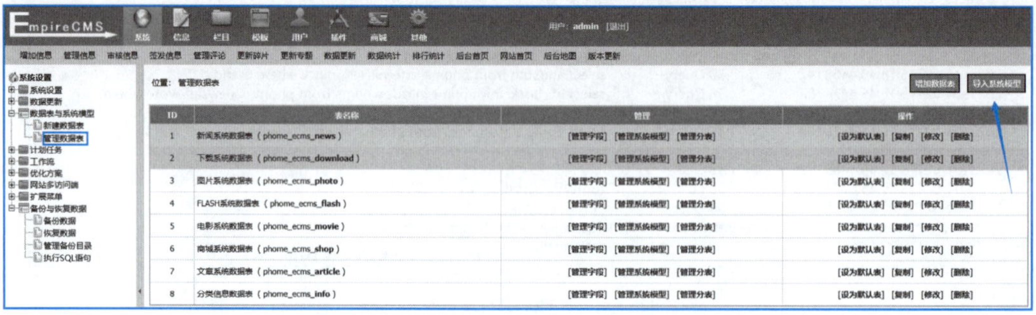

图 7-27 单击“导入系统模型”按钮

⑤ 进入“导入系统模型”界面，单击“选择文件”按钮，可以选择所创建的木马脚本文件 shell. php. mod，单击“马上导入”按钮，即可将木马脚本文件导入到网站中，如图 7-28 所示。

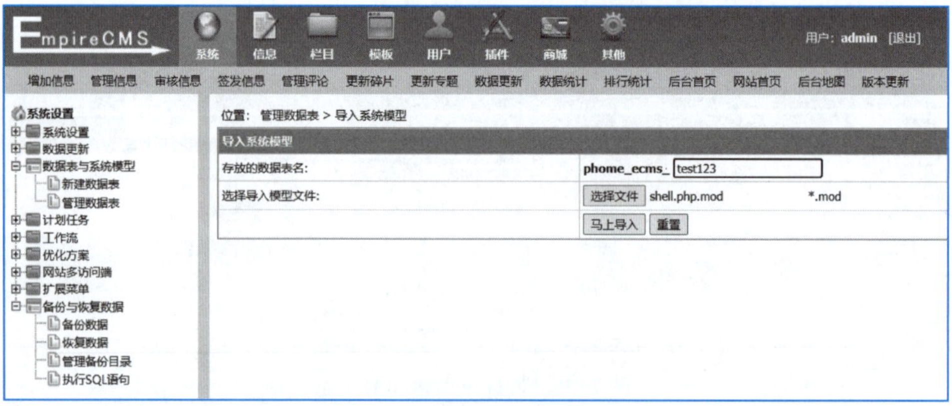

图 7-28 上传木马脚本文件

⑥ 成功导入网站木马脚本文件后，其位置为 http://192. 168. 197. 150/EmpireCMS_7. 5_SC_UTF8/upload/e/admin/shell. php，在浏览器地址栏中访问该木马脚本文件，如图 7-29 所示，即可成功在网站中运行木马脚本文件，从而实现网站攻击。

图 7-29　运行木马脚本文件

步骤 8：防护建议。

① 设置网站登录次数限制。配置文件路径：C:\phpstudy_pro\WWW\EmpireCMS_7.5_SC_UTF8\upload\c\config，找到 config. php 配置文件，如图 7-30 所示。

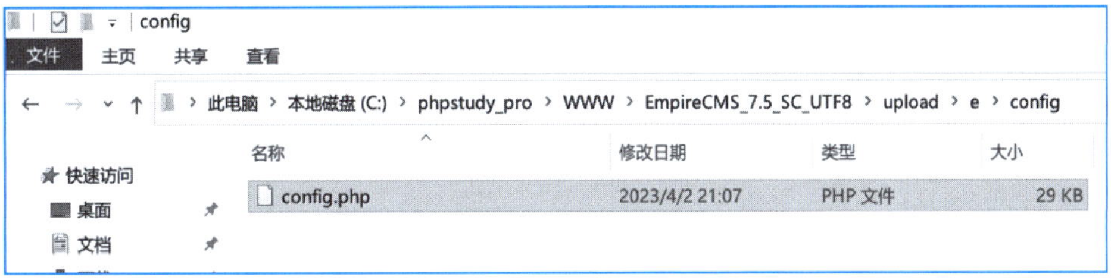

图 7-30　找到 config. php 配置文件

② 使用 Windows 记事本打开配置文件 config. php，对相关配置参数进行修改，如图 7-31 所示。

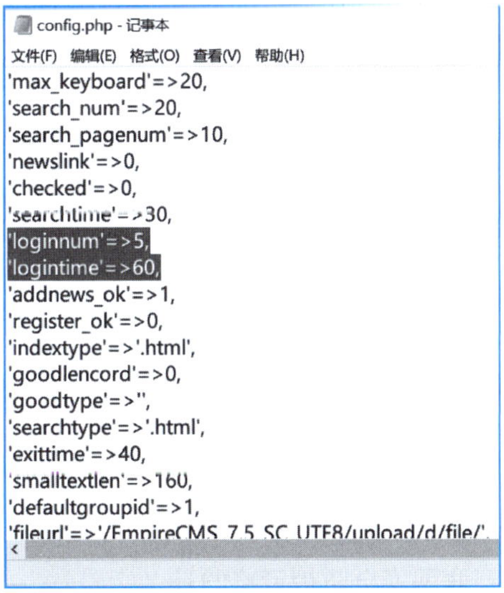

图 7-31　对相关配置参数进行修改

笔 记

③ 避免使用默认口令，如果使用，则在用户首次登录时，强制用户修改密码。口令复杂度要求：长度为 8 位及以上，至少包含大小写字母、数字和特殊字符。

④ 对所有的 get 和 post 请求做安全过滤，也可以直接在 addslashes 的参数里增加恶意代码的拦截机制，先检测后放行，漏洞的利用条件是需要有后台管理员权限，利用的不是太多，建议对网站后台的管理目录进行更改。

⑤ 设置网站登录次数限制即说明实验成功完成。

步骤 9：网站安全加固。

对于网站安全加固可以从以下 4 方面进行操作。

① 修改 e/class/config. php 文件，登录限制次数限制修改 loginnum 参数，登录时间锁定限制修改 logintime 参数。

② 系统、应用相关用户杜绝使用弱口令，应使用高复杂强度的密码，尽量包含大小写字母、数字、特殊符号等的混合密码，加强管理员安全意识，禁止密码重用的情况出现。

③ 部署高级威胁监测设备，及时发现恶意网络流量，同时可进一步加强追踪溯源能力，对安全事件发生时可提供可靠的追溯依据。

④ 建议在服务器或虚拟化环境上部署虚拟化安全管理系统，提升防恶意软件、防暴力破解等安全防护能力。

拓展阅读 7-2 工业互联网的恶意软件分析

7.2.4 任务评价

本任务主要介绍了工业互联网信息篡改的应急响应的相关知识，评价标准如下：

① 了解安全监测与态势评估的方法。

② 了解应急处置与协同防护的内容。

③ 掌握判断网页是否被篡改的方法。

④ 掌握网页篡改事件的应急响应方法。

文本：参考答案

7.2.5 任务测验

一、选择题

1. 准确、全面地提取网络环境中的安全态势信息是进行网络安全态势感知研究的基础，需要提取的信息包括静态的（　　）、动态的（　　）以及网络的（　　）等。

A. 运行信息、流量信息、配置信息

B. 配置信息、运行信息、流量信息

C. 运行信息、配置信息、流量信息

D. 配置信息、流量信息、运行信息

2. 下列中不属于工业互联网安全防护策略的是（　　）。

A. 安全漏洞扫描　B. 数据备份系统　C. 防火墙系统　D. 安全审计系统

3. 在 Windows 的“命令提示符”窗口中输入（　　）命令，可以查看系统账户。

A. net user　B. netstat　C. netstat -ano　D. user

二、简答题

1. 简单描述网络安全态势感知的流程。

2. 简单描述网络安全应急协同防护的工作内容。

3. 简单描述对网站进行安全加固的方法。

笔记

任务 7.3 工业互联网安全应急响应预案的编写

PPT：任务 7.3 工业互联网安全应急响应预案的编写

7.3.1 任务描述

近年来，随着我国工业互联网的高速发展，网络安全威胁正在加速向工业领域蔓延，传统工业控制系统安全机制的弱点在互联网上暴露无遗。

本任务主要讲解工业互联网安全应急响应预案的编写方法，并且将介绍有关工业互联网安全现状及问题分析、工业互联网的安全防护对策等相关知识。

7.3.2 知识导入

1. 工业互联网安全现状及问题分析

工业互联网作为国家重点信息基础设施的重要组成部分，正在成为全世界最新的地缘政治角逐战场。例如，包括能源、电力等在内的关键网络已成为不法攻击者的首选目标。当前，网络安全威胁正在加速向工业领域蔓延，工业互联网安全事件频发已经严重影响经济社会正常运行及国家安全，接连发生的安全事件引发了各国对工业互联网安全的高度重视与关注。

笔 记

2015 年 12 月，乌克兰约 60 座变电站遭到黑客攻击，导致乌克兰 140 万名居民遭遇了一次数小时的大规模停电；2017 年 5 月，“永恒之蓝”勒索病毒席卷全球，英国、意大利、俄罗斯等欧洲国家和中国境内的多个高校内网、大型企业内网和政府机构专网中招，被勒索支付高额赎金才能解密恢复文件；2021 年 5 月，美国最大的燃油管道商 Colonial Pipeline 遭到勒索软件攻击，导致其业务受到严重影响。

事实证明，没有得到良好安全保护的工业互联网，就像一扇虚掩的大门，根本无法防御任何精心策划的攻击行动。

国内工业互联网安全体系建设正处于初级阶段，尚未形成良性发展的工业互联网安全生态体系且存在以下系统性或共性问题。

（1）行业复杂性带来需求多样性的挑战

在两化融合基础上，电子、家电等行业推动生产向网络化、智能化阶段迈进，各行业企业对工业互联网安全需求侧重不同。例如，在钢铁、石化、医药、食品等流程型制造行业，利用信息技术助力企业提升综合管控能力。在机械制造、消费品生产等离散型制造行业，侧重推动企业向服务型制造加速转型。因此，国内工业互联网安全体系建设需要根据行业视角进行理解、剪裁、取舍和优化，逐步形成良性可持续发展的工业互联

笔 记

网安全体系，为工业互联网带来持久稳定的安全保障力量。

（2）缺乏统一接入的安全标准及安全规范、服务规范的建设

创新驱动发展战略带来工业互联网的蓬勃发展，新的工业互联网化平台不断涌现，数量众多，但是基本上处于各自为战的状态，安全方案千差万别，服务能力参差不齐，未形成统一的安全框架模式和安全标准，无法基于标准定义符合各企业情况的安全接入策略，并获得可预期的、全面的安全保障，不利于我国工业互联网安全保障体系的可持续性发展。

（3）云服务下用户身份治理问题分析

在企业生产经营过程中，普遍存在重发展轻安全的情况，对其工业互联网安全缺乏足够意识，安全防护投入较低。2021 年 2 月，由国家工业信息安全发展研究中心发布的《2020 年工业信息安全态势报告》中提到，在研判的工业信息安全风险中，主要存在弱口令漏洞、未授权访问漏洞、目录遍历漏洞、结构化查询语言（Structured Query Language，SQL）注入漏洞等。由此可见，工业企业各类应用普遍在用户口令、身份认证、权限管理和通信加密等方面存在大量安全问题。

（4）工业企业安全事件缺少审计

工业企业需要不断提升安全态势感知和预警处置能力，确保对安全事件的检测、数据分析、风险预测和自动调整等环节的实施，才能及时发现各类攻击威胁与异常。对企业内外部人员的日常登录操作、访问操作、输入/输出操作进行全面而详实地记录，通过归类、报表、图形化等方式实现在线的分析审计需要，合规、可视化的审计行为可帮助企业及时规避大范围的攻击风险，为企业安全事件调查与回溯提供直接证明。

（5）风险诊断和研判能力有待提升

从工业互联网领域以往发生的信息安全事件不难看出，企业遭到的网络安全威胁逐渐从无意识攻击到有组织的蓄谋攻击，从个体侵害演变为国家网络安全的威胁。针对企业信息安全的攻击手段也更加多样化，攻击手段主要包括口令攻击、拒绝服务攻击、欺骗攻击、劫持攻击、高级可持续威胁攻击和后门程序攻击等，攻击方式呈现跨时间、地点、动机等因素限制。

因此，建设国家级安全检测评估的公共服务成为当前工业互联网企业保障安全必需的基础。通过对安全基线和安全风险特征库的定义，利用先进的安全检测工具进行监测，实时更新风险特征库，并对其开展动态分析，依据风险等级进行通告、警告和处置等处理，促进工业企业由静态防御向动态防御发展，提升企业安全风险诊断和研判能力，为工业企业安全提供全面的防御保障。

（6）企业应急机制的补充与完善

工业互联网身份与访问控制体系还应建立应急预案管理、定义应急安全处理策略，实现取证和总结等流程，规避高风险、不可逆、影响范围广的信息安全事件的发生。

基于上述现状分析可以看到，当前我国工业企业面临用户身份治理、认证和访问控制、安全审计可追溯性、风险评估与研判、应急机制建立等方面的管控能力不足，构建基于身份与访问控制为核心的安全云服务的支撑体系，成为工业互联网安全生态建设的关键。

2. 工业互联网的安全防护对策

微课 7-5
工业互联网的安全防护对策

（1）建立检测和响应机制

工业互联网发展期间，极易受到不法分子或黑客攻击，因此必须积极应对攻击，采用攻击检测机制，对各方攻击进行监测。建立和完善应急响应机制，遭受攻击后必须迅速做出响应，采取科学方式抵御攻击，以此降低恶意攻击所致损害影响。

首先，通过多种检测模型建立异常检测机制，以此补充防火墙保护机制。利用异常代码检测、入侵检测和病毒查杀等方式，对各类潜在攻击行为进行监测。通过模型入侵检测法、非参数累积检测法、差分自回归移动平均模型法、场景指纹异常检测法，可以准确预测攻击事件和不法入侵，尽早准备好安全防护措施。

其次，注重建立快速攻击响应机制，对于工业互联网入侵事件，在较短时间内做出响应动作。攻击响应机制必须迅速分类入侵事件，同时按照不同入侵事件启动不同响应动作，采取对应的应急响应策略，在最短时间内恢复系统运行。

（2）合理应用先进的互联网安全防护办法

尽管互联网和工业互联网在安全防护方面存在差异，然而二者也具备关联性和相似性。通过比较分析可知，互联网安全防护发展速度快，出现大量现代化先进的安全防护方法，以此保障互联网安全。各类防护方法必须经过转换之后，才可以应用到工业互联网防护中，以此减少工业互联网安全隐患。比如，企业内网和互联网开始广泛应用态势感知技术，同时提出科学的解决方案，建立态势感知与未知威胁发现平台。通过应用上述技术，有助于提升互联网安全防护水平。所以，工业互联网安全防护可以应用态势感知技术，不仅可以处理工业网络应用与协议多样性问题，还可以充分发挥出互联网态势感知技术的作用，准确评估工业互联网安全状态，同时对工业互联网安全变化趋势进行预测，通过可视化方式呈现，能够为工业互联网提供高效的安全防护措施，积极应对安全挑战。

笔 记

为了确保工业互联网运行的安全性，必须深入研究安全防护技术，掌握工业互联网产品组件存在的安全隐患，注重探究控制设备与传感器软件的安全问题，加大实践探索力度。确保测试合格后制定测试标准，并且派遣专业人员评估系统安全。当发现异常问题时，必须做好调整整改，高度重视互联网攻防演练，以此加强应急处理能力。由于技术人员能力水平也会影响工业互联网安全，管理人员安全意识薄弱、技术能力不足。已经成为工业互联网面临的重大安全问题。企业必须注重技术人员安全知识与技能水平培训，加大考核力度，只有确保考核合格人员才可上岗工作。

（3）采用整体防御的策略

由于工业互联网具备开放性特点，因此网络攻击源于各层面和各环节，无法针对某个特殊点进行防护，因此必须建立整体防御机制，以此减少攻击行为与入侵事件。

第一，采用持续响应措施。建立相应措施时，首先应当满足应急响应需求。当工业互联网遭到破坏影响时，应当满足持续监测与修复要求，建立联合防御与多点防御，以此满足响应需求。第二，基于数据实行整体防御。建立安全数据仓库，结合云端威胁情报，以此检测和防御

笔 记

已知威胁、高级威胁与各类型攻击，同时可实现过程回溯。第三，组建安全防护团队。成立安全运维中心，优化组织流程，充实人员结构，全面落实工业互联网安全防护职责。

例如，在应用整体防御策略时，可以建立自适应防护架构，为工业互联网用户解决各类安全问题。系统组成包括6个过程闭环，技术人员需要参与到全过程中。

① 信息感知。在工业互联网中，信息感知属于重要内容，能够对工业现场的温度物理量、摩擦力物理量与压力，物理量实行数字化感知和存储，确保工业现场分析和预防异常情况时，能够参考准确数据。

② 数据汇集。主要是汇集分布式数控、数控系统、系统运行期间产生的信息。该过程并非单一采集数据，而是实践全生命周期信息数据的同步化收集、管理与存储，为后续工作提供参考依据。对于网络层来说，可以有效监听和存储全网流量，为工业互联网建立安全数据仓库。

③ 转化分析。该环节主要是提取和筛选数据特征，可以将数据转化为信息，以此提升信息的安全性。信息涉及内容与情境，内容主要是工业互联网中的设备信号处理结果、监测传输特性与健康情况。情境主要是设备运行状态、人员操作信息、维护管控记录与生产任务目标，可以分析计算单个设备与网络数据。

④ 网络融合。关联融合工业互联网中的设备集群与跨域运维，结合环境、操作与机理等内容，通过大数据技术分析横向数据，借助群体经验预测设备运行安全性，确保实体网络与虚拟网络的相互映射，合理应用综合模型。此外，联合历史情况分析网络异常状态。

⑤ 认知预测。技术人员在网络层能够认知工业互联网背景与异常问题，以此确保机械安全，通过大数据可视化平台找寻安全隐患。

⑥ 相应决策。按照认知结果，准确识别和确认事件，启动相关策略，隔离搜索系统或异常账户。

7.3.3 任务实施——应急响应预案编写

微课 7-6 编写工业互联网安全应急响应预案

【任务目的】

- 理解信息安全应急响应预案编写内容。
- 掌握信息安全应急响应预案编写方法。

【实施步骤】

步骤1：编写应急响应项目概述。

主要介绍应急响应预案文档，包括总则、角色及职责、预防和预警机制、应急响应流程、应急响应保障措施和附件等6部分。总则部分提供了重要的背景或相关信息，使应急响应预案更容易理解、实施和维护。通常这部分包括编制目的、编制依据、适用范围、工作原则等。应急响应项目概述编写范例如图7-32所示。

A 1 总则

A.1.1 编制目的

为了切实做好学校信息安全事件的防范和应急响应工作，进一步提高我校预防和控制信息安全事件的能力和水平，减轻或消除信息安全事件的危害和影响，确保我校校园网信息安全，结合学校工作实际，制定本应急响应预案。

A.1.2 编制依据

为了贯彻落实《中华人民共和国计算机信息系统安全保护条例》、《中华人民共和国计算机信息网络国际联网安全保护管理办法》、《国家信息化工作领导小组关于加强信息安全保障工作的意见》和公安部、国务院信息化工作办公室等四部门《关于信息安全等级保护工作的实施意见》以及学校制定的《XX 大学网站公共信息管理暂行办法》、《XX 大学校园网络信息保密管理办法》等文件精神，依据 GB/T ×××× 《信息安全技术 信息安全应急响应计划规范》，制定我校信息安全应急响应预案。

A.1.3 适用范围

本预案适用于我校校园网运行及网络信息方面发生的有可能影响学校、社会和国家安全稳定的网络与信息安全突发事件，具体包括：

a) 攻击事件：指校园网络与信息系统因病毒感染、非法入侵等造成学校网站或部门二级网站主页被恶意篡改、交互式栏目和邮件系统发布有害信息；应用服务器与相关应用系统被非法入侵，应用服务器上的数据被非法拷贝、篡改、删除；在网站上发布的内容违反国家的法律法规、侵犯知识版权并造成严重后果等，由此导致的业务中断、系统宕机、网络瘫痪等；

b) 故障事件：指校园网络与信息系统因网络设备和计算机软硬件故障、人为误操作等导致业务中断、系统宕机、网络瘫痪等；

c) 灾害事件：指因洪水、火灾、雷击、地震、台风等外力因素导致网络与信息系统损毁，造成业务中断、系统宕机、网络瘫痪等。

A.1.4 工作原则

校园网运行与网络信息安全事件的处理原则：

a) 依法管理：即坚决贯彻落实《中华人民共和国计算机信息系统安全保护条例》、《中华人民共和国计算机信息网络国际联网安全保护管理办法》、《国家信息化工作领导小组关于加强信息安全保障工作的意见》和公安部、国务院信息化工作办公室等四部门《关于信息安全等级保护工作的实施意见》以及学校制定的《XX 大学网站公共信息管理暂行办法》、《XX 大学校园网络信息保密管理办法》等文件精神；

b) 分级负责、责任到头：学校一级由校园网络与信息安全应急响应领导小组负责，系处部门一级由系处部门主管领导负责，切实做到"责任落实，层层负责"；

c) 谁主管，谁负责：各系处部门除确定一名党政负责人主管网络信息与运行安全外，必须确定一名专、兼职的网络信息及技术管理员，具体负责本部门网络运行及信息安全，及时掌握信息动态，清除各类不良信息，营造健康文明的网络环境，将有害信息造成的不良影响减小到最低限度。

图 7-32 应急响应项目概述编写范例

步骤 2：编写应急响应角色及职责。

主要介绍应急响应预案中角色及其职责等基本情况。

角色及职责划分编写范例如图 7-33 所示。

A 2 角色及职责

A.2.1 角色的划分及职责

我校应急响应工作机构按角色划分为三个功能小组：应急响应领导小组，应急响应实施小组，应急响应日常运行小组。信息安全事件发生后，在应急响应领导小组的统一部署下，工作人员各司其职，并严格按照应急响应预案组织实施如下应急响应工作：

a) 应急响应领导小组：在校党委和行政的领导下对学校的信息安全工作进行全面的分析研究，制定工作方案，提供人员和物质保证，指导和协调校内各单位实施信息安全工作预案，处置各类危害校园信息安全的突发事件。具体职责包括制定工作方案，提供人员和物质保证，审核批准应急响应策略，审核批准应急响应预案，批准和监督应急响应预案的执行，指导应急响应实施小组的应急处置工作，启动定期评审、修订应急响应预案以及负责组织的外部协作；

b) 应急响应实施小组：当由于系统崩溃、病毒攻击、非法入侵等原因造成校园网运行异常或瘫痪时，根据信息安全事件的发展态势和实际控制需要，具体负责现场应急处置工作，尽快恢复学校网络的正常运行；

c) 应急响应日常运行小组（由学校网络信息中心承担）：负责做好校园网信息安全的日常巡查及日志保存工作，以确保及早发现网络异常。同时负责信息安全事件发生后的损失控制和损害评估，并协助应急响应实施小组实施应急响应工作。

图 7-33 角色及职责划分编写范例

笔 记

笔 记

步骤 3：编写应急响应预防及预警机制。

主要介绍应急响应中的预防及预警机制基本情况。

应急响应预防及预警机制编写范例如图 7-34 所示。

A 3 预防和预警机制

a) 校园网络现有和以后新建的网络通信平台、应用平台和信息系统，参照国家有关信息安全等级保护的要求，按照最终确定的保护等级采取相应的安全保障措施。不断完善网络安全防御系统，包括防火墙、入侵检测系统、网络杀毒系统、校内网络分布式防御系统等，并对网络设备的安全性进行合理配置，根据实际需要做好升级更新工作；

b) 建立健全安全事件预警预报体系，严格执行校园网络与信息安全管理制度，常年坚持校园网络安全工作值班制度。加强对校园网络与学校网站等重点信息系统的监测、监控和安全管理，做好相关数据日志记录，设立内容过滤系统，确定合理规则，对校园网络进出信息实行过滤及预警。实行信息网上发布审批制度，对可能引发校园网络与信息安全事件的有关信息，要认真收集、分析、判断，发现有异常情况时，及时处理并逐级报告；

c) 做好服务器及数据中心的数据备份及登记工作，建立灾难性数据恢复机制。一旦发生校园网络与信息安全事件，立即启动应急预案，采取应急处置措施，判定事件危害程度，并立即将情况向有关领导报告。在处置过程中，应及时报告处置工作进展情况，直至处置工作结束；

d) 特殊时期，可根据应急响应领导小组的统一要求和部署，由网络中心进行统一安排，组织专业技术人员对校园网络和信息数据采取加强性保护措施，对校园网络进行不间断的监控。

图 7-34 应急响应预防及预警机制编写范例

步骤 4：编写应急响应流程。

主要介绍应急响应流程，包括事件通报、事件分级分类、应急启动以及应急处置等基本情况。

① 事件通报。事件通报编写范例如图 7-35 所示。

A.4.1 事件通告

A.4.1.1 信息通报

在信息安全事件发生后，通知学校网络信息中心使其能够确定事态的严重程度和下一步将要采取的行动。在损害评估完成后，通知应急响应领导小组。应急响应领导小组在决定启动应急响应后，通知应急响应实施小组和学校网络信息中心负责人，并将事件的细节告知他们。收到应急响应领导小组的通知后，小组负责人应及时通知各自小组成员，并将所有适当信息通知各小组成员，小组成员应做好应急响应和重新配置的准备工作。

需要通知的人员在附件中的联系人清单中标明，详见附件（二）。

A.4.1.2 信息上报

对于重大的校园信息安全事件，由应急响应领导小组报国家计算机网络应急技术处理协调中心（CNCERT/CC）XX 地区分中心，请求上级领导帮助指导，同时向 XX 市公安局网络安全监察室汇报。上报表格详见附件（三）。

A.4.1.3 信息披露

根据信息安全事件的严重程度，应急响应领导小组指派有关人员按照学校相关规定和要求及时向新闻媒体发布相关信息，同时其他小组和个人必须坚守各自岗位，未经允许，不得擅自发布误导信息，共同做好维护稳定工作。

图 7-35 事件通报编写范例

② 事件分级分类。事件分级分类编写范例如图 7-36 所示。

③ 应急启动。应急启动编写范例如图 7-37 所示。

A.4.2 事件分类与定级

A.4.2.1 概述

信息安全事件发生后，学校网络中心对事件进行评估，确定事件的类别与级别。

A.4.2.2 事件的分类

校园网络与信息安全事件可分为三类：

a）攻击事件：指校园网络与信息系统因病毒感染、非法入侵等造成学校网站或部门二级网站主页被恶意篡改、交互式栏目和邮件系统发布有害信息；应用服务器与相关应用系统被非法入侵，应用服务器上的数据被非法拷贝、篡改、删除；在网站上发布的内容违反国家的法律法规、侵犯知识版权并造成严重后果等，由此导致的业务中断、系统宕机、网络瘫痪等；

b）故障事件：指校园网络与信息系统因网络设备和计算机软硬件故障、人为误操作等导致业务中断、系统宕机、网络瘫痪等；

c）灾害事件：指因洪水、火灾、雷击、地震、台风等外力因素导致网络与信息系统损毁，造成业务中断、系统宕机、网络瘫痪等。

A.4.2.3 事件的定级

校园网络与信息安全事件分为三级：一般（III 级）、重大（II 级）和特别重大（I 级），对应颜色依次为蓝色、黄色和红色。

图 7-36 事件分级分类编写范例

A.4.3 应急启动

对于特别重大（I 级）以及重大（II 级）事件，应按照快速有序的原则启动应急，并由应急响应领导小组发布应急响应启动令。

对于一般（III 级）事件，通过日常监测和维护就可以解决的安全事件则不需启动应急，由网络中心直接负责处理。

图 7-37 应急启动编写范例

④ 应急处置。应急处置编写范例如图 7-38 所示。

A.4.4 应急处置

应急响应预案启动后，应急响应实施小组应立即采取相关措施抑制信息安全事件的影响，避免造成更大损失。

根据信息安全事件的分类，初步确定应急处置方式，区别对待。

图 7-38 应急处置编写范例

笔 记

步骤 5：编写应急响应保障措施。

主要介绍应急响应保障措施主要包括人力保障、物质保障以及技术保障等基本情况。应急响应保障措施编写范例如图 7-39 所示。

A.5.1 人力保障

加强学校信息安全人才培养，强化信息安全宣传教育，培养和建立一支高素质、高技术的信息安全核心人才和管理队伍，提高信息安全防御意识。

A.5.2 物质保障

学校要根据近几年全国乃至全世界网络信息系统安全防治工作所需经费情况，将本年度信息安全应急响应经费纳入年度财政计划和预算，建立校园网专项资金用于校园网安全事件的处置，购买相应的应急设施，避免时间拖延造成不必要的损失，保证应急响应技术装备的及时更新，以确保应急响应工作的顺利进行。

A.5.3 技术保障

加强学校网络信息中心的建设，建立预警与应急处理的技术平台，进一步提高信息安全事件的发现和分析能力。从技术上逐步实现发现、预警、处置、通报等多个环节和不同的网络、系统、部门之间应急处理的联动机制。

图 7-39 应急响应保障措施编写范例

笔 记

步骤6：编写应急响应附件信息。

主要介绍应急响应附件信息基本情况。

① 工作机构。工作机构编写范例如图7-40所示。

A.6.1 附件一 XX大学信息安全应急响应工作机构

XX大学信息安全应急响应工作机构

一 应急响应领导小组

组长：XXXX　　副组长：XXXX，XXXX

成员：XXXX，XXXX，XXXX，XXXX

二 应急响应实施小组

组长：XXXX　　副组长：XXXX，XXXX

成员：XXXX，XXXX，XXXX，XXXX，XXXX，XXXX

三 应急响应日常运行小组

组长：XXXX　　副组长：XXXX，XXXX

成员：XXXX，XXXX，XXXX，XXXX，XXXX，XXXX

图7-40 工作机构编写范例

② 联系人。联系人编写范例如图7-41所示。

联系人清单表

小组名称	姓名	在小组中的职位	联络信息				
			工作电话	家庭电话	手机	电子邮件	家庭地址
应急响应领导小组	XXXX	组长					
	XXXX	副组长					
		…					
	XXXX	成员					
		…					
应急响应实施小组	XXXX	组长					
	XXXX	副组长					
		…					
	XXXX	成员					
		…					
应急响应日常运行小组	XXXX	组长					
	XXXX	副组长					
		…					
	XXXX	成员					
		…					

图7-41 联系人编写范例

③ 信息安全事件报告表。信息安全事件报告表编写范例如图7-42所示。

信息安全事件报告表

报告时间	年 月 日 时 分
发生事件的时间	年 月 日 时 分
发现事件的时间	年 月 日 时 分
单位名称	
报告人	
联系电话	
传真	
电子邮件	
通信地址	
信息系统名称	
主要用途	
信息安全事件的简要描述（如以前出现过类似情况也应加以说明）	■ 发生了什么： ■ 如何发生的： ■ 为什么会发生： ■ 受影响的部分： ■ 对业务的负面影响： ■ 任何已确定的脆弱性：
信息安全事件的类型	□ 攻击事件 □ 故障事件 □ 灾害事件
信息安全事件的级别	□ 一般 □ 重大 □ 特别重大
受影响的资产（提供受事件影响或与事件有关的资产的描述，包括相关序号、许可证和版本号）	■ 信息/数据： ■ 硬件： ■ 软件： ■ 通信设施： ■ 文档：
事件对业务的负面影响	□ 违背保密性（即未授权泄露） □ 违背完整性（即未授权篡改） □ 违背可用性（即不可用） □ 违背抗抵赖性 □ 遭受破坏
影响范围	
作恶者的描述（实际的或察觉的动机）	□ 犯罪/经济收益 □ 消遣/黑客攻击 □ 政治/恐怖主义 □ 报复 □ 其他
已采取的解决事件行动（例如，“无行动”、“内部行动”、“内部调查”、“由……进行外部调查”）	
计划采取的解决事件行动	

图 7-42 信息安全事件报告表编写范例

④ 信息安全事件处置表

信息安全事件处置表编写范例如图 7-43 所示。

笔记

笔 记

信息安全事件处置表

事件报告时间	年 月 日 时 分
原事件报告时间	年 月 日 时 分
单位名称	
报告人	
联系电话	
通信地址	
信息系统名称	
主要用途	
已采用的安全措施	
信息安全事件的补充描述	
信息安全事件最后判定的事故原因	
本次信息安全事件的影响状况	
影响范围	
事件后果	
严重程度	
本次信息安全事件的主要处理过程及结果	
针对此类信息安全事件应采取的保障信息系统安全的措施和建议	

图 7-43 信息安全事件处置表编写范例

7.3.4 任务评价

本任务主要介绍了工业互联网安全应急响应预案编写的相关知识，评价标准如下：

① 了解工业互联网安全现状及问题分析的方法。

② 了解工业互联网的安全防护对策。

③ 理解安全应急响应预案编写内容。

④ 掌握安全应急响应预案编写方法。

文本：参考答案

7.3.5 任务测验

一、选择题

1.（　　）能够对工业现场的温度物理量、摩擦力物理量与压力物理量实行数字化感知和存储，确保工业现场分析和预防异常情况时，能够参考准确数据。

A. 信息感知　　B. 数据汇集　　C. 转化分析　　D. 网络融合

2.（　　）主要是提取和筛选数据特征，可以将数据转化为信息，以此提升信息的安全性。

A. 信息感知　　B. 数据汇集　　C. 转化分析　　D. 网络融合

3. 下列关于工业互联网建立整体防御机制的说法中，错误的是（　　）。

A. 当工业互联网遭到破坏影响时，应当满足持续监测与修复要求，建立联合防御与多点防御，以此满足响应需求

B. 建立安全数据仓库，结合云端威胁情报，以此检测和防御已知威胁、高级威胁与各类型攻击，同时可实现过程回溯

C. 成立安全运维中心，优化组织流程，充实人员结构，全面落实工业互联网安全防护职责

D. 工业互联网具备封闭性特点，因此网络攻击源于各层面和各环节

二、简答题

1. 简单描述工业互联网的安全防护对策。

2. 简单介绍应急响应预案主要包含哪些方面的内容。

【项目总结】

本项目详细介绍了工业互联网安全事件信息收集、安全事件分析、安全事件应急处置和安全应急响应预案编写的相关知识。通过本项目的学习，同学们应当初步掌握工业互联网安全应急处置的方法和技巧，能够对常见的安全事件进行分析和处置，并且能够编写安全应急响应预案。

笔记

【项目评价】

在完成本项目学习任务后，可根据学习达成自我评价表进行综合能力评价，评价表总分110分（含附加分10分）。学习达成自我评价表积分方式：在达成情况对应的□中打“√”。其中完全达成，可按该项分值100%计算；基本达成，可按该项分值60%计算；未能达成，不计分值。项目7学习达成自我评价表如表7-5所示。

表7-5　项目7学习达成自我评价表

学习目标	学习内容	达成情况
职业道德 （10分）	① 遵纪守法，爱岗敬业 ② 遵守规程，安全操作 ③ 认真严谨，忠于职守 ④ 精益求精，勇于创新 ⑤ 诚实守信，服务社会	完全达成□ 基本达成□ 未能达成□

笔记

续表

学习目标	学习内容	达成情况
知识目标（30分）	① 是否了解资产侦测与安全管理的方法 ② 是否了解数据保护与安全审计的相关内容 ③ 是否了解安全监测与态势评估的方法 ④ 是否了解应急处置与协同防护的内容 ⑤ 是否了解工业互联网安全现状及问题分析 ⑥ 是否了解工业互联网的安全防护对策	完全达成□ 基本达成□ 未能达成□
技能目标（30分）	① 是否掌握判断 FTP 暴力破解事件的方法 ② 是否具备对 FTP 暴力破解事件做出相应的应急响应的能力 ③ 是否掌握判断网页是否被篡改的方法 ④ 是否具备网页篡改事件的应急响应方法 ⑤ 是否理解安全应急响应预案编写内容 ⑥ 是否掌握安全应急响应预案编写方法	完全达成□ 基本达成□ 未能达成□
素养目标（20分）	① 是否具有妥善处理各类工业互联网安全事件的良好心理素质和快速反应能力 ② 是否具有解决实际问题的实践能力和创新发展思维	完全达成□ 基本达成□ 未能达成□
职业技能等级标准（10分）	① 是否能够识别网络安全事件及相关信息 ② 是否能够对安全事件进行分析 ③ 是否能够进行安全事件应急处置 ④ 是否能够根据安全事件的攻击路径，进行网络安全防护 ⑤ 是否能够编写安全应急报告	完全达成□ 基本达成□ 未能达成□
（附加分）学习过程发现问题（5分）		
（附加分）学习过程解决问题（5分）		

本表仅供学习者对照学习任务进行自我评价，以便查漏补缺，强化职业岗位能力，以适应社会新需求。

参考文献

[1] 任涛林，周志勇，孙明，等．工业互联网安全技术及标准化进展研究［J］．仪器仪表标准化与计量，2021（6）：7-10.

[2] 孔群．工业互联网安全发展策略的研究［J］．中国新通信，2021，23（21）：37-38.

[3] 刘晓曼，杜霖．我国工业互联网安全实践现状研究［J］．保密科学技术，2021（7）：44-47.

[4] 王秋华，吴国华，魏东晓，等．工业互联网安全产业发展态势及路径研究［J］．中国工程科学，2021，23（2）：46-55.

[5] 董悦，王志勤，田慧蓉，等．工业互联网安全技术发展研究［J］．中国工程科学，2021，23（2）：65-73.

[6] 郑忠斌，王朝栋．工业互联网安全技术现状与发展趋势［J］．价值工程，2020，39（32）：190-191.

[7] 李端．我国工业互联网安全的发展现状和着力点［J］．保密科学技术，2020（5）：12-15.

[8] 李璇，王新霞，陈意，等．工业互联网安全关键技术研究［J］．智能建筑与智慧城市，2020（4）：101-102.

[9] 钱倩文，韩旭东．工业互联网安全风险与发展研究［J］．保密科学技术，2021（12）：33-37.

[10] 王智民．工业互联网安全［M］．北京：清华大学出版社，2020.

[11] 魏强，王文海，程鹏．工业互联网安全：架构与防御［M］．北京：机械工业出版社，2021.

[12] 闫怀志．工业互联网安全体系理论与方法［M］．北京：科学出版社，2019.

[13] 兰昆．工业互联网信息安全技术［M］．北京：电子工业出版社，2022.